Manfred Schwarz, Iris Schwarz

Führungskräfteentwicklung: Trainings erfolgreich leiten

Der Seminarfahrplan

managerSeminare Verlags GmbH – Edition Training aktuell

Manfred Schwarz, Iris Schwarz
Führungskräfteentwicklung: Trainings erfolgreich leiten
Der Seminarfahrplan

2. Aufl. 2021
Endenicher Str. 41, D-53115 Bonn
Tel: 0228-977910, Fax: 0228-9779199
info@managerseminare.de
www.managerseminare.de/shop

Printed in Germany

ISBN: 978-3-95891-066-9

Herausgeber der Edition Training aktuell:
Ralf Muskatewitz, Jürgen Graf, Nicole Bußmann

Lektorat: Ralf Muskatewitz
Cover: Depositphotos@makspogonii
Druck: Eberl & Kœsel GmbH und Co. KG, Krugzell

Klimaneutral
Druckprodukt
ClimatePartner.com/12027-2107-1002

Inhalt

Seminarfahrplan Modul III

Die Werkzeuge

Anhang

Online

Vorwort

Für den kollegialen Austausch

Seit mehr als 20 Jahren begleiten wir Führungskräfte und Menschen, die Führungskräfte werden wollen, auf ihrem Weg. Das tun wir als systemische Berater und Coachs und als Trainerinnen.

Immer wieder wurden wir von Kolleginnen und Kollegen um Rat gefragt, wenn diese dabei waren, Trainings für Führungskräfte zu entwickeln.

Da wir es gewohnt sind, unsere Erfahrungen, Fragen und Tipps im Rahmen der Kollegialen Beratung auszutauschen, lag es also nahe, dieses Buch zu schreiben. Damit hoffen wir zweierlei abzudecken:

- Erstens wollen wir unser Wissen mit unseren Kollegen teilen – mit denen, die wir kennen, und mit denen die wir nicht kennen.
- Zweitens sehen wir dieses Buch als Grundlage für hoffentlich viele anregende Diskussionen mit Kolleginnen.

Führungskräfte zu entwickeln ist eine der spannendsten Aufgaben, denen wir in unserem beruflichen Leben begegnet sind. Denn hier geht es immer gleich um mehrere Faktoren. Dazu zählen Aktivitäten wie

- neue Methoden und Techniken erlernen,
- neue Rollen verstehen und einüben,
- eine verantwortungsbewusste Haltung entwickeln,
- eine unternehmerische Haltung einnehmen,
- eine neue Stellung im Team akzeptieren,
- offen für neue Herausforderungen sein.

Sie sehen, uns geht es beim Thema Führungskräfteentwicklung nicht nur um reines Wissen oder bloße Techniken. Beides gehört natürlich auch dazu, unsere Erfahrung lehrt uns aber: Der alles bestimmende Faktor ist das Stichwort Entwicklung. Und zwar im Sinne von Entwicklung der Persönlichkeit, der Haltung und der Fähigkeit, sich auf Neues einzulassen.

Sollten Sie mit dem systemischen Denken noch nicht vertraut sein, so werden Sie in diesem Buch einige grundlegende Elemente davon kennenlernen. Denn das systemische Denken und Führen zählen wir zu den Kernkompetenzen einer jeden Führungskraft. Deshalb sind sie auch Teil unserer Lehrinhalte.

Wir wünschen uns einen möglichst breiten kollegialen Austausch. Sie erreichen uns über *kontakt@schwarz-und-schwarz.info* oder über unsere LinkedIn-Kontakte.

Nun wünschen wir Ihnen viel Spaß beim Lesen.

Manfred Schwarz und Iris Schwarz

Danke schön

Bedanken möchten wir uns bei allen Teilnehmerinnen und Teilnehmern unserer Fortbildungen aus über 20 Jahren – für das Vertrauen, die Impulse, das Feedback. Dank geht auch an unsere Kolleginnen und Kollegen – für ihr Interesse und den inspirierenden Austausch.

Ein Wort zur gendergerechten Sprache

Im gesamten Buch und im Skript verwenden wir einen gendergerechten Wechsel zwischen weiblichen und männlichen Bezeichnungen bzw. neutralen Formulierung. So schreiben wir ab und zu von Teilnehmerinnen und Teilnehmern, aber auch mal nur von Teilnehmern oder nur von Teilnehmerinnen oder eben von Teilnehmenden – immer sind alle gemeint, die wir ansprechen möchten.

Wir sprechen außerdem mal von Unternehmen, mal von Organisationen bzw. mal von Teams, mal von Abteilung oder Bereichen: Immer sind alle denkbaren „Systeme" gemeint, die von Führungskräften geführt werden.

Der eindeutige Fokus dieses Buches liegt in allen Aspekten auf dem Bereich Führung und nicht auf dem Bereich Management.

Einführung

Wie dieses Buch funktioniert

Für wen wir dieses Buch geschrieben haben

„Führungskräfteentwicklung: Trainings erfolgreich leiten" richtet sich in erster Linie an *Trainerinnen und Trainer*, also an Kolleginnen und Kollegen.

Genauso interessant ist es aber auch für alle *HR-Verantwortlichen*, die – vor allem inhouse – nach Wegen, Ideen und Impulsen zur Führungskräfteentwicklung suchen. Sie brauchen Anregungen und Ideen dafür, wie ein umfassendes Programm zur Führungskräfteentwicklung aussehen kann.

Für beide Zielgruppen gilt: Da sich unser Buch an Trainer im Bereich Führungskräfteentwicklung sowie an Führungskräfteentwickler in Unternehmen und Organisationen richtet, gehen wir davon aus, dass diese über ein gerütteltes Maß an Erfahrungen verfügen.

Deshalb werden wir Tipps und Hinweise zu den eingesetzten Werkzeugen und Methoden jeweils möglichst knapp halten. Der Fokus wird dabei darauf liegen, was in der Führungskräfteentwicklung – im Vergleich etwa zu Kommunikationstrainings oder Trainings zu Sachthemen – besonders zu beachten ist oder sich gut bewährt hat.

Wenn es um Methodik geht, verstehen wir uns als Impulsgeber. Und Impulse sollten ja möglichst gezielt sein. Anders gesagt: kurz gehalten. Deshalb gibt es im Buch eine Sammlung ausgewählter Methoden und Werkzeuge, die kurz vorgestellt werden: Sie finden sie im Werkzeugkoffer im Anhang.

Kurz sollten auch die Impulse an die Teilnehmer sein, wenn es um inhaltliche Aspekte geht, zumindest beim Arbeiten in den Workshops selbst.

Wir stellen Ihnen im Buch alle inhaltlichen Inputs rund um das Thema Führung zur Verfügung:

- als Impuls im Workshop selbst in Form von Flipcharts, die Sie sich im Download-Bereich herunterladen können (siehe Anhang)
- und ergänzend dazu als vollständiges Skript zur Vertiefung und Nacharbeitung.

Passend dazu geben wir Tipps zur zeitlichen Planung, zur Methodik – und zum „agilen" Lehren und Trainieren. Damit meinen wir dreierlei:

- Die Teilnehmer werden in die inhaltliche Gestaltung einbezogen, zum Beispiel durch Abstimmen via Voting.
- Wir gehen auf persönliche Anliegen der Teilnehmerinnen ein, denn wer Konzepte, Methoden und Theorien an eigenen Fragestellungen erlernt, hat mehr davon und verinnerlicht das Neue weit besser.
- Methoden und Werkzeuge werden nach Bedarf eingesetzt, also jeweils passend zur Situation.

Nichtsdestotrotz haben wir uns beim eigentlichen Seminarfahrplan an einem Standard-Szenario (siehe unten) orientiert. Wohlwissend, dass Sie als erfahrene Kollegin oder erfahrener Kollege damit ganz agil umzugehen wissen.

Unser Ansatz: Wie wir arbeiten

Wir sind Systemiker, das heißt, wir wissen, dass sich nichts wirklich steuern lässt, dass man allenfalls Impulse setzen kann. Deshalb haben wir zwar ein Standard-Szenario, wissen aber zugleich, dass die Wahrscheinlichkeit gegen Null geht, es eins zu eins umzusetzen. Vielmehr gehen wir davon aus, dass die Teilnehmenden mit ihrem Lerntempo und ihren Fragen mitbestimmen, wo es langgeht. Und das soll auch so sein. Denn wir arbeiten prozessorientiert: Zum einen sind wir dafür da, Impulse zu geben, zum anderen sind wir dafür da, Fragen, Wünsche und Impulse von den Teilnehmenden aufzunehmen.

Dies hat vor allem zwei Konsequenzen:

1. Wir greifen Anliegen aus dem beruflichen Alltag der Teilnehmenden auf und arbeiten damit.
2. Wir verzichten ganz bewusst auf den Anspruch, Inhalte vollständig (was auch immer das heißen mag) wiederzugeben und zu behandeln.

Anders gesagt: Wir geben insbesondere im ersten Modul viele Inputs, die entscheidenden Lerninhalte sollen die Teilnehmenden sich aber selbst erschließen – während der Übungen, beim Arbeiten in der Triade und mit Lerntagebuch, in der Peergroup, bei den Hausaufgaben, bei der Arbeit mit dem Skript, bei den Präsentation und nicht zuletzt in den Diskussionen im Plenum und im kleinen Kreis während der Pausen.

Unser Fokus liegt auf der Entwicklung der individuellen Haltung zum Thema Führung sowie auf Werten, Selbstreflexion und Rollenklarheit. Diese Aspekte sind wichtiger als alles Wissen.

Denn wir haben in unserer Arbeit keine Angst vor „Unvollständigkeit“: Wir müssen in den Modulen nicht jeden Aspekt bis ins kleinste Detail besprechen. Genauso „dürfen“ Teilnehmerinnen, wenn sie in Übungen etwas erarbeiten und präsentieren, nicht perfekt sein. Es geht um den Lernprozess. Wir möchten den Teilnehmenden dafür Raum und Zeit geben – und eine vertrauensvolle Atmosphäre.

Natürlich achten wir darauf, dass alle „Musts“ erarbeitet werden. Und natürlich ist es unsere Aufgabe als Trainerinnen, den gesamten Lernprozess aller Teilnehmenden über alle Module hinweg im Blick zu behalten.

Unsere Arbeitsweise, unsere Methoden

Zuallererst: Wir arbeiten in der Regel im Duo – zumal, wenn die Gruppe größer als acht Personen ist. Das hat sich über die Jahre bestens bewährt. Von dieser Tandemlösung profitieren gleich drei Seiten:

- Die Teilnehmenden haben stets die Wahl, welchen der Trainer sie zum Beispiel persönlich um Rat fragen möchten.
- Die ganze Gruppe profitiert von zwei Trainerinnen, da es während der Gruppenarbeiten so leichter ist, an eine der Trainerinnen „heranzukommen“.
- Wir als Trainer profitieren,
  - weil vier Augen eben mehr sehen als zwei – das ist zum Beispiel hilfreich, wenn einer von uns beim Fishbowl intensiv mit nur einigen Teilnehmern arbeitet und die andere sich auf den Außenkreis konzentrieren kann – und
  - weil so jeder von uns zwischendurch einmal die Gelegenheit hat, sich ein wenig zurückzunehmen.

Auch arbeiten wir immer im offenen Stuhlkreis mit genügend Platz in der Mitte. Ideal sind Räume, die eher quadratisch angelegt sind: Andernfalls könnte bei größeren Gruppen der Abstand zwischen Flipchart und den gegenübersitzenden Teilnehmern zu eng sein.

Wir arbeiten nahezu ausschließlich mit Pinnwand und Flipchart – also analog.

Wir versuchen, unsere Impulse zu den einzelnen Themen möglichst kurz zu halten. Der Fokus liegt darauf, dass die Teilnehmer sich den Stoff weitestgehend selbst erarbeiten. Und dass sie eigene Anliegen einbringen können sowie viel Raum zum Austausch untereinander haben.

Das sind im Stenostil unsere Tools:

- Impulsreferate
- Fallstudien mit Feedback
- Erfahrungsberichte
- Einzel-, Partner- und Gruppenübungen
- Fachlicher Austausch
- Arbeit mit Skript
- Lerntagebuch
- Methoden lösungsorientierter Kollegialer Beratung
- Reflecting Team
- Visualisierungen
- Fotoprotokolle
- Systemische Gesprächsführungstechniken
- Praxisorientierte Bearbeitung eigener Themen der Teilnehmer
- Individuelle Fallbearbeitung (Coaching)
- Präsentieren
- Feedback durch Trainerinnen genauso wie durch die anderen Teilnehmer
- Peergroup
- Triaden-Arbeit
- Externes begleitendes Coaching, sofern von Auftraggeber gewünscht und ermöglicht

Wie dieses Buch „funktioniert"

Dieses Buch besteht aus drei Teilen plus Anhang:

- Die *Einführung*, in der Sie alles Grundlegende zu unserer Arbeitsweise, zu den Inhalten in den Modulen und zur Funktionsweise dieses Buchs finden.

- Der *Seminarfahrplan* „Die Module und das Kolloquium" mit der kompletten Dramaturgie über alle Module hinweg – inklusive Zeitplanung, konkreten Hinweisen zu den jeweiligen Abschnitten im Skript und Abbildungen aller verwendeten Flipcharts.
- Das *Werkzeug-Kapitel* mit der Beschreibung von 47 Werkzeugen und einem Einsatzplan.
- Der *Anhang* mit Autorendarstellung und *Stichwortverzeichnis* bildet den Abschluss des Werks.

Orientierung bieten Ihnen dabei jeweils die folgenden *Icons*:

- Modul I
- Modul II
- Modul III
- Modul IV
- Modul V

außerdem:

- Zeitplanung
- Skript
- Flipchart
- Tipps und Warnhinweise

Zu Beginn eines jeden Moduls finden Sie einen Überblick mit Themenschwerpunkten und Elementen für jeden Tag.

Jede Beschreibung eines Modultages beginnt mit der Übersicht „Orientierung", mit Angaben zu Fokus, Zeiten, Vorbereitung, Raum, Material und den an diesem Tag benutzten Abschnitten im Skript.

Sofern sinnvoll und nötig, haben wir Auszüge aus dem Online-Skript immer direkt in den Tagesablauf integriert – vor allem in den Themenabschnitten, bei denen es immer um Inputs geht.

Zu jedem Tag finden Sie zudem Angaben zu folgenden Aspekten:

- Vorbereitung
- Begrüßen
- Einstiegsrunde
- Agenda
- Pausen
- Abfrage der Anliegen
- Themen
- Übungen, Hausaufgaben, Triaden-Arbeit bzw. Lerntagebuch
- Abschluss

Viele unserer Aktivitäten während des Programms können Sie über die Darstellung der eingesetzten Flipcharts leicht nachvollziehen. Insgesamt sind das 184! Die ganze „Story" wird über die Flipcharts erzählt. Sie sollen Ihnen als Impulse dienen, um Ihr eigenes Curriculum praxisgerecht „bespielen" zu können.

Downloads

Wir gehen davon aus, dass Sie als erfahrene Trainerin oder Trainer neben grundlegenden Überlegungen und Erfahrungen rund um das Thema „Trainings für Führungskräfte entwickeln" am meisten von ganz konkreten Hilfestellungen für Ihren Seminaralltag profitieren. Aus diesem Grund stellen wir Ihnen einige wesentliche Dateien als Arbeitshilfen zum Download zur Verfügung. Den Link zu den Downloads finden Sie in der Umschlagklappe des Buchs.

Ressourcen zum Download werden mit diesem Icon gekennzeichnet

Was Sie als Trainer in einem Führungskräfte-Entwicklungstraining zuallererst brauchen, ist ein *Teilnehmerskript*, das alle wichtigen Inhalte rund um das Thema abdeckt. Das knapp 270 Seiten umfassende Skript stellen wir Ihnen hier im Buch in Auszügen sowie in vollständigem Umfang zum Download zur Verfügung. Sie dürfen es uneingeschränkt an alle Ihre Teilnehmerinnen verteilen.

Im letzten Kapitel dieses Buchs finden Sie eine Auswahl von *47 unserer Lieblingstools* in kurz skizzierter Form. Sie haben sich allesamt in unserer Arbeit bestens bewährt. Die Tool-Beschreibungen stellen wir Ihnen zum Download zur Verfügung.

Ebenso wie die *Tabelle „Werkzeug-Einsatzplanung"*. Diese können Sie während eines Moduls nutzen, um im Blick zu behalten, welche Methode Sie wann bereits eingesetzt haben.

Führungskräfteentwicklung – mehr als ein Training

Leitgedanken zu Architektur und Design

Unter Architektur verstehen wir den Blick auf den Gesamtprozess, eventuell auch die Einbindung in einen größeren Prozess, zum Beispiel im Rahmen einer Organisationsentwicklung. Unter Design verstehen wir alle Aspekte, die sich mit der konkreten Umsetzung eines Modultages beschäftigen.

Architektur

Wenn wir die Architektur eines Curriculums entwickeln und mit unseren Kunden besprechen, geht es zum Beispiel um Fragen wie:

- Was? Wann? Wo? Wie? Für wen? Welche Rahmenbedingung?

Unsere Erfahrungen zeigen, dass wir auf die folgenden Aspekte immer bauen können:

- Wir teilen den gesamten Stoff immer in mehrere Module auf.
- Wann immer möglich, dauert ein Modul mindestens zwei Tage – so können wir den Effekt des „Darüber-Schlafens“ nutzen.
- Das erste Modul dauert in der Regel bei uns drei Tage – und zwar aufgeteilt in zwei aufeinanderfolgende Tage und einen Schlusstag, der nach ca. 2-4 Wochen folgt. Auf die Teilnehmer kommt im ersten Modul sehr viel Neues an Wissen und Eindrücken zu. Durch den Abstand haben sie die Möglichkeit, das Erlebte zu verarbeiten und für den dritten Tag zu nutzen.
- Der gesamte Prozess sollte sich über mehrere Monate erstrecken, bewährt hat sich eine Spanne zwischen sechs und zwölf Monaten.
- Damit sich während des Curriculums eine Lerngemeinschaft bilden kann, ist es am besten, wenn alle Teilnehmenden von Anfang bis Ende mit dabei sind.
- Ein Kolloquium ist immer eine gute Investition.

Für uns gehört zur Architektur auch das, was zwischen den Modulen geschieht: Wir setzen deshalb ganz gezielt Hausaufgaben, eventuell verbunden mit Interaktion mit Führungskräften und Mitarbeitern, Lerntagebuch und – soweit möglich – das Arbeiten in Peergroups sowie die Unterstützung durch Coachs ein.

Genauso wichtig ist es für uns, dass die Teilnehmenden in allen Modulen darin gefördert und gefordert werden, sich und ihre Ideen zu präsentieren – einzeln und im Team. Dazu zählt auch das Feedback durch uns und die anderen Teilnehmenden.

Die Reihenfolge der Module hat sich sehr bewährt. Wir steigen mit den Grundlagen ein, arbeiten dann an den sozialen Kompetenzen und kommen erst dann zu den personalen Kompetenzen. Denn im dritten Modul ist es für die Teilnehmerinnen viel einfacher und zielführender, sich selbst offen zu reflektieren.

Das Thema „Agiler führen" setzen wir vor „Change", damit wir so gegebenenfalls nachjustieren können: Manchmal kann es sein, dass mehr oder weniger „Agilität" gefragt ist.

Design

Beim Design der einzelnen Module und Tage folgen wir vor allem diesen Grundsätzen:

- Abwechslung geht vor. Das heißt:
  - Wir achten auf einen guten Rhythmus beim Wechseln von Input, Übung, kollegialem Austausch und Reflexion.
  - Wir achten auch darauf, dass für ähnliche Übungen oder Aufgaben immer wieder einmal neue Werkzeuge und Methoden eingesetzt werden
- Selbermachen ist wichtiger als Vorgemacht-Bekommen
- Es gibt immer genügend Zeit und Raum für Begrüßung, Einführung und Abschluss.
- Eine ganz große Bedeutung hat für unsere Arbeit der offene Stuhlkreis.
- Genauso wichtig ist für uns, dass wir eine Mittagspause von 90 Minuten haben: Sie soll den Teilnehmern Gelegenheit geben, sich kennenzulernen und auszutauschen.

Planung, Umsetzung und Einbindung einer kompletten Schulung zur Führungskräfteentwicklung

Planung

Eine der großen Herausforderungen ist immer das Finden von Terminen. Deshalb kümmern wir uns darum in der Regel entweder während der Angebotserstellung oder spätestens direkt nach der Auftragserteilung.

In diesem Rahmen ist zudem wichtig: Wann können Personaler und Führungskräfte mit einbezogen werden? Und lässt sich für das Kolloquium ein Termin finden, an dem möglichst viele wichtige Personen im Publikum sitzen?

Sollen Termine zwischen den Modulen und zur Evaluierung für Gespräche mit HR-Verantwortlichen und/oder Führungskräften vereinbart werden? Wenn ja, sollten auch hier möglichst frühzeitig Termine fest eingeplant werden.

Nach der Klärung der Termine folgt die Suche nach geeigneten Seminarräumen. Meist übernimmt die Personalabteilung dies in Abstimmung mit uns. Wichtige Kriterien dabei sind neben der Raumgröße, der Bestuhlung und der Möglichkeit, zusätzliche Räume für die Gruppenarbeit zu belegen auch die Frage nach Ausstattung, Moderationsmaterial und Catering.

Ideal ist es, wenn von den Verantwortlichen für jeden Teilnehmer ein persönlicher Ordner mit dem ausgedruckten Skript für den ersten Tag vorbereitet wird.

Umsetzung

Unser Leitgedanke für jedes Modul, für jeden Tag: steuern und driften.

Anders gesagt, wir achten auf der einen Seite darauf, dass die wichtigen Inhalte erarbeitet werden und dass alle Rahmenbedingungen stimmen. Auf der anderen Seite sind wir offen für die Fragen, Wünsche und Anliegen der Teilnehmenden. Im Grunde erweitern wir damit die weise Erkenntnis der TZI-Begründerin Ruth Cohn, dass Störungen Vorrang haben, im Sinne von: Sie nehmen sich Vorrang. Ruth Cohn schrieb 1975 dazu: „Das Postulat, dass Störungen und leidenschaftliche Gefühle den Vorrang haben, bedeutet, dass wir die Wirklichkeit des Menschen anerkennen; und diese enthält die Tatsache, dass unsere lebendigen, gefühlsbewegten Körper und Seelen Träger unserer Gedanken und Handlungen sind.“ Wir möchten „Störung und leidenschaftliche Gefühle“ ergänzen durch persönliche Fragen, Betroffenheit und Neugierde.

Auch wenn wir im Seminarfahrplan „Die Module und das Kolloquium“ jeweils Minutenangaben für die Zeitplanung machen: gedanklich steht immer ein „ca.“ davor. Als erfahrene Trainerinnen wissen Sie, dass Planung und Steuerung gut sind, dem Lernprozess der Teilnehmenden zu folgen, aber besser. Es geht eben um steuern und driften.

Einige Elemente eines jeden Tages gibt es aber immer:

- Begrüßung und Einstiegsrunde, die Mittagspause und die Pausen sowie der Abschluss.
- Da wir immer am Anfang und am Ende die Agenda eines jeden Tages zeigen, haben alle Teilnehmerinnen jederzeit im Blick, was wir besprochen und erarbeitet haben – und was nicht. Dies machen wir stets – vor allem beim Aspekt Anliegen – in Abstimmung mit den Teilnehmern.
- Damit jeder Teilnehmer für sich zu Hause weiterarbeiten kann, nennen wir zu jedem Thema den zugehörigen Abschnitt im Skript.
- Bei wichtigen Inhalten und Aspekten achten wir auf Redundanz: Manche Dinge muss man einfach öfter hören.
- Die inhaltliche Gewichtung und Reihenfolge aller fünf Module hat sich bewährt. Das heißt aber nicht, dass wir ab und an Themen vorziehen oder nachholen. Das ist in der Regel dann der Fall, wenn Teilnehmende ein konkretes Anliegen einbringen, das sich gut in den aktuellen Kontext einfügen lässt, aber Inhalte aus einem anderen Modul erfordert. Sollte dies nötig sein, machen wir unser Vorgehen dem Teilnehmerkreis gegenüber transparent und geben allen die Möglichkeit, mitzuentscheiden.

Einbindung

In der Regel werden Programme zur Führungskräfteentwicklung nicht „einfach so“ gemacht. Vielmehr finden sie im Rahmen einer Organisationsentwicklung (OE) statt oder sind Folge der – kritischen – Ergebnisse einer Mitarbeiterbefragung. In beiden Fällen ist es für uns als Trainerinnen wichtig zu wissen, welche Hintergründe, Zusammenhänge und Pläne es diesbezüglich gibt.

Wir empfehlen unseren Kunden immer, dass HR-Verantwortliche und Führungskräfte (oberhalb der Teilnehmer) in den gesamten Prozess eingebunden werden, und zwar, indem sie am besten zum Ende eines jeden Moduls zur Abschlussrunde mit dazukommen (siehe unten).

Für Nachhaltigkeit sorgen kann auch ein hausinternes Mentoren-Programm: Absolventen eines Curriculums können Nachfolger an die Hand nehmen.

Die Auftragsklärung

Auftragsklärung ist das A und O. Sicher haben Sie schon Ihre Liste an Fragen, die Sie dabei klären. Als Gedächtnisstütze und als Ergänzung haben wir eine ganze Reihe von Fragen rund um das Thema Auftragsklärung für Sie zusammengestellt.

Eine Frage taucht dabei nicht auf, nämlich die, ob die Arbeit eines Trainerduos gewünscht oder möglich ist. Der einfache Grund: Wir arbeiten – insbesondere im Bereich Führungskräfteentwicklung – meist ausschließlich als Duo.

Und das sind unsere Fragen zur Auftragsklärung:

- Was ist das Ziel des Programms?
- Wer soll geschult werden
  - junge Nachwuchskräfte
  - ältere Führungskräfte
  - Potenzialträger
  - auch Projektleiter?
- Gibt es unterschiedliche Hierarchien im Teilnehmerinnenkreis?
- Gehören Führungskräfte mit unterschiedlichen bisherigen Stilen dazu?
- Ist die gesamte Führungsmannschaft im Programm?
- Ist das Programm Teil eines OE-Prozesses?
- Wer wurde warum hierfür ausgewählt?
- Gab es bereits früher Programme? Falls ja, mit welchen Erkenntnissen und Ergebnissen?
- Wie viele Teilnehmer gibt es?
- Werden alle Teilnehmerinnen immer dabei sein?
- Ist die Teilnahme an jeder einzelnen Stunde der Workshops verpflichtend?
- Werden eventuell Teilnehmer nachnominiert oder steigen sie später ein?
- Wo finden die Workshops statt?
- Wie sieht es mit den Räumlichkeiten aus?

- Wie mit der Ausstattung?
- Werden die Module intern oder extern abgehalten?

Wir empfehlen, so weit es geht, außerhalb des Unternehmens zu arbeiten: Nur so ist sichergestellt, dass keiner der Teilnehmer mal zwischendurch zum Arbeitsplatz geht, um „die Welt zu retten".

- Sind längere Anreisen nötig?
- Was sind die optimalen Seminartage?
- Wann sollte ein Seminartag beginnen, wann enden?
- Wie viele Module mit welchen Inhalten soll es konkret geben?
- Über welchen Zeitraum soll sich das ganze Curriculum erstrecken?
- Ist ein abschließendes Kolloquium angedacht, in dem sich alle Teilnehmer – auch vor Personaler und Führungskräften – präsentieren können?

Wir empfehlen immer, ein Kolloquium auszurichten. Es bietet nicht nur die Möglichkeit für die Teilnehmenden, sich zu präsentieren, sondern es ermöglicht auch dem Publikum, also Personalern und Führungskräften, sich ein Bild von dem Führungsnachwuchs zu machen. Und für den Lernprozess ist es immer von Vorteil, wenn zu Beginn noch eine „Hürde" zu nehmen ist. So fällt die Spannung nicht ab – im Gegenteil.

- Gibt es nach den Seminartagen gemeinsame Events?
- Werden Personalentwicklung und Leitung mit dabei sein, zum Beispiel zu Beginn und am Schluss der jeweiligen Module?
- Welche Werte hat Ihr Unternehmen?
- Welche Leitsätze hat Ihr Unternehmen?
- Gibt es bereits einen klar definierten oder tradierten Führungsstil?
- Soll es ganz bewusst einen neuen Führungsstil geben?
- Wie offen soll das Curriculum für neue Entwicklungen sein, zum Beispiel in Sachen Agilität?
- Wird es paralleles Coaching geben?

Einer unserer Kunden hat sehr gute Erfahrungen mit einem Ticket-System gemacht: Jede Teilnehmerin erhält zu Beginn – zum Beispiel am Ende des ersten Moduls – vom Verantwortlichen des Programms drei Coaching-Gutscheine. Die Coachs haben die Verantwortlichen im Vorfeld ausgewählt und mit ihnen alle Konditionen geklärt. Genauso haben die Coachs das Skript bekommen, damit sie über dieselben Inhalte der Module informiert sind.

- Soll/darf es Peergroups geben?
- Sind Hausaufgaben möglich bzw. angedacht?
- Wie wichtig ist Ihnen die Eigenverantwortung der Teilnehmer, also zum Beispiel das eigenständige Ansprechen von Fragen und Einbringen eigener Anliegen?
- Können dazu auch die Führungskräfte der Teilnehmerinnen eingebunden werden?
- Gibt es die Möglichkeit, zwischen den Modulen mit den eigenen Führungskräften und den Mitarbeitern ins Gespräch zu kommen? Auch um gegebenenfalls Hausaufgaben abzuarbeiten?
- Wie ist die Verteilung der Teilnehmenden nach männlich-weiblich, älter-jung?
- Gibt es unterschiedliche Nationalitäten?
- Sind alle Teilnehmenden der deutschen Sprache mächtig?
- Sind die Teilnehmenden vertraut mit Settings wie offener Stuhlkreis?
- Gibt es bekannte Konflikte?
- Gibt es von den Teilnehmerinnen zum Beispiel Ergebnisse von Tests wie BIP (Bochumer Inventar zur berufsbezogenen Persönlichkeitsbeschreibung)?
- Gibt es bereits konkretes Feedback zu einigen der Teilnehmenden?
- Wie wurden die Teilnehmenden ausgewählt?
- Gab es ein Assessment Center?
- Gab es ein ausführliches Bewerbungsverfahren?
- Stehen einige der Teilnehmenden auf dem Prüfstand?
- Wie viel Freiheit gibt es für die Trainerinnen?
- Was sind die „Musts"?
- Was soll auf keinen Fall geschehen?
- Soll bzw. darf den Teilnehmenden von den Trainerinnen während der Module konkretes Feedback gegeben werden?
- Was soll am Ende „dabei herauskommen"? Wann ist das Curriculum ein Erfolg?
- Ist angedacht, den gesamten Prozess am Ende zu evaluieren?
- Wie kann oder soll es weitergehen?

Was in der Liste noch fehlt, ist die Frage zu Ihrem Honorar. Diese ganz grundlegende Frage verlieren Sie sicher nie aus den Augen.

Die Inhalte im Überblick

In unserer Arbeit geht es, wie der Titel dieses Buches schon ausdrückt, um Führungskräfte, also nicht um Manager. Den Unterschied zwischen managen und führen haben wir im Skript erläutert, siehe I/2.

Im gesamten Curriculum geht es darum, Führungskompetenzen Schritt für Schritt zu erwerben. Welches Modul auf welchen Aspekt von Führung „einzahlt", erschließt sich jeweils aus dem Titel:

- Modul I: Grundlagen von Führung und systemisch denken
- Modul II: Soziale Kompetenzen – mein Team führen
- Modul III: Personale Kompetenzen – kommunizieren und sich selbst führen
- Modul IV: Agiler führen
- Modul V: Projekte und Veränderungsprozesse leiten

Die Inhalte im Seminarfahrplan

Modul I: Grundlagen von Führung und systemisch denken		
Tag 1	**Tag 2**	**Tag 3**
▶ Kennenlernen ▶ Infos zum Curriculum ▶ Vereinbarungen ▶ Grundlegende Führungskonzepte ▶ Fokus: Situativ führen und Acht Rollen einer Führungskraft ▶ „Übungen" kennenlernen	▶ Vertiefung: Acht Rollen ▶ Macht ▶ Übung „Eine Acht legen" ▶ Eigene Ressourcen ▶ Aktiv zuhören ▶ Kompetenzfass	▶ Systemisch denken ▶ Problem- und Lösungsbrille ▶ Reframing ▶ Innere Landkarte ▶ Systemisch vs. „klassisch" ▶ Peergroups bilden ▶ Abschlussrunde mit HR-Verantwortlichen und/oder Führungskraft

Modul II: Soziale Kompetenzen – mein Team führen	
Tag 1	**Tag 2**
▶ Aktiv zuhören ▶ Systemische Fragen ▶ Mitarbeitergespräch ▶ Feedback ▶ Konflikt	▶ Generationengerecht führen ▶ Führung und Sprache ▶ Reframing ▶ Vierfaktoren-Modell

Modul III: Personale Kompetenzen – kommunizieren und sich selbst führen	
Tag 1	**Tag 2**
▶ Johari-Fenster ▶ Nein sagen ▶ Lerntagebuch ▶ Riemann/Thomann-Modell ▶ Zielgerichtet kommunizieren	▶ Souverän in allen Situationen ▶ Teamphasen ▶ Teamführung ▶ Kontrolle

Modul IV: Agiler führen	
Tag 1	**Tag 2**
▶ VUCA-Welt ▶ Führen mit Zielen ▶ Einstieg ins „Agile" ▶ Die Rolle Prozessbegleiter ▶ Scrum-Techniken für alle	Vertiefung: ▶ Personas ▶ Nutzerwunsch ▶ Wunschkarte ▶ Prototypen ▶ „Wie agil bin ich schon?"

Modul V: Projekte und Veränderungsprozesse leiten	
Tag 1	**Tag 2**
▶ Phasen bei Veränderungen ▶ Widerstand ▶ Kommunikation in Veränderungsprozessen ▶ Projektleitung im Change-Management ▶ Delegieren	▶ Was kann eine Führungskraft bei Veränderungsprozessen tun? ▶ Sieben Schritte zur Veränderung ▶ Kommunikation in Veränderungsprozessen ▶ Wie Projekte und Veränderungsprozesse gelingen ▶ Vorbereitung Kolloquium ▶ Auswertung aller Module

Kolloquium
▶ Peergroup-Präsentationen ▶ Feedback ▶ Übergabe von Zertifikaten ▶ Evaluation

Diese Aufteilung der Themen hat sich im Prinzip bewährt. Aller Wahrscheinlichkeit nach wird diese Reihenfolge so nie ganz exakt im Seminaralltag stattfinden. Aber sie ist so realitätsnah, dass sie es könnte: Sie würde sehr gut funktionieren.

Die Must-haves

Folgende Inhalte aus allen fünf Modulen behandeln, bearbeiten und besprechen wir in jedem Fall:

- Grundlagen von Führung (siehe Skript I/3, I/4, I/5, I/6, II/9)
- Systemisch denken und führen (siehe Skript I/7, I/8, I/9, I/10, I/11, I/12, I/13, I/14, II/10)
- Führen mit Zielen (siehe Skript II/1, IV/1)
- Mein Team führen (siehe Skript II/2, II/3, II/4, II/6, II/11, II/12, II/18)
- Königsdisziplin Kommunikation (siehe Skript II/7, II/15, II/16, II/17, III/3, III/7)
- Sich selbst führen (siehe Skript III/1, III/8, III/13, III/14)
- Generationenübergreifend führen (siehe Skript II/19)
- Einführung ins agile Führen (siehe Skript IV/2, IV/3, IV/4, IV/5)

Nice-to-haves

- Start in die neue Führungsaufgabe (siehe Skript I/15, I/16, I/17)
- Projekte und Change-Prozesse managen (siehe Skript V)
- Vertiefung „Agiler führen“ (siehe Skript IV/6, IV/7, IV/8)
- Kolloquium

Die Szenarien im Überblick

Das Standard-Szenario

Am besten bewährt haben sich im Rahmen der Führungskräfteentwicklung diese Eckpunkte:

- Alle Teilnehmer nehmen an allen Modulen teil.
- Es gibt zwischen 12 und 20 Teilnehmende.
- Alle sind auf dem Karrieresprung oder direkt davor oder haben ihn gerade gemacht.
- Eine Mischung von unterschiedlichen Hierarchien ist in der Regel sehr fruchtbar, also zum Beispiel die Teilnahme von Personen,
  - die bereits eine Stellvertreterrolle innehaben und sich auf eine Leitungsstellung bewerben,
  - und Mitarbeiter, die sich auf eine Stellvertreterstellung bewerben.
- Am liebsten arbeiten wir im Rahmen von internen Weiterbildungen.

Dieses Szenario ist unser Standard-Szenario. Ihm liegen Architektur und Design aller Module zugrunde, zum Beispiel wenn es um die Zeitplanung oder die Frage der Gruppengröße bei Gruppenarbeiten geht.

Weitere Szenarios sind die Folgenden:

Szenario 2: Veränderung

Was bisweilen auch vorkommt ist, dass ein Teilnehmer während des Curriculums die Modulreihe verlässt oder etwa im zweiten oder dritten Modul hinzustößt.

Das verändert natürlich das System und erfordert – vor allem bei einem Neuzugang – von den Trainerinnen und den Teilnehmerinnen, dass der oder die Neue gut aufgenommen wird. Eventuell ergeben sich auch Veränderungen in den Peergroups.

Hier liegt es in der Verantwortung der Trainerinnen vor allem zu Beginn in der Einstiegsrunde „Neuen" und „Alten" genügend Zeit und Raum zum ersten Kennenlernen zu geben.

Wichtig ist hierbei auch ein Hinweis auf die von den anderen im ersten Modul gemachten Vereinbarungen.

Eine besonders spannende und schöne Veränderung tritt immer dann ein, wenn einer der Teilnehmenden während des Curriculums in eine neue Führungsrolle befördert wird. Dies ist in der Regel eine gute Gelegenheit, dieses Thema als Anliegen zu behandeln oder sich daraus ergebende Fragestellungen in die Übungen einzubauen. Selten können so konkret Themen behandelt werden, auch zum Nutzen der anderen Teilnehmer.

Szenario 3: Kleingruppe

Wenn Sie mit weniger als zwölf Teilnehmern arbeiten, müssen Sie vor allen Dingen bei den Gruppenübungen darauf achten, dass die Gruppen jeweils noch groß genug und „anregend" sind.

Bei Kleingruppen – wir haben auch schon mit weniger als sechs Teilnehmern gearbeitet – kann es oft zu dem Problem kommen, dass es zu ruhig ist: Es gibt dann zum Beispiel beim kollegialen Austausch im Plenum viel zu wenig Beteiligung.

Szenario 4: Großgruppe

Das Gegenstück zur Kleingruppe ist die Großgruppe. Damit meinen wir eine Teilnehmerzahl von über 20. Hier empfiehlt es sich, zum Beispiel auf eine Einstiegsrunde zu achten, in der jeder Teilnehmer nur wenige Redeanteile hat.

Worauf man bei dieser Gruppengröße auch achten sollte:

- Der offene Kreis wird sehr groß. Zum einen müssen Sie ein gutes Stück lauter als gewohnt sprechen, was auf Dauer anstrengend sein kann. Zum anderen kann auch der Lautstärkepegel im Kreis spürbar nach oben gehen.
- Je größer der Kreis wird, desto weiter sitzen einzelne Teilnehmer auch von Ihrem Flipchart entfernt. Achten Sie darauf, dass die Schrift und die Inhalte darauf weiterhin gut für alle lesbar sind.

Szenario 5: Diversität

Diversität belebt – das ist keine Frage. Im Kontext von Führungskräfteentwicklungen kann sie aber für uns Trainerinnen eine Herausforderung sein. Das gilt vor allem dann, wenn

- die Vorbildung oder der Reifegrad der Teilnehmenden sehr unterschiedlich ist – hier müssen Sie stets im Blick behalten, was wer in welcher Intensität gerade als Input braucht.
- es sowohl interne als auch externe Teilnehmer gibt – hier kann das Thema „gegenseitiges Vertrauen" besonders heikel sein.
- die Teilnehmer von ganz verschiedenen Standorten oder verschiedenen Abteilungen kommen, an und in denen sehr verschiedene Kulturen vorherrschen – gerade hier lohnt es sich, allen Beteiligten viel Zeit zu geben, damit sie einander besser kennenlernen und verstehen können.

Generell sollten Sie in einem so diversen Szenario in jedem Fall zu Beginn wesentlich mehr Zeit ins Zusammenwachsen investieren.

Was für alle Module und Tage gilt

Im Seminarfahrplan

- Begrüßung
- Einstiegsrunde
- Immer neugierig auf: Was gibt es zu berichten?
- Lerntagebuch, Skript, Peergroup, Hausaufgaben

- Gelegenheit, sich im Präsentieren und Visualisieren zu üben (samt Feedback)
- Methoden-Vielfalt
- Störungen und Anliegen haben Vorrang
- Für Anliegenbearbeitung fällt entweder eine Übung, Triaden-Arbeit oder ein Thema weg und wird eventuell später nachgeholt
- Zeitangaben immer nur Circaangaben
- Es geht nie um Vollständigkeit!
- Fotoprotokolle
- Feedback durch Trainerinnen und andere Teilnehmer
- Visualisierungen
- Systemische Werkzeuge
- Skript: ergänzend und begleitend
- Selbstverantwortlichkeit
- Abschluss
- Am letzten Tag eines Moduls: Abschlussrunde mit HR-Verantwortlichen und Führungskräften

Bei der Teilnahme von HR-Verantwortlichen und einer Führungskraft: Führungskräfteentwicklung ist immer auch ein – mindestens – kleiner OE-Prozess und deshalb ist es besonders wichtig, die Verantwortlichen im Unternehmen mit einzubeziehen. Damit haben wir sehr gute Erfahrungen gemacht.

Neben der Einbindung im Vorfeld und bei der konkreten Planung bitten wir die zuständigen Führungskräfte und HR-Verantwortlichen, am Ende jedes Moduls dazuzukommen. Wenn die Teilnehmerinnen damit einverstanden sind, sind sie dann bei der Abschlussrunde am Ende des Moduls dabei. So bekommen die Verantwortlichen einen Eindruck darüber, was im Modul erarbeitet wurde und was die Teilnehmer daraus mitnehmen. Zudem besteht die Möglichkeit, Fragen an die Führungskräfte und HR-Verantwortlichen zu stellen. Bei den ersten Modulen sind wir hier besonders als Moderatoren gefragt, da sich die Teilnehmerinnen anfänglich wenig trauen.

Wir greifen dann Themen aus dem Modul heraus und stellen diesbezüglich Fragen wie zum Beispiel:
- Haben Sie noch Erinnerung an Ihre ersten Führungserfahrungen? Was ist Ihnen davon besonders im Gedächtnis geblieben?
- Welche primären Erwartungen haben Sie an Ihre Führungskräfte?
- Wie wurden Sie auf Ihre Führungsrolle vorbereitet?

Flipcharts

Sämtliche vorgestellten Inputs sowie alle „Aufträge" werden auf Flipcharts dargestellt.

Anliegen

Das Thema „Anliegen" auf eine Formel gebracht: Wir arbeiten gerne mit individuellen Fragen der Teilnehmer aus deren Praxis (Anliegen). Diese integrieren wir gerne so weit wie möglich in die einzelnen Module bzw. Tage. Im besten Fall kann das Anliegen direkt in einer der ohnehin eingeplanten Übungen übernommen werden. In anderen Fällen sprechen wir mit allen Teilnehmenden ab, ob, wann und welche Anliegen wir bearbeiten. Dies bedeutet dann in der Regel, dass dafür andere Inhalte am jeweiligen Tag nicht oder nur sehr kurz behandelt werden.

Blumen und Musik

Wenn wir wissen, dass der Raum karg eingerichtet ist, von den Auftraggebern dies nicht zur Verfügung gestellt wird und wir mit dem Auto angereist sind, bringen wir zur Dekoration für den Innenraum Blumen mit. Das ist für die Teilnehmenden ein schöner „Hingucker" und häufig ein guter Einstieg für den ersten Small Talk. Zudem trägt es auch für uns Trainerinnen bei, uns wohlzufühlen. Nach dem Motto: Richte deine Umgebung so ein, dass sie dich unterstützt.

Wir haben immer Musik dabei – zum Einstieg und manchmal auch in Pausen.

Wir haben das Glück, musikalische Freunde zu haben, die eigene Stücke für uns aufgezeichnet haben. Wenn Sie öffentliche Musik nutzen möchten, müssen Sie auf GEMA-Rechte achten oder GEMA-freie Musik nutzen.

Offener Stuhlkreis

Wir arbeiten in der Regel im offenen Stuhlkreis. Wir haben die Erfahrung gemacht, dass es manchmal anfänglich zu Widerständen kommen kann. Wenn wir bei Teilnehmenden dies spüren, gehen wir auf sie zu und sprechen das Thema an. Bisher haben wir damit gute Erfahrungen gemacht, wenn wir den Teilnehmerinnen erklären, warum wir einen offenen Stuhlkreis bevorzugen.

Die Frage „Was bräuchten Sie, um sich auf den Stuhlkreis einlassen zu können?" unterstützt das Einlassen auf die Situation. Häufig kommt folgende Antwort: „Ich brauche etwas, um mein Glas abzustellen und meine Unterlagen abzulegen." Dann sorgen wir zum Beispiel dafür, dass hinter dem Teilnehmer ein Tisch zur Ablagemöglichkeit steht.

Spätestens am Ende des ersten Moduls sind die Bedenken gegen einen offenen Stuhlkreis verflogen, da die Teilnehmer sich sicherer fühlen und erfahren, dass wir den Innenraum des Stuhlkreises für Übungen gewinnbringend nutzen.

360-Grad-Präsentation

Bei Gruppenarbeiten führen wir in der Regel eine neue Herausforderung ein. Wir nennen sie 360-Grad-Präsentation. Wir bitten in den jeweiligen Gruppen, dass sich eine Person als Gruppenleitung meldet, die für den Gruppenprozess und die anschließende Präsentation verantwortlich ist.

Anfänglich bedarf es einiger Überzeugungskraft, die Teilnehmer dazu zu motivieren, sich als Gruppenleitung zu melden. Da die Teilnehmerinnen im Laufe des Prozesses aber erleben, dass die Rückmeldungen immer wertschätzend gegeben werden und sie merken, dass die Feedbacks für sie hilfreich sind, ist es bald kein Problem mehr, Freiwillige zu finden. Die Gruppenleitung sollte dafür sorgen, dass möglichst alle Teilnehmerinnen an der Präsentation beteiligt sind.

Nach der Präsentation fragen wir die Gruppenmitglieder, wie sie sich geführt gefühlt haben und wie die Stimmung in der Gruppe war. Anschließend haben die Gruppenmitglieder die Möglichkeit, sich ein Feedback von der Gruppe und von uns über ihre Präsentation und ihren Präsentationstil einzuholen.

Unsere Erfahrung dazu: Beim ersten Mal sind die Teilnehmerinnen noch etwas unsicher. Mit jeder weiteren Übungseinheit werden sie sicherer (im Präsentieren und im Feedback-Geben).

Die Bühne ist bereitet. Vorhang auf!

Der Seminarfahrplan

Modul I: Grundlagen von Führung und systemisch denken		
Tag 1	**Tag 2**	**Tag 3**
▶ Kennenlernen ▶ Infos zum Curriculum ▶ Vereinbarungen ▶ Grundlegende Führungskonzepte ▶ Fokus: Situativ führen und Acht Rollen einer Führungskraft ▶ „Übungen“ kennenlernen	▶ Vertiefung: Acht Rollen ▶ Macht ▶ Übung „Eine Acht legen“ ▶ Eigene Ressourcen ▶ Aktiv zuhören ▶ Kompetenzfass	▶ Systemisch denken ▶ Problem- und Lösungsbrille ▶ Reframing ▶ Innere Landkarte ▶ Systemisch vs. „klassisch“ ▶ Peergroups bilden ▶ Abschlussrunde mit HR-Verantwortlichen und/ oder Führungskraft

Modul I

Grundlagen von Führung und systemisch denken

Modul I/Tag 1

Seite	Thema/Übung	Dauer	Uhrzeit
37	Vorbereitung	50 Min.	8.00 – 8.50 Uhr
39	Begrüßen	10 Min.	8.50 – 9.00 Uhr
39	Einführung durch HR-Verantwortlichen, Vorstellen der Trainer	15 Min.	9.00 – 9.15 Uhr
40	Zwei Einstiegsrunden	90 Min.	9.15 – 10.45 Uhr
41	Vereinbarungen treffen	5 Min.	10.45 – 10.50 Uhr
	Pause	15 Min.	10.50 – 11.05 Uhr
42	Vorstellen der Module und des Skripts	10 Min.	11.05 – 11.15 Uhr
42	Agenda von Modul I/Tag 1	15 Min.	11.15 – 11.30 Uhr
43	Thema: Einstieg in grundlegende Führungsmodelle – Führungsstile und X/Y-Theorien	10 Min.	11.30 – 11.40 Uhr
49	Übung: X/Y-Theorien	30 Min.	11.40 – 12.10 Uhr
50	Thema: Einstieg grundlegende Führungsmodelle – GRID-Modell	20 Min.	12.10 – 12.30 Uhr
	Mittagspause	90 Min.	12.30 – 14.00 Uhr
53	Übung: Wie wurde im Elternhaus „geführt"?	30 Min.	14.00 – 14.30 Uhr
54	Thema: Situativer Führungsstil	15 Min.	14.30 – 14.45 Uhr
59	Übung: Situativ führen	15 Min.	14.45 – 15.15 Uhr
	Pause	15 Min.	15.15 – 15.30 Uhr
60	Thema: Acht Rollen einer Führungskraft	15 Min.	15.30 – 15.45 Uhr
65	Übung: Acht Rollen einer Führungskraft	20 Min.	15.45 – 16.05 Uhr
66	Thema: Ein kurzes Zwischenresümee	10 Min.	16.05 – 16.15 Uhr
66	Übung: Triade zum Abschluss des ersten Tages	25 Min.	16.15 – 16.40 Uhr
67	Abschlussrunde	20 Min.	16.40 – 17.00 Uhr
	Ende des Tages		

Orientierung

Fokus

- Kennenlernen untereinander, des gesamten Ablaufs, der Vorgehensweise der Trainerinnen
- Vertrauensbasis schaffen
- Erste grundlegende Inhalte
- Arbeitsweise kennenlernen

Zeiten

9.00 bis 17.00 Uhr, Mittagspause von 12.30 bis 14.00 Uhr, vormittags und nachmittags Kaffeepausen – nach Vereinbarung

Vorbereitung

1-18 Flipcharts, Seil, Tücher für alle Teilnehmenden, Blumen, Lautsprecher-Box

Raum

Stuhlkreis, zweiter Raum für Gruppenarbeit

Material

2 Flipcharts, 3-4 Pinnwände, Moderationskarten, Moderationskoffer (gut gefüllt)

Skript

I/3, I/4, I/5

Vorbereitung

8.00 bis 8.50 Uhr

Wir sind gerne ausreichend früher da, um uns mit den Gegebenheiten des Raums vertraut zu machen.

Wir schauen, ob alles mit dem offenen Stuhlkreis passt und wie es mit den Moderationsmaterialien ausschaut:

- Was fehlt?
- Wen kann man wo und wie dazu ansprechen?

Wir hängen alle vorbereiteten Flipcharts auf.

Dann stellen wir gegebenenfalls Blumen in die Mitte des Stuhlkreises und legen Moderationskarten und Stifte dazu, um Namensschilder zu machen, falls diese nicht gestellt werden.

In der Regel läuft bei uns Musik während der Vorbereitung (siehe Einleitung).

Kleine Checkliste:

- Materialien
- Flipcharts
- Namensschilder
- Karten, Stifte in der Mitte
- Anliegen auf Flipchart
- Frage eines Teilnehmers vom Vortag berücksichtigen, etwa Wunsch nach Buchempfehlung etc.
- Übriggebliebenes
- Aktuelle Infos, etwa vom Auftraggeber oder vom Veranstalter auf Flipchart notieren

Flipchart 1

Begrüßen

8.50 bis
9.00 Uhr

Wir begrüßen die Teilnehmer am ersten Tag jedes Moduls per Handschlag. Das ist für uns eine wertschätzende Willkommensgeste und gibt uns die Möglichkeit, persönlich und auf Augenhöhe mit jeder Teilnehmerin in Kontakt zu treten.

Zudem bitten wir die Teilnehmer, falls dies nicht von der Auftraggeberin zur Verfügung gestellt wurde, ein Namensschild zu schreiben.

Einführung durch HR-Verantwortlichen oder eine Führungskraft und Vorstellen der Trainerinnen

9.00 bis
9.15 Uhr

Beim ersten Modul sollte auf alle Fälle der Auftraggeber anwesend sein. Er begrüßt die Anwesenden, stellt die Trainerinnen kurz vor und sagt etwas über die Ziele und die Ausrichtung der Führungskräfteentwicklung.

Danach verabschiedet er sich.

Der Vorstellung am ersten Tag des ersten Moduls kommt eine besondere Bedeutung zu. Die Teilnehmerinnen wissen in der Regel noch nicht, was sie erwartet und wer genau das Training durchführt.

Anfangssituationen sind immer von Unsicherheiten und Ängsten geprägt. Deshalb stellen wir uns am Anfang etwas ausführlicher vor. Wir erzählen etwas über unseren Werdegang (Ausbildungen, Arbeitsschwerpunkte etc.), über persönliche Aspekte (Wohnort, Familienstand etc.) und über unsere Arbeitsweise (offener Stuhlkreis, abwechslungsreiche Gestaltung etc.). So können die Teilnehmerinnen wahrnehmen, wie wir verbal und nonverbal kommunizieren und sich so ihr erstes Bild von uns machen. Das schafft für viele ein Gefühl von etwas mehr Sicherheit.

9.15 bis 10.45 Uhr

Zwei Einstiegsrunden

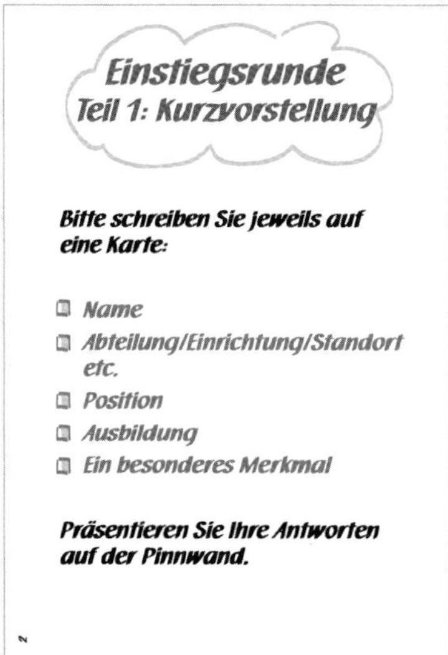

Flipchart 2

Nach unserer Erfahrung lohnt es sich, sich für die Einstiegsrunde bei mehrmoduligen Trainings Zeit zu nehmen.

Bei Gruppen mit mehr als zehn Teilnehmenden hat sich eine Zweiteilung der Einstiegsrunde als hilfreich erwiesen. Durch diese Art der Vorstellung bekommen alle Teilnehmenden die Gelegenheit, sich einzubringen und von der Gruppe gehört zu werden. Dies wiederum erleichtert das Vertrautwerden mit der Gruppe.

Wichtig: Die Teilnehmenden präsentieren sich hier erstmals. Das Präsentieren von Inhalten wird sich in den Modulen wie ein roter Faden durchziehen. So erhalten die Teilnehmerinnen von Mal zu Mal mehr Übung und Sicherheit darin, vor Gruppen zu sprechen und mit ihren Inhalten zu überzeugen.

Wir weisen zu diesem Zeitpunkt darauf hin, dass es immer ein Fotoprotokoll geben wird. Die Teilnehmenden können sicher sein, dass keine Namen oder persönlichen Aspekte (wie Anliegen) ins Fotoprotokoll kommen werden.

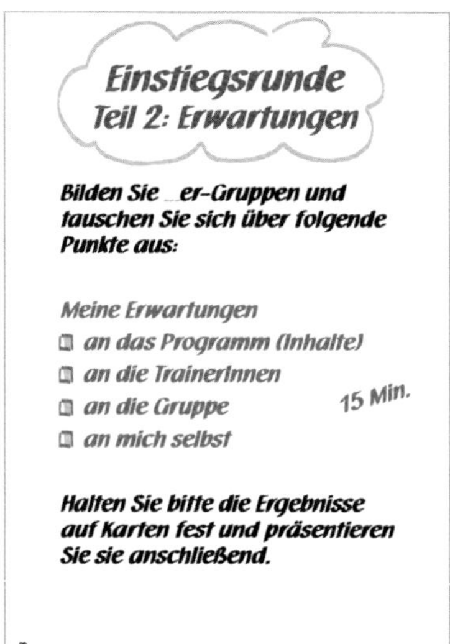

Flipchart 3

Bei der zweiten Einstiegsrunde erleben wir häufig schon mehr Lockerheit und Offenheit.

Es empfiehlt sich, die Ergebnisse der zweiten Runde zusammenzufassen und auf Flipchart als Memo zu schreiben.

Vereinbarungen treffen

10.45 bis 10.50 Uhr

Nichts geht ohne Regeln. Den Teilnehmerinnen sind verständlicherweise die Punkte Vertraulichkeit und Verschwiegenheit sehr wichtig.

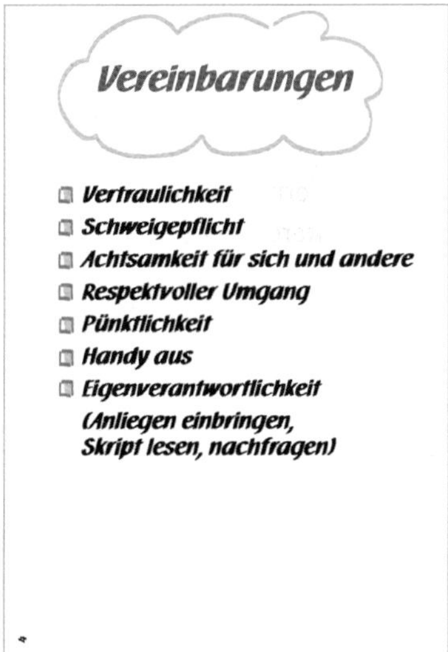

Für uns ist das Thema Eigenverantwortlichkeit von besonderer Bedeutung. Wir machen darauf aufmerksam, dass die Teilnehmenden verantwortlich dafür sind, Feedback zu geben, wenn sie das Gefühl haben, es läuft nicht so, wie es für sie hilfreich ist.

Flipchart 4

Zudem sollten sie durch das Einbringen von Fragen und eigenen Fällen aus der Praxis dazu beitragen, dass sie einen gewinnbringenden Lernprozess durchlaufen. Das Lesen des Skripts und die Auseinandersetzung mit den unterschiedlichen Themen unterstützt diesen Prozess.

Pause

10.50 bis 11.05 Uhr

Zeit zum Sichsammeln, Durchatmen und Einanderkennenlernen.

11.05 bis 11.15 Uhr

Vorstellen der Module und des Skripts

Zunächst geben wir einen Gesamtüberblick samt Terminen und Themen und eventuell Orten.

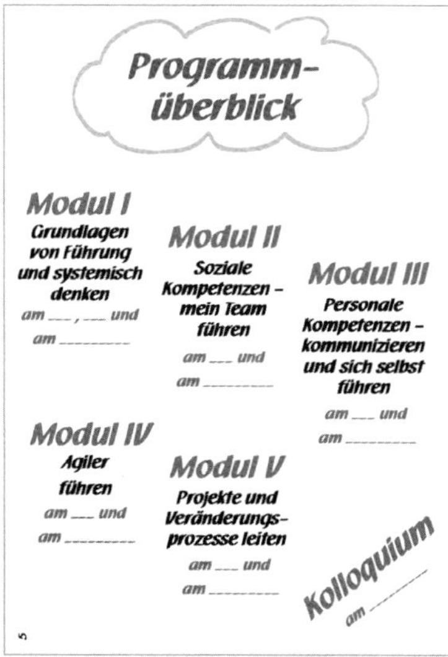

Danach stellen wir kurz das Begleit-Skript vor und verteilen es, sofern es vom Auftraggeber ausgedruckt und idealerweise in einen Ordner geheftet wurde. Zudem verweisen wir auf die PDF-Variante, die wir den Teilnehmenden mit dem ersten Fotoprotokoll digital schicken werden.

Flipchart 5

11.15 bis 11.30 Uhr

Agenda von Modul I/Tag 1

Am Anfang der Führungskräfteentwicklung geben wir einen Überblick über das gesamte erste Modul. Dafür lassen wir uns ein bisschen Zeit, da hier die Teilnehmerinnen die erste Gelegenheit haben, sich intensiver mit den Inhalten auseinanderzusetzen. Da sich die Mehrzahl nicht viel unter den Überschriften vorstellen kann, sagen wir jeweils kurz etwas zu den Themen.

Flipchart 6

Die Information und der Austausch darüber geben die Möglichkeit, an der wertschätzenden Kultur zu arbeiten, die wir für Lernprozesse unerlässlich halten. Wir signalisieren den Teilnehmerinnen zum Beispiel, dass wir uns Zeit für die Fragen nehmen und dass es keine „dummen" Fragen gibt.

Sowohl einen Überblick über das gesamte Modul und den jeweiligen Tag geben wir nur hier, da es in diesem Modul ja eine Pause zwischen zweitem und drittem Tag gibt. Beides zu Beginn eines Moduls zu zeigen, ist natürlich auch für die anderen Module eine Möglichkeit.

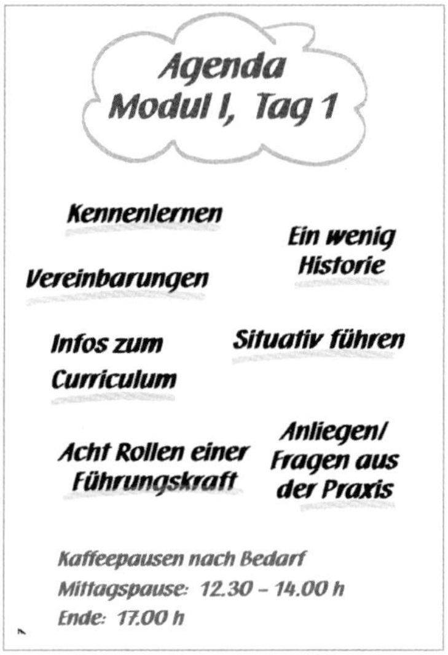

Flipchart 7

Wir empfehlen, auf jeder Agenda auch die Pausenzeiten und das Ende mit anzugeben: Der eine vergisst es doch mal, eine andere kommt vielleicht neu hinzu.

11.30 bis 11.40 Uhr

I/3

8 und 9

Thema: Einstieg in grundlegende Führungsmodelle – Führungsstile und X/Y-Theorien

Das Basismodell der Führungsstile nach Kurt Lewin

Den Einstieg in Führungskonzepte machen wir mit den drei grundlegenden Führungsstilen nach Kurt Lewin. Sie sind den meisten Teilnehmern bereits bekannt.

Interessant ist dabei der Austausch darüber, wann es sinnvoll sein könnte, etwa autoritär oder laissez faire zu führen. Ein Input dazu könnte so aussehen:

- *Autorität*: in Krisensituationen, immer wenn schnelles Handeln notwendig ist
- *Laissez faire*: wenn kreative Ideen und Vorschläge gewünscht sind
- *Kooperativ*: anzustrebender Stil ist den Teilnehmenden meistens vertraut

Wir starten gerne bewusst mit solch „leichter Kost" (Flipchart 8). Es ist schließlich der erste theoretische Baustein im gesamten Curriculum überhaupt.

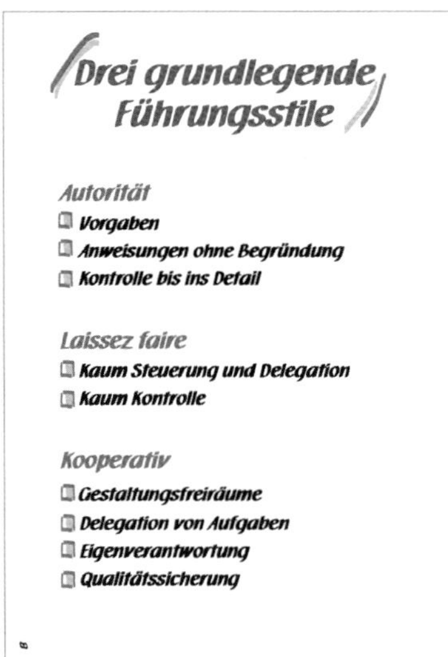

Deshalb verzichten wir in der Regel auch darauf, alle Inhalte aus Abschnitt I/3 des Online-Skripts zu bearbeiten. Weniger ist hier unserer Erfahrung nach mehr. Und wenn doch mehr nachgefragt wird: Das Online-Skript bietet ausreichend Informationen und Hintergründe – und ist auch angenehmer gestaltet als die funktionale Darstellung des Buchs. Ein Blick hinein lohnt sich also.

Flipchart 8

Skript-Auszug I/3:

Ein Blick zurück: wichtige Führungsstile und -modelle

DARUM GEHT ES

Gute Darstellungen zum Thema Führung hangeln sich oft an der Historie aller möglichen Ansätze, Konzepte und Theorien entlang. Das mag interessant sein, ist aber alles andere alles spannend. Und vor allem: Es verschafft Ihnen als Praktiker – und an Sie wenden wir uns in erster Linie – keine Orientierung. Sie wollen ja nicht wissen, wann wer was genau gesagt hat.

Sie als Praktikerin wollen einen Führungsansatz verstehen. Sie wollen handhabbare Werkzeuge an die Hand bekommen, mit denen Sie arbeiten – und führen – können. Deshalb haben wir aus unserer Coaching- und Trainings-Praxis gewissermaßen all die Grundlagen, Ansätze und Ideen genommen, die sich schon bestens bewährt haben.

Dieses Abklopfen und Einordnen gilt auch für den Fall, dass Sie in Ihrem Job auf einmal mit einem neuen Führungsmodell konfrontiert werden. So zum Beispiel vor wenigen Jahren geschehen bei der Bahn AG mit der transformationalen Führung.

(...)

Das Basismodell nach Kurt Lewin: autoritär, laissez faire, kooperativ

Wahrscheinlich haben Sie auch schon einmal von diesen drei Führungsstilen gehört: autoritär, laissez faire, kooperativ (Lück 2001). Dahinter steckt ein anderer, weit bekannter, Ansatz von Führung: das Basismodell von Kurt Lewin. Schauen wir uns Lewins Ansatz kurz an. Sie werden sehen, er korrespondiert mit den X/Y/Z-Theorien von McGregor.

Kurt Lewin erforschte effektive Führungsstile und ging damit einen entscheidenden Schritt hinaus über den Ansatz, nach herausragenden Persönlichkeitseigenschaften zu suchen, also der Trait Theory. Dabei machte er die drei genannten grundlegende Führungsstile aus: autoritär, laissez faire, kooperativ.

Der autoritäre Führungsstil

- Die Führungskraft gibt Anweisungen, Aufgaben und Anordnungen weiter, ohne ihre Mitarbeiterinnen in die Entscheidung einzubeziehen.
- Kontrolle bis ins Detail.
- Widerspruch ist nicht geduldet.
- Nahezu bedingungsloser Gehorsam wird erwartet.
- Bei Fehlern wird bestraft, statt zu helfen.

Ein autoritärer bzw. hierarchischer Führungsstil ist beispielsweise in Armeen mit Befehlstaktik vorherrschend. In Unternehmen führt sie oft zu Rivalitäten, Aggression und einer „Radfahrer"-Mentalität: nach oben buckeln, nach unten treten. Außerdem hat die autoritäre Führungskraft meist eine direkte Auswirkung auf die Arbeitsleistung:

- Ist die Führungskraft anwesend, ist die Arbeitsleistung hoch.
- Ist sie dagegen abwesend, ist die Arbeitsleistung niedrig.

Der Laissez-faire-Führungsstil

- Mitarbeiter haben viele Freiheiten. Sie bestimmen ihre Arbeit, die Aufgaben und die Organisation selbst.
- Die Informationen fließen mehr oder weniger zufällig.
- Die Führungskraft greift nicht in das Geschehen ein, sie hilft oder bestraft auch nicht.
- Es gibt keine klare Delegation bzw. Steuerung.
- Kontrolle und Interesse an den Mitarbeiterinnen fehlen.

Dieser Führungsstil wird oft in „Kreativ"-Abteilungen genutzt. Er hat jedoch den Nachteil, dass Mitarbeiter nur etwas leisten, wenn sie selbst ein Interesse an der Aufgabe haben. Außerdem fehlen Gruppenzusammenhalt, gemeinsame Ziele und Koordination. Oft gibt es zudem eine „heimliche" Führung. Irgendjemand füllt eben immer ein entstandenes Machtvakuum aus.

Der kooperative Führungsstil

- Die Führungskraft bezieht die Mitarbeiter in das Betriebsgeschehen durch sachliche Diskussionen oder durch Delegation von Aufgaben und Kompetenzen ein.
- Sie gewährt Gestaltungsfreiräume.
- Sie fördert Eigenverantwortung.
- Die Führungskraft berücksichtigt die Motive der Mitarbeiterinnen.
- Sie setzt Lob und Kritik zur Motivation ein.

Dieser Führungsstil gilt – bezogen auf Lewins drei Basisstile – als ideal. Seine Stärken liegen vor allem in der hohen Motivation der Mitarbeiter durch die Entfaltung der Kreativität sowie durch die Förderung der Leistungsfähigkeit und höheren Selbstständigkeit. Es kann so letztlich zu einer höheren Identifikation mit dem Unternehmen kommen. Zudem ist oft das Arbeitsklima angenehm, und die Kommunikationsstrukturen sind offen und dezentral.

Die X/Y/(Z)-Theorien nach Douglas McGregor

Nach der Vorstellung von Kurt Lewins Führungsstilen halten wir es für zielführend, mit der Vorstellung der X/Y-Theorien nach Douglas McGregor weiterzumachen. Behandelt man diese Theorien, ist meist der erste Impuls der Teilnehmerinnen, über die X-Theorie zu schmunzeln.

Wir berichten dann davon, dass wir alle zu „x-igem Verhalten" neigen, wenn wir etwas tun sollen, womit wir nicht einverstanden sind. Wir verschränken dann innerlich unsere Arme und verhalten uns je nach Situation stur und zeigen Widerstand.

Der Input wird auch hier wieder über den folgenden Skript-Auszug zusammengefasst.

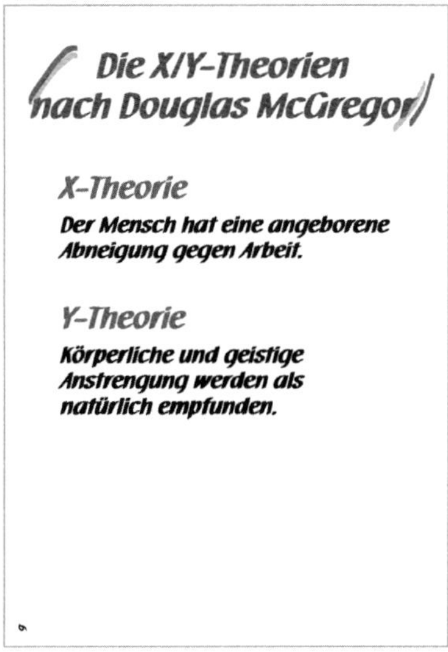

Flipchart 9

Skript-Auszug I/3:

Forschung nach Douglas McGregor: Die X/Y/(Z)-Theorien

Vielleicht haben Sie schon von den Theorien X und Y gehört. Sie gehören zu den Klassikern unter den Management-Theorien oder Führungsphilosophien. Auch sie sind längst überholt (Oppermann-Weber 2001 und McGregor 1985).

Aber auch sie bieten wie die anderen veralteten Ansätze zumindest eine erste Orientierung, wenn es um das Thema Persönlichkeit geht. Außerdem sollte jede Führungskraft sie kennen. Douglas McGregor prägte die Theorien X und Y erstmals 1960.

Seine Grundannahme: Der Mensch oder der durchschnittliche Mitarbeiter ist entweder unwillig, dann trifft die X-Theorie zu. Oder er ist engagiert, dann gehört er zur Y-Theorie.

Konkret heißt das: ...

Die X-Theorie steht für:	Die Y-Theorie sieht hingegen diese Faktoren im Vordergrund:
Der Mensch hat eine angeborene Abneigung gegen Arbeit und er versucht, ihr aus dem Weg zu gehen. Er ist unwillig und faul.	Körperliche und geistige Anstrengung beim Arbeiten werden als ebenso natürlich angesehen wie Spiel und Ruhe.
Meistens muss der Mensch gezwungen, gelenkt, geführt und mit Strafe bedroht werden, um das vorgegebene Soll zu erreichen.	Zielen, denen er sich verpflichtet fühlt, wird sich der Mitarbeiter mit Selbstdisziplin und Selbstkontrolle widmen.
Der Mensch möchte sich vor Verantwortung drücken. Er besitzt wenig Ehrgeiz und ist vor allem auf Sicherheit aus.	Die Identifikation mit den Zielen hängt von der Belohnung ab. Sind die Rahmenbedingungen gut, lernt der Mensch nicht nur, Verantwortung zu übernehmen, sondern sogar, sie zu suchen.

Für die Führung bedeutet dies, der Theorie X folgend, vor allem strenge Vorschriften und Kontrolle. Das führt seitens der Mitarbeiter zu

- passivem Arbeitsverhalten
- Angst
- Verantwortungsscheue
- mangelnder Initiative

Führungskräfte, bei denen das Menschenbild der Theorie X ausgeprägt ist, haben einen eher autoritären Führungsstil.

Die Theorie Y dagegen steht für eine Führung, die Handlungsspielraum und Selbstkontrolle ermöglicht. Dies führt dann bei den Mitarbeitern zu

- Engagement für die Arbeit
- Selbstbestätigung
- Initiative
- Verantwortungsbereitschaft

Führungskräfte, die sich mehr zur Theorie Y hingezogen fühlen, besitzen einen eher kooperativen oder partizipativen Führungsstil und sind somit mitarbeiter- und zielorientiert.

Das ist natürlich alles sehr grob geschnitzt. Das erkannte auch McGregor. So ergänzte er seinen Ansatz um die Theorie Z. Sie lässt sich mit wenigen Worten umreißen: Der Mensch ist je nachdem, also fallweise, mal Y, mal X.

Folglich ist der Führungstyp Z gekennzeichnet durch:

- Entscheidungen werden von allen kollektiv und einvernehmlich getroffen, wodurch die Interessen aller Mitglieder einfließen.
- Wichtig sind auch die individuelle Verantwortungsübernahme der Mitarbeiter und die Leistungsbeurteilung durch die Führungskraft.
- Es werden keine formalisierten Verhaltensregeln vorgegeben.

Übung: X/Y-Theorie

11.40 bis 12.10 Uhr

Mit dieser Übung sammeln die Teilnehmerinnen ganz nebenbei die ersten gemeinsam erworbenen Kenntnisse zum Thema Motivation, Demotivation und Umgang mit der Einführung von Veränderungen. Die Teilnehmer bekommen eine Ahnung davon, wie schnell Führungskräfte Mitarbeiterinnen demotivieren können.

Alle Methoden und Werkzeuge, die wir im Folgenden nutzen, wie hier die Murmelgruppe – und einige mehr –, finden Sie kurz skizziert im Kapitel „Werkzeuge".

Wir schließen dieses Element mit einer Zurufabfrage zum Thema X/Y-Theorien ab. Die Ergebnisse der Gruppenarbeit werden am Flipchart gesammelt. Daran schließt sich häufig ein reger Austausch darüber an.

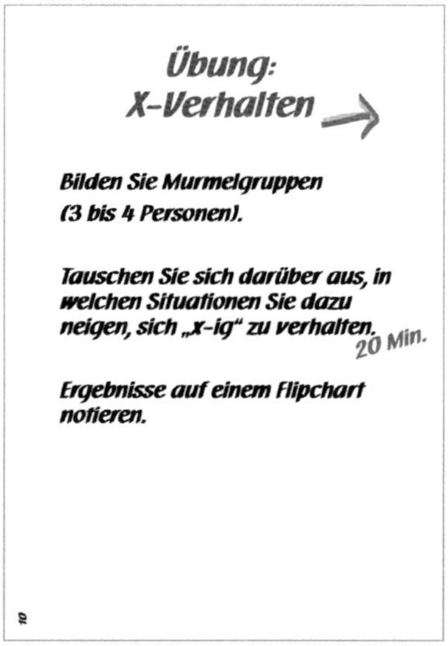

Flipchart 10

12.10 bis 12.30 Uhr

Thema: Einstieg in grundlegende Führungsmodelle – das GRID-Modell

I/3

11

Das GRID-Modell stellt die Aspekte Mitarbeiterorientierung und Aufgabenorientierung in den Mittelpunkt.

Dabei gibt es jedoch keine pauschale Bewertung wie: „Mitarbeiterorientierung ist wichtiger als Aufgabenorientierung“. Uns ist es wichtig, dass die Teilnehmerinnen beide Aspekte im Auge behalten. Zudem fragen wir die Teilnehmenden nach ihrer persönlichen Präferenz. Zum Beispiel mit folgender Frage: „Wenn es bei Ihnen stressig wird, neigen Sie dazu, eher mitarbeiterorientiert oder eher aufgabenorientiert zu führen?“

Falls die Teilnehmer schon Führungskraft sind, regen wir dazu an, diese Frage einmal in ihren Mitarbeitergesprächen zu thematisieren und sich darüber ein Feedback einzuholen. Die Auseinandersetzung mit dieser Fragestellung ermöglicht, ein Bewusstsein darüber zu entwickeln, in welchem Bereich die Stärke der Teilnehmenden liegt und wo sie eventuell noch Entwicklungsbedarf haben.

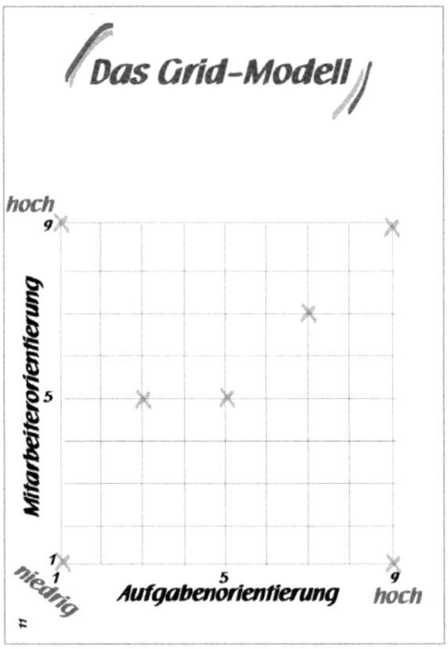

Auch hier wieder die Inhaltsdarstellung über einen Auszug aus dem Skript.

Flipchart 11

Skript-Auszug I/3:

Das GRID-Modell von Robert R. Blake und Jane Mouton

Das GRID-Modell ist ein Werkzeug, das auch die Aufgabenorientierung mit in den Fokus rückt (Schirmer et al. 2009). Es geht dabei konkret um die Aufgaben Ihrer Mitarbeiter – genau das macht es so nützlich für Ihren Führungsalltag. Denn ist es ja Ihre Aufgabe als Führungskraft, die Aufgaben Ihrer Mitarbeiterinnen zu bestimmen und stets im Blick zu behalten.

Die Rede ist vom Verhaltensgitter oder den 81 Möglichkeiten. Entwickelt haben es 1964 die amerikanischen Psychologen Robert R. Blake und Jane Mouton (Blake et al 2009). Ihr „Verhaltensgitter“ enthält eine aufgabenorientierte Dimension – die horizontale Achse – sowie eine mitarbeiterorientierte Dimension – die vertikale Achse.

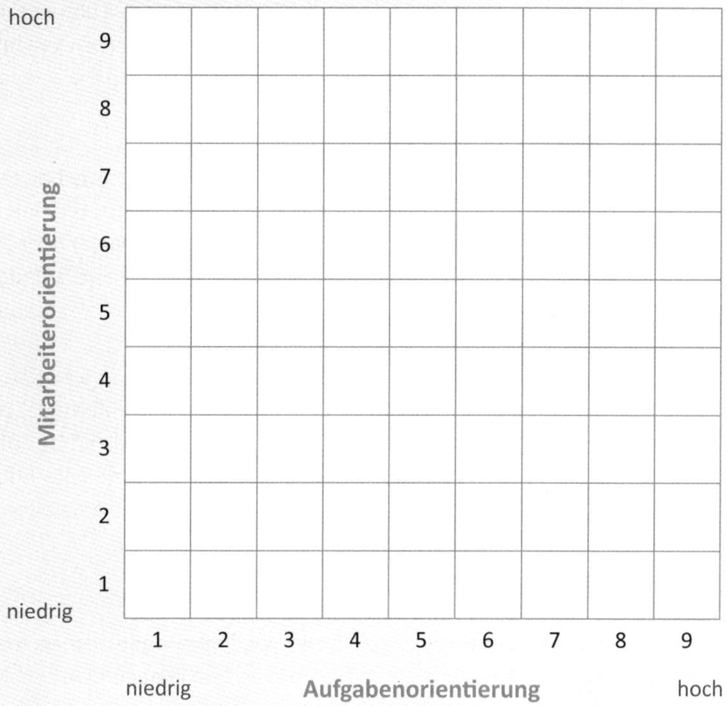

Abb. I/3c: Das Grid-Modell

Diese beiden Achsen oder Merkmale sind im Verhaltensgitter in neun verschieden starken Ausprägungen dargestellt. „1“ steht für die niedrigste Intensität, „9“ für die höchste.

Daraus ergeben sich neun mal neun, das heißt 81 Führungsstiltypen. Durch die Kombination der Ausprägungsgrade der beiden Merkmale können Sie den nötigen Führungsstil gleichsam „errechnen“.

Fünf Beispiele zeigen, wie Sie das Verhaltensgitter nutzen und so Ihr eigenes Führungsverhalten aufgabenorientiert wählen können (Wikipedia, recherchiert am 08.07.2019):

Überlebens-Management

Schauen wir uns zuerst das Beispiel links unten im Gitter an: den Typ 1,1 oder das sogenannte Überlebens-Management. Dieses gilt als schlechtester Führungsstil überhaupt. Dabei wird weder auf die Mitarbeiterinnen Wert gelegt noch auf die Erreichung der Ergebnisse – im Grunde eine extreme Form des Laisser-faire.

Teammanagement

Der Typ 9,9 oder das Teammanagement gilt oft als das beste Führungsverhalten, das in den allermeisten Führungssituationen zum Erfolg führt. Dabei bedienen Sie sich als Führungskraft abhängig von der Situation verschiedener Herangehensweisen. Ihre Mitarbeiter bringen hohe Arbeitsleistung. Ziele werden als gemeinsame Ziele angesehen.

Befehl-Gehorsam-Management

Beim Typ 9,1 dagegen, dem Befehl-Gehorsam-Management, stehen die Arbeitsergebnisse im Zentrum. Auf die Bedürfnisse der Mitarbeiterinnen legen Sie dabei kaum Wert. Hier gilt die Devise „Leistung über alles". Er wird deshalb häufig bei Akkordarbeiten angewandt oder zum Beispiel beim Feuerwehr-Einsatz. Dieses Befehl-Gehorsam-Management hat also auf jeden Fall seine Daseinsberechtigung.

Glacéhandschuh-Methode

Das Gegenstück zu diesem Stil im Grid ist der Typ 1,9, die Glacéhandschuh-Methode. Hier steht der Mitarbeiter im Mittelpunkt oder anders gesagt: „Der Mensch ist alles." Das führt zwar schnell zu einer freundlichen Arbeitsatmosphäre. Aber auf der anderen Seite erfolgt keine angemessene Auseinandersetzung mit den Zielen, was sich negativ auf Arbeitstempo und -ergebnis auswirkt. Hier ist also für Sie als Führungskraft Vorsicht geboten.

Organisationsmanagement

Unser letztes Beispiel liegt in der Mitte des Gitters: Typ 5,5 oder das Organisationsmanagement. Hier versuchen Sie als Führungskraft, eine Balance zu finden zwischen genügend Arbeitsleistung – zur Erreichung der Ziele – und den Wünschen der Mitarbeiter – um diese nachhaltig zu motivieren. Bei dieser „Kompromisslösung" sind die Mitarbeiter folglich auch motiviert. Aber: Sie laufen nur selten zur Höchstform auf.

Das Verhaltensgitter hat sich immer wieder bewährt. Vor allem, wenn es darum geht, sich schnell eine Orientierung zu verschaffen, die Aspekte Aufgabe und Mitarbeiter im rechten Verhältnis zu berücksichtigen.

- Klar in der Sache: Aufgabenorientierung
- Fair und respektvoll zum Menschen: Mitarbeiterorientierung

Beides ist wichtig! Der 9,9-Führungsstil gilt als optimal, alle Formen im Bereich 5,9; 5,5; 9,5 gelten als erstrebenswert.

Mittagspause

12.30 bis 14.00 Uhr

Übung: Wie wurde im Elternhaus „geführt"?

14.00 bis 14.30 Uhr

Da wir alle in unserer Sozialisation früh „Führungserfahrungen" machen, lohnt es sich, diese bewusst zu machen und zu reflektieren.

Diese Übung macht den Teilnehmerinnen deutlich, wie Geführtwerden positiv oder auch negativ erlebt wird und welche Ressourcen sie aus ihrer Herkunftsfamilie mitbringen.

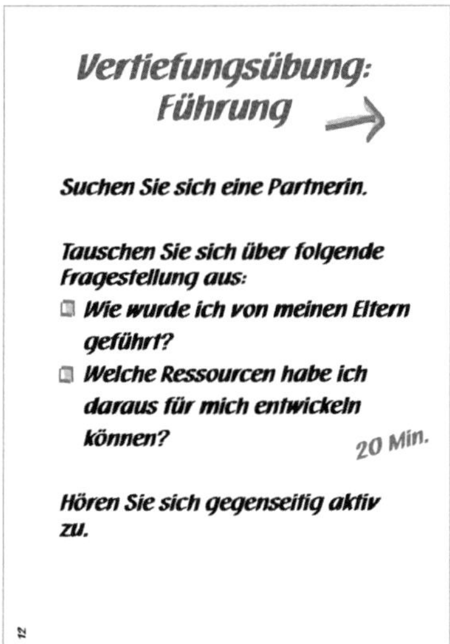

Flipchart 12

Anschließend finden Zurufabfragen zu den folgenden Themen statt:

- Wer hat etwas zu berichten?
- Was war wichtig?
- Welche Erkenntnis nehmen Sie aus der Übung für sich mit?

Die Ergebnisse werden auf Flipchart gesammelt und wertschätzend kommentiert.

14.30 bis 14.45 Uhr

I/4

13

Thema: Situativer Führungsstil

Der situative Führungsstil erzeugt bei den Teilnehmerinnen nicht selten ein Aha-Erlebnis zum Thema Einarbeitung von Mitarbeitern für jede neue Aufgabe (!) und zum Thema Delegieren. Hier wird den meisten deutlich, dass das Thema Führung viel Zeit und Sorgfalt benötigt.

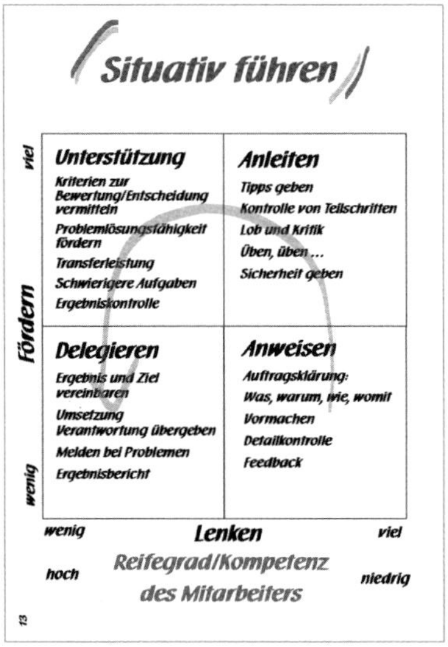

Flipchart 13

Skript-Auszug I/4:

Führen im situativen Führungsstil nach Hersey und Blanchard

DARUM GEHT ES

Jedes Führungsverhalten sollte sich an zwei grundsätzlichen Komponenten orientieren: an den konkreten Aufgaben, die zur Leistungserreichung nötig sind, und an den Mitarbeitern, die diese Leistung erbringen sollen.

Daraus haben unter anderem Paul Hersey und Ken Blanchard um 1974 vier Führungsstile abgeleitet, die sich nach den unterschiedlichen Anforderungen in der Führung umsetzen lassen (Yukl 2006). Dabei gibt es keinen idealen Führungsstil.

Das Modell der situativen Führung

Als Führungskraft müssen Sie immer die jeweilige Situation analysieren und den situationsgerechten Führungsstil bestimmen. Das erfordert von Ihnen Verhaltensflexibilität und Handlungssicherheit in den einzelnen Führungsstilen – und das Wissen um den Reifegrad Ihrer Mitarbeiter.

Anweisen

Die Erledigung der Aufgaben steht im Vordergrund. Es dominiert das direkte Verhalten. Der Vorgesetzte gibt an, was, wie, wann und wo getan werden muss.

Anleiten

Mitarbeiter und Aufgabe stehen gleichermaßen im Fokus. Der Vorgesetzte gibt noch den größten Teil der Vorgehensweise und des Inhalts vor.

FÖRDERN		
viel	**Unterstützen** • Kriterien zur Bewertung/ Entscheidung vermitteln • Problemlösungsfähigkeit fördern • Transferleistung/ schwierigere Aufgabe • Ergebniskontrolle	**Anleiten** • Tipps geben • Kontrolle von Teilschritten • Lob und Kritik • Motiveren • Üben, üben, üben • Sicherheit gewinnen
wenig	**Delegieren** • Ergebnis, Ziel vereinbaren • Umsetzungsverantwortung übertragen • Melden, wenn es Probleme gibt • Ergebnisbericht	**Anweisen** • Was • Warum • Wie • Womit • Vormachen • Detailkontrolle und Feedback

wenig **LENKEN** viel

hoch **Reifegrade des Mitarbeiters** niedrig

Abb. I/4a: Die vier situativen Führungsstile

Unterstützen

Der Mitarbeiter steht im Mittelpunkt des Führungsverhaltens. Hier geht die Kompetenz, Probleme zu erkennen und zu lösen, auf den Mitarbeiter über. Aufgaben des Vorgesetzten: Wertschätzung aussprechen, aktives Zuhören, coachen und Moderation.

Delegieren

Mitarbeiter erhalten für ihre Aufgaben größere Kompetenzen und Freiräume. Aufgaben werden auf Mitarbeiter übertragen, meist handelt es sich hier um Einmalaufgaben oder um Aufgaben im Zusammenhang mit Vertreterregelungen.

Der angemessene Führungsstil

Mit diesen Schritten stimmen Sie Ihren Führungsstil auf jeden Mitarbeiter ab.

- Führen Sie für jeden Mitarbeiter eine Situationsanalyse durch: Wo braucht der Mitarbeiter welche Unterstützung? Wie hoch ist seine Kompetenz? Wie hoch ist sein Engagement für seine Arbeit?
- Fragen Sie sich dann: Welches Führungsverhalten wäre der Entwicklungsstufe angemessen? Entspricht mein Führungsverhalten dem Entwicklungsstand des Mitarbeiters? Weicht es davon ab? Wenn ja, warum?
- Falls Sie feststellen, dass Ihr Führungsstil nicht zum Entwicklungsstand des Mitarbeiters passt, versuchen Sie, sich dem angemessenen Führungsstil anzunähern.
- Beobachten Sie genau die Auswirkungen.
- Reflektieren Sie gemeinsam mit Ihrem Mitarbeiter die gemachten Erfahrungen.

Lernen Sie Ihre Mitarbeiter kennen. Nur so können Sie ihnen gerecht werden.
Führen Sie einen Einschätzungsbogen, in dem Sie Ihre Mitarbeiter, deren Kompetenzen und Engagement eintragen. Auch wenn es einige Zeit erfordert, so ist diese Investition auf alle Fälle gut angelegt.

Jeder Führungsstil benötigt unterschiedliche Zeitkontingente:

- Kurzfristig erreichen Sie schneller etwas mit stark direktiven Elementen.
- Unterstützendes Verhalten zielt auf längerfristige Ziele ab, ist aber zeitintensiver.
- Beziehen Sie auch rechtzeitig immer wieder die Frage mit ein, ob Sie eine Aufgabe delegieren können.

Entwicklungsstand (Reifegrad) der Mitarbeiter

Angemessenes, situatives Führen wird bestimmt durch den Entwicklungsstand des Mitarbeiters und dessen Engagement. Denn aus der Kombination von Motivation/Engagement (psychologischer Reife) und Kompetenz/Fähigkeit (Arbeitsreife) wird nach Hersey und Blanchard der Reifegrad des Mitarbeiters bestimmt.

- Wenig Kompetenz und geringes Engagement: Anweisen
- Mittlere Kompetenz und mittleres Engagement: Anleiten
- Hohe Kompetenz und schwankendes Engagement: Unterstützen
- Hohe Kompetenz und hohes Engagement: Delegieren

In der Quadranten-Darstellung sieht das so aus:

Reifegrad 3 fähig, aber nicht willig	**Reifegrad 2** nicht fähig, aber willig
Reifegrad 4 fähig und willig	**Reifegrad 1** nicht fähig und nicht willig

Abb. I/4b: Die vier situativen Führungsstile

Sofern die Zeit reicht, ist es ratsam, die situativen Führungsstilaspekte noch einmal vergleichend gegenüberzustellen. Dies erarbeiten die Trainer zusammen mit ihren Teilnehmern. Gegebenenfalls entdecken die Teilnehmerinnen dabei bereits ihre eigenen Lieblingsstile.

Situative Führungsstilaspekte im Vergleich

	Delegieren	Unterstützen	Anleiten	Anweisen
Eigenschaften	Distanziert, loslassend	Entwicklungs-orientiert, kommunikativ	Aufgaben-orientiert, fördernd	Vorgebend, absichernd
Führung	Metaziele, setzt Prioritäten	Orientiert sich am Arbeitsklima	Hat klare, mittel-fristige Ziele im Auge	Führt straff und setzt sich durch
Entschei-dungen	Wesentlich sind langfristige Ge-sichtspunkte	Fokus ist die Zusammenarbeit	Mitarbeiter wird mit einbezogen	Führungskraft trifft Entscheidung
Konflikte	Konflikte werden durch Parteien selbst geklärt	Konsens-orientierung steht im Vordergrund	Sieht sich als Konflikt-moderator	Löst Konflikte durch Entscheidungen
Kontrolle	Erwartet Rückmeldungen	Kollegiales Verhalten, wenig kontrollierend	Lernziel-kontrollen, kooperativ	Kontrolliert stark, ergebnis-orientiert
Haltung	Hält sich prinzipiell zurück	Arbeitet kreativ und einfühlsam	Gibt klare Informationen	Sicherheit durch Struktur

ZUM WEITERDENKEN

Überprüfen Sie regelmäßig Ihre Einschätzungen. Überprüfen Sie sich kritisch, ob Sie wirklich in der Mehrzahl der Fälle die Wahl haben, zwischen den einzelnen Führungsstilen zu wechseln. Oder haben Sie unabhängig von der jeweiligen Situation ein oder zwei Lieblingsstile?

Übung: Situativ führen

14.45 bis 15.15 Uhr

Wir fordern die Teilnehmenden auf, beispielhaft maximal fünf ihrer Mitarbeiter auszuwählen – oder Kolleginnen, sofern sie noch keine Führungskraft sind.

Diese sollen sie jeweils einem situativen Führungsstil auf der Pinnwand zuordnen.

Diese Übung ist eine erste lockere Auseinandersetzung mit dem Thema. Sie bietet die Gelegenheit das eben Gelernte auf die Praxis zu übertragen.

Flipchart 14

Kurze Auswertung im Plenum: Was es zu berichten gibt …

Pause

15.15 bis 15.30 Uhr

15.30 bis
15.45 Uhr

I/5

15

Thema: Acht Rollen einer Führungskraft

Das Modell der „Acht Rollen einer Führungskraft" ist für unsere Arbeit grundlegend.

Durch die acht Rollen erkennen die Teilnehmerinnen die verschiedenen „Hüte", die jede Führungskraft situationsgemäß tragen (können) sollte. Die Rolle der Unternehmerin zum Beispiel haben viele Teilnehmer nicht im Blick.

Flipchart 15

Wir stellen die Rollen im Einzelnen vor.

Skript-Auszug I/5:

Die acht Rollen einer Führungskraft

DARUM GEHT ES

Als Führungskraft bewegen Sie sich in unterschiedlichen Rollen. An jeder dieser Rollen sind spezifische Erwartungen geknüpft. Für ein erfolgreiches Handeln ist es für Sie wichtig zu erkennen, in welcher Rolle Sie sich gerade befinden, welche Rolle im Moment gefragt ist und welches Verhalten wann sinnvoll ist (Schwarz & Schwarz 2019).

... Dies bedeutet eine hohe Anforderung an Ihre Flexibilität im Rollenverhalten. Nicht selten treten Führungsprobleme gerade dann auf, wenn keine Rollenklarheit für Sie als Führungskraft oder für Ihre Mitarbeiter besteht.

Die Rollen und ihre Aufgaben

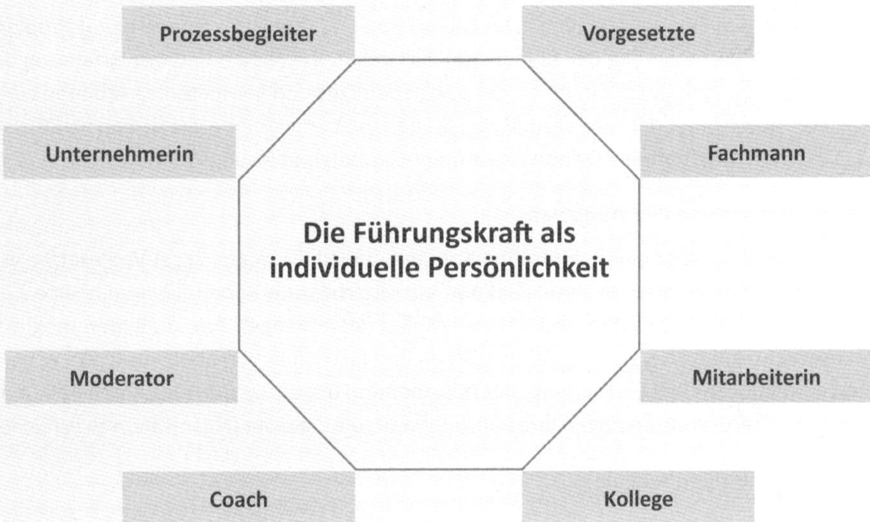

Abb. I/5: Die acht Rollen einer Führungskraft

Ursprünglich haben wir gemeinsam mit Maja Härri das Modell der sechs Rollen einer Führungskraft entwickelt – vor allem als Orientierungspunkt für Menschen, die neu in die Führungsrolle hineinwachsen.

Inzwischen haben wir das Modell um zwei weitere Rollen erweitert: die des Kollegen und die des Prozessbegleiters. Die Rolle „Kollege“ soll Führungskräften helfen, sich klarer und bewusster von ihrer Rolle als Mitarbeiter abzugrenzen. Den Prozessbegleiter braucht es unserer Erfahrung nach besonders dann, wenn es um lernende Organisationen und das agile Führen geht (siehe Modul IV).

Die Vorgesetzte und ihre Aufgaben

Als Vorgesetzte leiten Sie Ihre Mitarbeiter. Sie sind verantwortlich für das Arbeitsergebnis und die Leistungen in Ihrem Bereich. Das Vereinbaren von Zielen und Aufgaben gehört genauso zu Ihren Aufgaben wie die Kontrolle über die geleistete Arbeit. Wenn nötig, ergreifen Sie disziplinarische Maßnahmen. Als Ansprechpartnerin für Ihre Mitarbeiter sind Sie sowohl mit fachlichen als auch mit persönlichen Problemen konfrontiert. Als Vorgesetzte stellen Sie die Kommunikation mit Ihren Mitarbeitern sicher, indem Sie über alle wichtigen Dinge informieren. Ihre Kommunikation ist klar und eindeutig.

Der Fachmann und seine Aufgaben

Als Fachmann und Experte bringen Sie Ihr Fachwissen und Ihre Fachkompetenz zur Problemlösung und zur Verbesserung der Abläufe ein. Sie stellen Ihr Wissen und Ihre Erfahrung den Mitarbeitern zur Verfügung, um ihnen ein selbstständiges und kompetentes Arbeiten zu ermöglichen. Durch Ihre Erfahrung vermitteln Sie Sicherheit und Routine. Sie sorgen für Effizienz und Effektivität. Ihre Kommunikation ist vornehmlich ziel- und lösungsorientiert.

Die Mitarbeiterin und ihre Aufgaben

Sofern Sie nicht Inhaber eines Unternehmens sind, haben Sie in der Regel Vorgesetzte, von denen Sie geführt werden. In Ihrer Funktion als Mitarbeiterin haben Sie vereinbarte Ziele in Rücksprache mit Ihrer Führungskraft zu erfüllen. Sie erledigen Ihre Aufgaben möglichst termingerecht und halten sich an die rechtlichen und fachlichen Vorgaben aus Ihrem Arbeitsvertrag und Ihrer Stellenbeschreibung. Als Mitarbeiterin tragen Sie zum effizienten Ablauf der Organisation bei und unterstützen Ihre Führungskraft, die Ziele der Organisation zu erreichen.

Der Kollege und seine Aufgaben

Als Kollege sind Sie laut Wikipedia „Amts- oder Berufsgenosse“. Wir meinen damit in erster Linie die Ebene „Genosse“. Mit Kollegen und Kolleginnen sind somit alle gemeint, die auf Ihrer Ebene agieren, also Führungskräfte Ihrer Hierarchiestufe (siehe auch III/12).
Der Kreis Ihrer Kollegen bietet Ihnen die Möglichkeit, offen über eigene Frustrationen, Fragen, Einschätzungen und über Probleme mit Mitarbeiterinnen zu sprechen.

Als Führungskraft wird – je weiter Sie auf der Karriereleiter aufsteigen – die Luft immer dünner. Im Grunde sind es neben Coachs einzig Kollegen Ihrer Ebene, mit denen Sie sich auf Augenhöhe austauschen können. Nur wer Ihre Herausforderungen wirklich kennt, kann sich mit Ihnen darüber auch austauschen.

Wir sprechen von Kollegen als Personen auf derselben Ebene wie Sie, von Mitarbeitenden als Personen in den Ebenen unter der Ihren.

Die Coach und ihre Aufgaben

Als Coach richten Sie Ihren Fokus auf die individuelle Entwicklung Ihrer Mitarbeiter. Hierbei geht es darum, die Mitarbeiter zu begleiten, um innerhalb festgesetzter Rahmenbedingungen Ziele zu erreichen. Als Coach setzen Sie die Fähigkeit Ihrer Mitarbeiter frei, damit diese ihre eigene Leistung selbststeuernd steigern können. Dabei motivieren Sie zu Eigenverantwortung und zu Veränderung im Verhalten und Kompetenz. Ihre Kommunikation enthält viele Fragen, die dem Mitarbeiter bei der Entfaltung persönlicher Ressourcen helfen. Sie fördern und fordern, beraten, reflektieren und geben Feedback.

Der Moderator und seine Aufgaben

Als Moderator begleiten Sie Teams. Sie fördern das Teamerleben und die Identifikation der einzelnen Mitarbeiter mit dem Team. Sie helfen Ihren Mitarbeitern bei der Problemlösung und der Ideenfindung. Dabei bleiben Sie, so weit es möglich ist, überparteilich. Sie nutzen Kommunikationsmethoden und Techniken, etwa zur Moderation und zur Förderung der Teamentwicklung, die die Teamleistung steigern. Sie ermöglichen Beteiligung, vermitteln bei Kommunikationsstörungen und managen Konflikte.

Die Unternehmerin und ihre Aufgaben

Als Unternehmerin – oder etwa auch als Geschäftsführerin und als Amtsleiterin – haben Sie die gesamte Organisation im Blickfeld. Sie geben Visionen und Mission vor und sind maßgeblich für die Kultur Ihrer Organisation verantwortlich. Sie steuern die Geschäftsprozesse und sind für die Personalplanung verantwortlich. Durch Marktbeobachtung und die Ausrichtung an aktuelle und zukünftige Anforderungen sichern Sie das Bestehen Ihrer Organisation. Sie leiten gegebenenfalls Veränderungsprozesse ein. Eine Ihrer besonders wichtigen Aufgaben ist es, Ihre Organisation nach außen zu vertreten.

Der Prozessbegleiter und seine Aufgaben

Agile Prozesse zeichnen sich durch eine hohe Dynamik aus. Damit der Prozess zielgerichtet verläuft und aus Dynamik nicht Chaos wird, sind Führungskräfte als Prozessbegleiter gefragt, insbesondere bei Change-Prozessen und beim agilen Arbeiten (siehe auch IV/5).

Der Prozessbegleiter ist sozusagen die Seele und der Hüter des Prozesses. Unter anderem steht er hierfür:

- Er trägt Verantwortung für den Prozess und dessen korrekte Umsetzung und Implementation.
- Er ist ein Vermittler und Unterstützer – gewissermaßen ein Facilitator.
- Er beseitigt organisatorische Hindernisse.
- Er sorgt für Kommunikationsfluss und Interaktionen zwischen allen Beteiligten.
- Er schützt das Team vor unberechtigten Einmischungen in den Prozess.

Sie sehen, der Prozessbegleiter ist ab und an auch Coach und Moderator, aber eben immer bezogen auf den Prozess – mit all seinen Veränderungen und Überraschungen.

Der bewusste Umgang mit Rollen

Ihre individuelle Persönlichkeit prägt Ihren Umgang mit den verschiedenen Rollen. Ihr Selbstmanagement wirkt sich auf alle Rollen aus und hat somit eine herausragende Bedeutung. Gelingt es Ihnen, sich immer wieder klarzumachen, welche Rolle nötig ist und in welcher Rolle Sie sich befinden, dann verhindern Sie Konflikte.

Erfolgreiches Rollenmanagement

Ein Beispiel: Eine Führungskraft, die ungern als Vorgesetzter auftritt und sich lieber in der Rolle des Coachs oder Moderators sieht, bekommt spätestens dann Schwierigkeiten, wenn Kontrolle oder sogar eine Abmahnung ansteht. Der betreffende Mitarbeiter oder das Team werden voraussichtlich mit Unverständnis und Vorwürfen reagieren, da sie ein solches Verhalten nicht erwartet haben. Ein erfolgreiches Rollen-Management ermöglicht Ihnen, in jeder Situation die jeweils richtige Führungsrolle zu erkennen und einzunehmen.

Auch dieselbe Aufgabe kann unterschiedliches Rollenverhalten verlangen: Sie möchten von Ihren Mitarbeitern eine Stellungnahme zu einem bestimmten Thema. Während ein Mitarbeiter von Ihnen dazu einen fachlichen Input benötigt, braucht ein anderer eine klare Aufforderung und eine genaue Zeitvorgabe. Ein weiterer Mitarbeiter traut sich die Aufgabe nicht zu. Hier ist Ihre fördernde Rolle als Coach gefragt.

Hilfreiche Fragen

Die folgenden Fragen können Ihnen helfen, sich über die acht Rollen und Ihren Umgang damit (Ihre Stärken und Schwächen) klarer zu werden:

- In welchen Rollen waren Sie in der Vergangenheit besonders erfolgreich?
- Welche Rollen haben Sie bisher bewusst gestaltet?
- Welchen Rollen haben Sie bisher zu wenig Beachtung geschenkt?
- Wo erleben Sie die Schnittstellen dieser Rollen?
- Wie gehen Sie damit um?
- Gibt es Mitarbeiter, die Sie meist in nur einer oder zwei Rollen ansprechen oder akzeptieren?
- Was benötigen Sie, um sich sicher in allen Rollen zu bewegen?

Feedback und Selbstreflexion

Voraussetzung für ein gelungenes Rollen-Management ist die Selbstreflexion. Hilfreich ist das regelmäßige Feedback eines Coachs, Supervisors, Trainers, Vorgesetzten, Freundes oder Lebenspartners.

Ihre eigenen blinden Flecke oder unbewusste Teile Ihrer Persönlichkeit können Sie selbst nicht erkennen und brauchen daher ein Gegenüber als „Spiegel". Gewöhnen Sie sich an, sich auch für eine kritische Äußerung zu bedanken.

Eine Kultur für Rückmeldungen schaffen

Bedenken Sie, dass Sie als Führungskraft keine ungefilterte Rückmeldung erhalten, auch wenn Sie noch so ein gutes Verhältnis zu Ihren Mitarbeitern haben. Zeigen Sie Ihre Bereitschaft, Feedback zu geben und zu empfangen. Fragen Sie zum Beispiel nach:

- Wie haben Sie meine Frage genau verstanden?
- Welchen Eindruck habe ich auf Sie in dieser Situation gemacht?
- Was ist Ihnen besonders an mir aufgefallen?
- Wie hat es auf Sie gewirkt?
- Was denken Sie, wie es auf andere gewirkt hat?
- Was hätte ich anders machen können, um den gewünschten Eindruck zu hinterlassen?

ZUM WEITERDENKEN

Suchen Sie möglichst unterschiedliche Feedbacks, auch wenn diese manchmal unangenehm erscheinen. So können Sie zum Beispiel regelmäßige Besprechungen auch dazu nutzen, im Anschluss in einer kurzen Fragerunde zu erfahren, wie Ihre Mitarbeiter die Sitzung erlebt haben. Die Rückmeldungen bieten Ihnen die Möglichkeit, Ihre Wahrnehmung mit der der Mitarbeiter zu vergleichen.

Übung: Acht Rollen einer Führungskraft

15.45 bis 16.05 Uhr

Nachdem wir die acht Rollen vorgestellt haben, bitten wir die Teilnehmerinnen, aufzustehen und sich im Raum den einzelnen Rollen bezüglich der Fragestellungen zuzuordnen.

Die acht Rollen werden auf runden, großen Karten geschrieben und in den Raum gelegt. Dazu werden folgende Fragen gestellt:

- Welche Rolle ist Ihre Lieblingsrolle?
- Oder welche Rolle fällt Ihnen am leichtesten?
- Welche Rolle ist Ihnen am wenigsten sympathisch?
- Oder welche Rolle fällt Ihnen am schwersten?

Und für diejenigen, die schon Führungsverantwortung haben:

- In welcher Rolle werden Sie am meisten von Ihren Mitarbeiterinnen angesprochen?

Für diese Übung nehmen wir uns Zeit. Die Teilnehmerinnen erfahren neben den weit aufgefächerten Ansprüchen an Führungskräfte zum Beispiel auch etwas über ihre Lernziele. In den Rollen, in denen sich die Teilnehmer sicher fühlen („das ist meist die Lieblingsrolle"), gelingt häufig schon ein reflektiertes und angemessenes Führungsverhalten. Die Rolle, die am schwersten fällt, beschreibt den Aspekt von Führungsverhalten, bei dem noch Lernbedarf besteht.

16.05 bis 16.15 Uhr

Thema: Ein kurzes Zwischenresümee

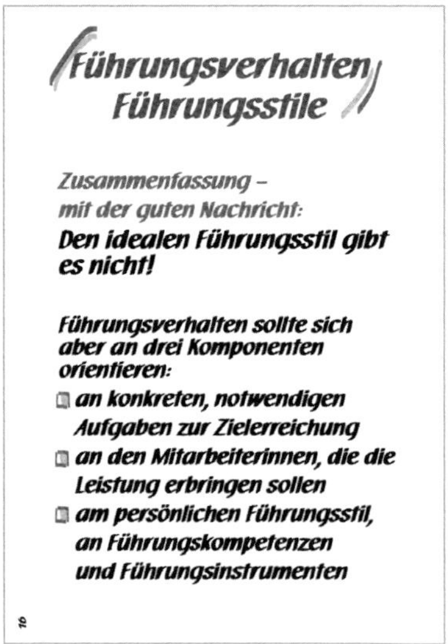

Mit dem Zwischenresümee fassen wir die vielfältig erhaltenen Informationen nochmals zur leichteren Orientierung zusammen.

Flipchart 16

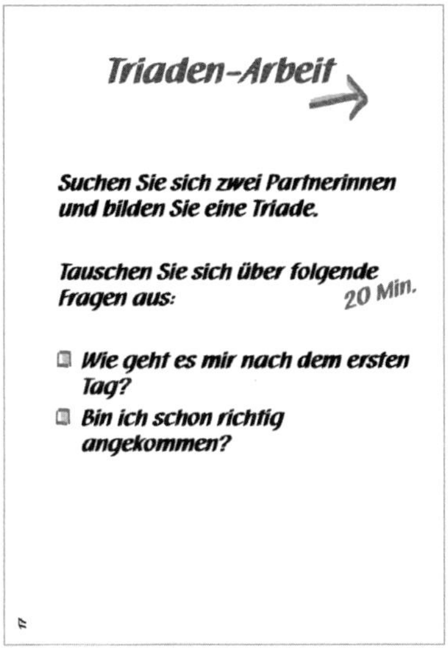

Übung: Triade zum Abschluss des ersten Tages

16.15 bis 16.40 Uhr

Am ersten Tag bietet es sich an, die erste Triade (Seite 352) zu bilden.

Wir erklären kurz, was wir damit meinen, und laden alle ein, sich jeweils zwei Partnerinnen zu suchen und eine Triade zu bilden.

Flipchart 17

Abschlussrunde

16.40 bis 17.00 Uhr

Der erste Tag ist besonders wichtig, weil hier die Kultur des Lernprozesses und die Lernatmosphäre geprägt werden.

Dazu stellen wir folgende Fragen:

- Was nehmen Sie für sich heute mit?
- Wie gefällt Ihnen das Arbeiten mit den Trainerinnen?
- Können wir so weitermachen?
- Gibt es Veränderungswünsche?

Vorher zeigen wir noch mal die Agenda des Tages, um einen Überblick über die besprochenen Themen zu geben und wertschätzend anzumerken, was wir alles schon gemeinsam erarbeitet haben.

Flipchart 18

Jeder sollte etwas sagen und sich beteiligen.

Modul I/Tag 2

Seite	Thema/Übung	Dauer	Uhrzeit
69	Vorbereitung	20 Min.	8.30 – 8.50 Uhr
70	Begrüßen	10 Min.	8.50 – 9.00 Uhr
70	Einstiegsrunde	30 Min.	9.00 – 9.30 Uhr
71	Agenda von Modul I/Tag 2	5 Min.	9.30 – 9.35 Uhr
71	Abfrage der Anliegen	5 Min.	9.35 – 9.40 Uhr
72	Gruppenarbeit: Acht Rollen einer Führungskraft	35 Min.	9.40 – 10.15 Uhr
72	Übung: Macht	60 Min.	10.15 – 11.15 Uhr
	Pause	15 Min.	11.15 – 11.30 Uhr
73	Thema: Acht Machtquellen und Macht-Wertequadrat	30 Min.	11.30 – 12.00 Uhr
77	Übung: Pitch zu „Macht“	30 Min.	12.00 – 12.30 Uhr
	Mittagspause	90 Min.	12.30 – 14.00 Uhr
78	Übung: Pitch Präsentation	30 Min.	14.00 – 14.30 Uhr
79	Übung: Eine Acht legen	45 Min.	14.30 – 15.15 Uhr
	Pause	15 Min.	15.15 – 15.30 Uhr
79	Übung: Kompetenzfass	15 Min.	15.30 – 15.45 Uhr
80	Übung: Aktiv zuhören zum Kompetenzfass	30 Min.	15.45 – 16.15 Uhr
84	Auswertung Modul I /2. Tag, Triadenarbeit und Hausaufgabe	45 Min.	16.15 – 17.00 Uhr
	Ende des Tages		

Orientierung

Fokus

- Vertiefung: Acht Rollen
- Auseinandersetzung mit dem Thema Macht
- Übung „Eine Acht legen" als gemeinsame Gruppenübung
- Eigene Ressourcen und Kompetenzfass
- Vorstellung Triaden-Arbeit und Hausaufgabe

Zeit

9.00 bis 17.00 Uhr, Mittagspause von 12.00 bis 13.30 Uhr, vormittags und nachmittags Kaffeepausen nach Vereinbarung

Vorbereitung

Flipcharts 19-30 (optional Flipchart 4, 5), Blumen, Lautsprecher-Box, langes Seil

Raum

Stuhlkreis, zweiter Raum für Gruppenarbeit

Material

2 Flipcharts, 3-4 Pinnwände, Moderationskarten, Moderationskoffer (gut gefüllt)

Skript

I/6, I/7

Vorbereitung

8.30 bis 8.50 Uhr

Kleine Checkliste:

- Materialien
- Flipcharts
- Namensschilder
- Karten, Stifte in der Mitte
- Anliegen auf Flipchart
- Frage eines Teilnehmers vom Vortag berücksichtigen, etwa Wunsch nach Buchempfehlung etc.
- Übriggebliebenes
- Aktuelle Infos, etwa vom Auftraggeber oder vom Veranstalter auf Flipchart notieren

8.50 bis 9.00 Uhr

Begrüßen

Manche Teilnehmerinnen kommen zum Teil recht früh und nutzen die Zeit für einen Small Talk oder für eine Frage an uns.

9.00 bis 9.30 Uhr

Einstiegsrunde

Die Einstiegsrunde am zweiten Tag jedes Moduls teilen wir meistens in zwei Teile auf.

Der erste Teil ist geprägt von einer Frage, die der Perspektiverweiterung dienen und das gegenseitige Kennenlernen unterstützen soll.

Die Fragen irritieren die Teilnehmer anfänglich. Sie merken aber schnell, dass das Beantworten der Fragen Spaß macht und der ressourcenorientierte Blick geschult wird.

Wie stellen immer nur Fragen, die die Teilnehmerinnen in Kontakt mit ihren positiven Gefühlen bringen. Auch wenn wir später nach der „Hausaufgabe" fragen, achten wir darauf, dass sich die Teilnehmer wohlwollend und wertschätzend betrachten.

In der zweiten Runde fragen wir nach, wie es den Teilnehmerinnen an diesem Tag geht und ob es noch unbearbeitete Aspekte vom Vortag gibt.

Und so können diese Fragen konkret aussehen:

- Erste Einstiegsfrage: Was ist Ihr Lieblingsplatz?
- Zweite Einstiegsfrage: Wie geht es Ihnen heute?

Und ergänzend: Gibt es Reste, einen Nachklang (Fragen, Unklarheiten, Besonderheiten) von gestern?

Agenda von Modul I/Tag 2

9.30 bis 9.35 Uhr

Wir zeigen die Gesamtagenda des Moduls nur, wenn dies noch einmal gewünscht wird.

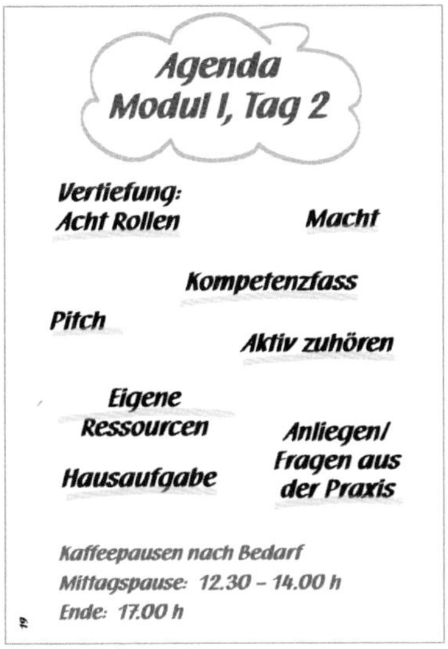

Flipchart 19

Abfrage der Anliegen

9.35 bis 9.40 Uhr

In der Regel beginnen wir an dieser Stelle, nach persönlichen Anliegen zu fragen. Zum Beispiel:

- „Hat jemand von Ihnen eine Frage aus der Praxis mitgebracht, die Ihnen schon etwas länger auf der Seele liegt?“ oder
- „Gibt es ein Anliegen, das Sie gerne in dieser Runde thematisieren möchten?“

Wir haben die Erfahrung gemacht, dass die Teilnehmer anfänglich nur zögerlich Anliegen einbringen. Das ändert sich, sobald sie merken, dass ein Anliegen einzubringen immer gewinnbringend für sie ist und sie sich nach der Bearbeitung des Themas gestärkt fühlen.

9.40 bis 10.15 Uhr

Gruppenarbeit: Acht Rollen einer Führungskraft

Da es am ersten Tag viel Input gab, empfiehlt es sich, zur Vertiefung die acht Rollen einer Führungskraft noch einmal kurz aufzugreifen und zu vertiefen.

Flipchart 20

Für die Präsentationen:

- Während die Teilnehmerinnen in ihren Gruppen arbeiten, bereiten wir vier Pinnwände vor.
- Auf jeder Pinnwand stehen zwei Überschriften, die die jeweiligen Rollen betreffen, wie zum Beispiel: Welche Kompetenzen benötigt eine Führungskraft in der Rolle des Vorgesetzten?

Auswertung: Die Gruppen präsentieren ihre Ergebnisse.

10.15 bis 11.15 Uhr

Übung: Macht

Das Thema Macht spielt beim Thema Führungsverantwortung eine zentrale Rolle. Häufig tun sich (angehende) Führungskräfte mit diesem Thema schwer. Ein sorgsamer und konstruktiver Umgang ist jedoch die Voraussetzung von guter Führung. Dazu gehört die Auseinandersetzung mit diesem Thema.

Für viele ist es ein heikles Thema, deshalb sollte man sich dafür Zeit nehmen.

Nach der Gruppenarbeit fragen wir im Plenum nach, wer etwas über seinen Austausch in der Murmelgruppe (Seite 344) berichten möchte.

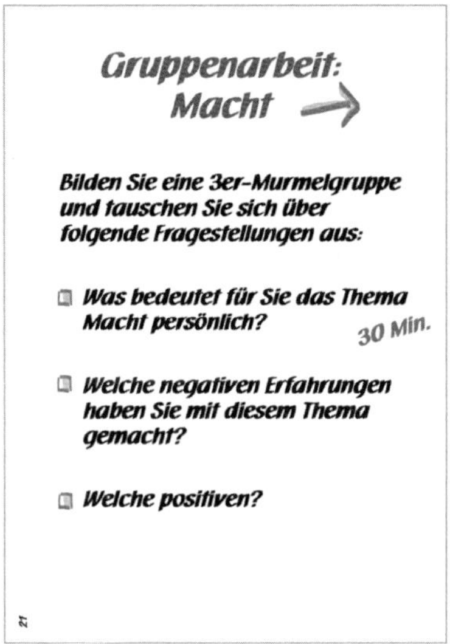

Flipchart 21

Pause

11.15 bis 11.30 Uhr

Thema: Acht Machtquellen und Macht-Wertequadrat

11.30 bis 12.00 Uhr

I/6

22 und 23

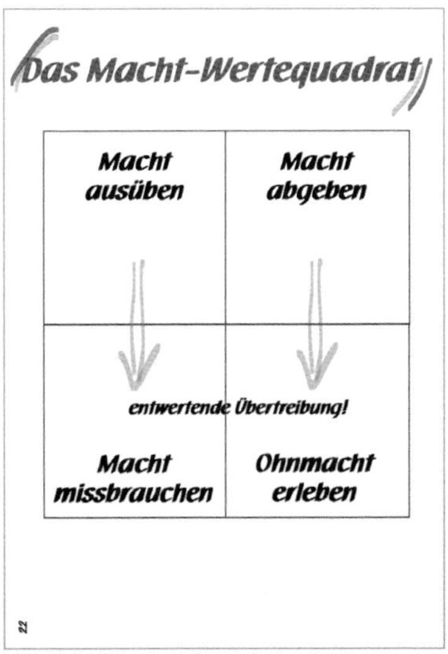

Das Wertequadrat trägt dazu bei, das Thema Macht einzuordnen. Häufig werden die Begriffe Macht und Ohnmacht gegenübergestellt. Das Quadrat macht deutlich, dass Ohnmacht ein Zuviel an abgegebener Gestaltungsfreiheit ist. Macht und Ohnmacht stehen also nicht in einem Spannungsfeld. Für Führungskräfte geht es darum, zwischen „Macht ausüben“ und „Macht abgeben“ zu balancieren.

Flipchart 22

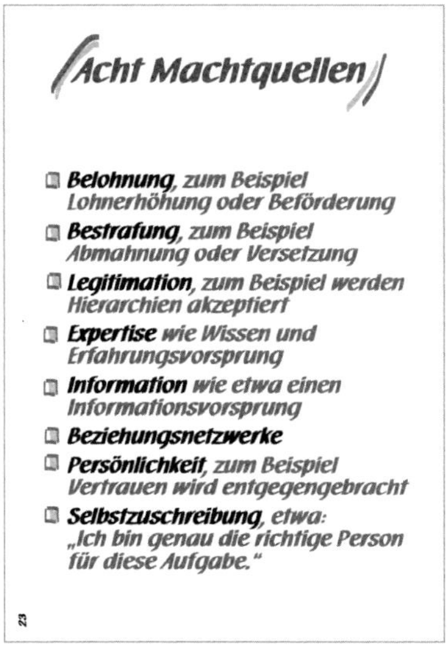

Zur Ergänzung des Themas geben wir einen kurzen Input zu den acht Machtquellen.

Flipchart 23

Skript-Auszug I/6:

Macht und ihre Bedeutung in einer Führungsrolle

DARUM GEHT ES

Macht als neutraler Begriff bedeutet: machen können. Je mehr Macht wir haben, desto mehr können wir erreichen. Macht ist gewissermaßen ein Potenzfaktor für unser Wirken. Unabhängig davon, ob wir unsere Macht förderlich und konstruktiv einsetzen oder nicht: Unsere Macht potenziert unsere Wirksamkeit.

Macht potenziert Wirksamkeit

Wer Teams leitet, braucht Macht. Tatsächlich geht es in jeder Gruppe um die Macht. Erst die Klärung der Machtfrage ermöglicht effektives Arbeiten. Wer Teams leitet, braucht Macht. Meist wird die Machtfrage in Paarbeziehungen und informellen Gruppen unbewusst geklärt. Macht erhalte ich durch:

- Belohnung, zum Beispiel Lohnerhöhung oder Beförderung
- Bestrafung, zum Beispiel Abmahnung oder Versetzung
- Legitimation, zum Beispiel werden Hierarchien akzeptiert
- Expertise wie Wissen und Erfahrungsvorsprung

- Information, wie etwa einen Informationsvorsprung
- Beziehungsnetzwerke
- Persönlichkeit, zum Beispiel: Vertrauen wird entgegengebracht
- Selbstzuschreibung, etwa: „Ich bin genau die richtige Person für diese Aufgabe."

Nein zur Führungsaufgabe?

Unprofessionelle Führungskräfte

- verstecken ihre Macht hinter vermeintlicher Kollegialität: „Ich bin einer von euch. Bitte tut mir nichts."
- vermeiden es, Grenzen zu setzen: „Einschränkungen und Kontrolle sind nicht notwendig. Jeder weiß, was er wie zu tun hat."
- verbergen ihre Absichten und stellen keine Forderungen: „Ich selbst will eh nichts von euch."
- diffamieren Macht und verwechseln sie mit Härte, Starrheit und Gefühlskälte: „Ich bin keiner von den bösen Machthabern."

Ja zur Führungsaufgabe!

Ein Ja zur Führungsaufgabe bedeutet ein Ja

- zu klaren Grenzen
- zu eigenen Absichten und Forderungen
- zu meiner Macht
- zu meiner Führungsaufgabe

Das Wertequadrat zum Thema Macht

Macht als neutraler Begriff bedeutet vereinfacht: machen können. Je mehr Macht wir haben, desto mehr können wir erreichen. Macht ist also ein Multiplikator für unser Wirken. Anders gesagt: Wer Macht hat, kann andere beeinflussen. Im Grunde setzt jeder mehr oder minder Macht ein, um eigene Ziele zu verfolgen.

Dabei ist es ganz egal, ob wir Macht konstruktiv einsetzen oder nicht: Unsere Macht potenziert unsere Wirksamkeit. Wir gehen davon aus, dass Sie Ihre Macht selbstverständlich konstruktiv einsetzen möchten.

Macht ausüben	**Macht abgeben**
Macht missbrauchen	**Ohnmacht erleben**

Abb. I/6: Das Macht-Wertequadrat

So bedeutet zu führen unter anderem, zu entscheiden, zu kontrollieren und für eine wertschätzende Arbeitskultur zu sorgen. Dazu benötigen Sie die Macht, die Befugnis, um dies umsetzen zu können. Sie nutzen also in diesem Fall Ihre Macht dazu, die Ziele Ihres Unternehmens bestmöglich zu verfolgen oder um die Arbeitsbedingungen für Ihr Team oder Ihre Abteilung mitarbeiterfreundlich zu gestalten.

In Zeiten des agilen und kollegialen Führens müssen Führungskräfte aber auch lernen, Macht abzugeben. Wer das nicht gewohnt ist, kann leicht hin- und hergerissen sein zwischen „Macht ausüben" und „Ohnmacht erleben".

Wer sich mit dem Thema Macht auseinandersetzt, sieht aber, dass dies nicht wirklich das Gegensatzpaar ist. Denn zwischen Macht und Ohnmacht steht die Abgabe von Macht, also das Delegieren von Verantwortung. So, wie es beim agilen Arbeiten üblich ist.

Um einen entscheidenden Unterschied zwischen „klassischer" und „agiler" Arbeitswelt hervorzuheben: In der klassischen Welt verteilen Sie als Führungskraft die Aufgaben von oben an Ihre Mitarbeiter. Sie üben Macht aus. In der agilen Arbeitswelt geben Sie Macht an Ihre Mitarbeiter. Nun übernehmen die Mitglieder Ihres Teams die Aufgaben selbstständig. Agiles Arbeiten – und nicht nur dieses – erfordert heute, Macht abzugeben. Sich dafür bewusst zu entscheiden, ist aber auch ein Zeichen von Machtausübung.

Und nicht zu vergessen: Auch wenn Sie Macht abgegeben haben, müssen Sie „machtvoll" darauf achten, dass damit gut und zielführend umgegangen wird. Die Macht Ihrer Kontrolle und Qualitätssicherung sollte nie abgegeben werden.

Nun haben Sie drei der vier Aspekte des Themas Macht kennengelernt: „Macht ausüben", „Macht abgeben" und „Ohnmacht erleben".

Fokus: Werte- oder Entwicklungsquadrat

Bevor wir uns das Quadrat mit allen vier Ecken anschauen, möchten wir Ihnen kurz das Modell des Wertequadrats vorstellen. Denn solch ein Wertequadrat entwickeln wir gerade.

Kurz die Idee dahinter: Jeder Wert, jedes Thema oder jeder Faktor ist nicht eindimensional, sondern hat immer vier Aspekte. Das Modell des Werte- oder Entwicklungsquadrates stammt von Nicolai Hartmann, Paul Helwig und Friedemann Schulz von Thun.

Der linke obere Aspekt steht gewissermaßen für den „Normalmodus" oder dafür, wie wir etwas gewöhnlich machen oder verstehen.

Rechts oben daneben steht der Entwicklungspunkt: Ihn nutzen wir oft noch zu selten. Vielleicht weil wir noch gar nicht so recht davon überzeugt sind, dass es so auch geht. Vielleicht weil wir Sorge haben, dass wir, wenn wir es mit diesem weniger vertrauten Entwicklungspunkt „übertreiben" oder falsch angehen, sofort in die sogenannte entwertende Übertreibung fallen. In unserem Fall das Erleben von Ohnmacht (unten rechts).

Und die entwertende Übertreibung von „Macht ausüben"? Wenn Macht um ihrer selbst willen ausgeübt wird, sprechen wir von Machtmissbrauch oder gar dem Ausüben von Gewalt. Das kann keiner ernsthaft wollen. Da sind wir uns sicher einig.

ZUM WEITERDENKEN

Beim Thema Macht gelten vor allem zwei Aspekte: Wer Menschen führt, braucht Macht. Wer Menschen überzeugen, motivieren und für sich gewinnen will, muss gegebenenfalls auch bereit sein, Macht abzugeben.

Übung: Pitch zu „Macht"

12.00 bis 12.30 Uhr

Für die Pitch-Übung (Seite 346) zum Thema Macht werden zwei Gruppen mit zwei unterschiedlich farbigen Moderationskarten ausgelost. Anschließend wird auch per Los entschieden, wer welchen Arbeitsauftrag erhält (Pro oder Contra).

Wir gehen am Anfang der Arbeitsphase jeweils in die Gruppen und ermuntern dazu, kreative und humorvolle Aspekte in die Präsentation mit einzubringen.

Hier hat es sich als hilfreich erwiesen, wenn es viele Dinge vor Ort gibt, die die Teilnehmerinnen nutzen können (verschiedene Formen von Moderationskarten, Kleber, Scheren, Gegenstände, die sich im Raum befinden wie etwa ein Rucksack oder Regenschirm etc.).

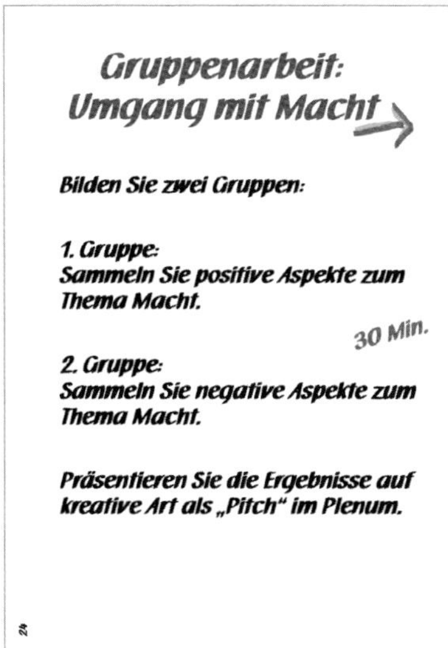

Flipchart 24

12.30 bis 14.00 Uhr

Mittagspause

14.00 bis 14.30 Uhr

Übung: Pitch-Präsentation

Die Präsentation macht den Teilnehmerinnen nach unserer Erfahrung immer viel Freude.

Auf diese Weise kann das Thema Macht in all ihren Facetten auf spielerische Art betrachtet und reflektiert werden.

Übung: Eine Acht legen

14.30 bis 15.15 Uhr

Diese Übung regt zur weiteren Auseinandersetzung mit dem Thema an. Sie macht den Teilnehmerinnen deutlich, wie wichtig es ist, dass eine Führungskraft in „aussichtslosen" Situationen die Führung in die Hand nimmt und klare Ansagen macht.

Bei der anschließenden Auswertung entwickeln sich darüber häufig anregende Diskussionen. Die Ergenbisse der Diskussion können anschließend auch auf Flipchart notiert werden.

Flipchart 25

Pause

15.15 bis 15.30 Uhr

Übung: Kompetenzfass

15.30 bis 15.45 Uhr

Wir haben gute Erfahrungen damit gemacht, im Anschluss an die Beschäftigung mit dem Thema Macht und den anderen Führungsthemen den Fokus zu wechseln. Die Teilnehmerinnen haben bisher viel darüber gehört und erfahren, was Führungskräfte alles an Wissen und Kompetenzen benötigen. Das erscheint für viele erst einmal wie ein fast unüberwindbarer Berg.

In dieser Übung geht es um den einzelnen Teilnehmer und um dessen Ressourcen. Sie fördert durch das Sammeln und das Bewusstmachen der eigenen Kompetenzen Energien und das Selbstbewusstsein der Teilnehmer.

Flipchart 26

Wir nutzen an diesem zweiten Tag bewusst viele Gelegenheiten für Übungen: Damit die Teilnehmerinnen sich – eher spielerisch – besser kennenlernen und als Gruppe zusammenwachsen können.

15.45 bis 16.15 Uhr

Übung: Aktiv zuhören zum Kompetenzfass

Um die erarbeiteten Kompetenzen noch bewusster zu machen und um sie zu verankern, geben wir den Teilnehmerinnen den Auftrag, ihrem Gegenüber aktiv zuzuhören. An dieser Stelle gehen wir auf das Thema „Aktiv zuhören" nicht näher ein. Das erfolgt an einer anderen Stelle, da es hier den zeitlichen Rahmen sprengen würde. Wir erklären nur kurz, was darunter zu verstehen ist.

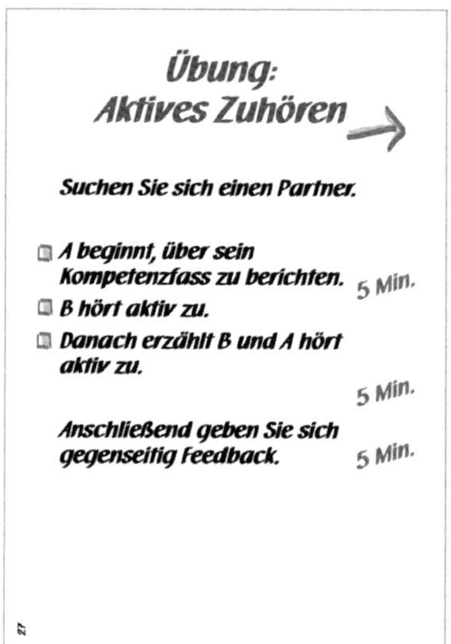

Im Plenum fragen wir nach, ob es Überraschendes gab oder danach, was die Teilnehmerinnen uns aus der Übung berichten wollen.

Wir achten darauf, dass die genannten Kompetenzen der Teilnehmer jeweils Wertschätzung erhalten.

Flipchart 27

Manchmal wünschen sich die Teilnehmerinnen allerdings auch hier schon eine Einführung in das aktive Zuhören. Aus diesem Grund hierzu ein bisschen Theorie.

Skript-Auszug I/7:

Durch aktives Zuhören mehr verstehen

DARUM GEHT ES

Das aktive Zuhören ist ein Basishandwerkszeug für viele beraterische Tätigkeiten – und beim systemischen Arbeiten (siehe I/8). Da es auch zu Ihrer Aufgabe gehört, Mitarbeiter beratend in ihrem beruflichen Kontext zu unterstützen, ist es sinnvoll, sich mit dieser Art von Kommunikationshilfe näher zu beschäftigen. Aktives Zuhören kann dazu beitragen, einen persönlicheren Kontakt herzustellen, die Gesprächsatmosphäre zu entspannen, dem Mitarbeiter Mut zu machen, den eigenen Stärken und Schwächen zu begegnen oder bei verhärteten Standpunkten leichter eine emotionale Übereinstimmung zu erzielen (Quelle: sys.team).

Was ist aktives Zuhören?

Grundlage für das aktive Zuhören ist die Annahme, dass jeder Mensch für die Lösung seiner meisten Probleme das Potenzial in sich selbst trägt. Um zu einer konstruktiven Lösung zu kommen, braucht er ein Gegenüber, das ihm geduldig, interessiert und konzentriert zuhört. Diese Person sollte sich auf den Gesprächspartner einlassen, versuchen, sich in die Gefühle des Gesprächspartners einzufühlen, dessen Sicht der Dinge erfragen und vorerst die eigenen Gedanken, Meinungen und Absichten heraushalten.

Die Spiegel-Technik

Die grundlegende „Spiegel"-Technik dabei: Sie wiederholen in eigenen Worten und zusammenfassend, was Ihr Gesprächspartner gesagt hat, und vielleicht auch gemeint haben könnte. Ziel ist, dass Ihr Gegenüber nicht nur das Gefühl hat, gehört, sondern auch verstanden worden zu sein. Aktives Zuhören regt an, weiterzusprechen und führt zu einer Selbstklärung und Vertiefung.

Die Voraussetzungen

- Die Anfangsphase eines Gesprächs bietet sich besonders für das aktive Zuhören und zur Selbstklärung des Gesprächspartners an.
- Widmen Sie dem Gesprächspartner die volle Aufmerksamkeit. Seien Sie wach und konzentriert. „Schalten Sie alle Sinne ein", nehmen Sie Verbales und Nonverbales auf.

- Halten Sie guten Kontakt, auch Blickkontakt. Stellen Sie Verständnisfragen, lassen Sie ausreden, spiegeln Sie die emotionale Bedeutung wider. Lassen Sie dem anderen seine Realität.
- Inneres Erfassen: Machen Sie sich eigene, innere Reaktionen bewusst (Gedanken, Bewertungen, Hypothesen).
- Überprüfen Sie sich kritisch. Teilen Sie Ihre eigene Wirklichkeit mit. Fragen Sie nach, gleichen Sie ab, fassen Sie zusammen.
- Eröffnen Sie neue Perspektiven: Fragen Sie nach neuen Erkenntnissen. Entwickeln Sie verschiedene Lösungsansätze und prüfen Sie die Lösungsauswahl auf Umsetzbarkeit.
- Nehmen Sie sich Zeit, bewahren Sie die innere Gelassenheit für ein Gespräch.
- Geben Sie Ihrem Gesprächspartner innerhalb des Gesprächs Zeit für Pausen, in denen er dem Gesagten „nachhängen" kann.

Aktives Zuhören ist eher eine Haltung als eine Methode. Versuchen Sie, vom Hören über das Hinhören zum aktiven Zuhören zu kommen. Prüfen Sie, ob Sie in der betreffenden Situation wirklich hinter der Haltung des echten Interesses für Ihr Gegenüber stehen.

Techniken des aktiven Zuhörens

Es gilt der Grundsatz: Verstehen heißt nicht immer, auch einverstanden zu sein.

Aufmerksam sein

Signalisieren Sie dem Gegenüber Aufmerksamkeit. Hören Sie zu und nehmen Sie an, was er sagt.

Paraphrasieren

Wiederholen Sie die Aussage mit eigenen Worten.

Verbalisieren und Spiegeln

Spiegeln Sie die Gefühle und Aussagen des Gegenübers, zum Beispiel: „Sie fühlen sich zurzeit vom Team ungerecht behandelt." Damit stellen Sie sicher, ob Sie Ihr Gegenüber richtig verstanden haben.

Nachfragen

Zum Beispiel: „Als Sie Frau Groß dies mitgeteilt hatten, bekamen Sie keine Antwort?"

Zusammenfassen

Fassen Sie das Gehörte mit wenigen Worten zusammen, etwa so, wie in einem Zeitungsartikel unter dem Titel: „Nochmals zum Verständnis ..."

Klären

Klären Sie alles Unklare, zum Beispiel: „Sie haben beschrieben, dass es Streitereien gegeben hat. Wer hat mit wem gestritten?"

Weiterführen

Zum Beispiel: „Sie fühlen sich in die Enge getrieben, das bedeutet für Sie ..."

Abwägen

Zum Beispiel: „Fällt es Ihnen leichter, aktiv zu werden, als sich die Sache erst einmal in Ruhe zu überlegen?"

Nach den Einstellungen und Haltungen dahinter fragen (Beziehungsebene)

Zeigen Sie wirkliches Interesse an der Landkarte des anderen. Erfassen Sie die Bedeutung, die ein Sachverhalt für den anderen hat: „Wie meinen Sie das genau?" „Welche Bedeutung hat das für Sie?"

Auf Beziehungsebene reagieren

Sprechen Sie an, was das Gesagte bei Ihnen auslöst. Zeigen Sie dabei auch Verständnis für die Gefühle des anderen.

Offene Fragen stellen

Erforschen Sie Bedeutung und Hintergründe genauer durch offene Fragen.

Warten Sie die Reaktionen Ihres Gegenübers ab: Ihr Gegenüber sollte das Tempo vorgeben.

Don'ts

Es gibt drei Merkmale, die daruf hinweisen, dass Sie den Bereich des aktiven Zuhörens verlassen.

- **Aber:** Das Wort „Aber" gibt Ihnen das Signal, dass Sie die „Einfühlung" verlassen haben. Es ist ein Spaltwort und führt eher zur Konfrontation.
- **Ich:** Das Wort „Ich" können Sie im Zusammenhang mit „Ich verstehe", „Ich sehe" verwenden. Darüber hinaus ist das Wort „Ich" ein Zeichen dafür, dass Sie innerlich eher bei sich, Ihrer Meinung, Absicht, Bewertung als bei Ihrem Gegenüber sind.
- **Appelle:** Sprechen Sie einen Appell aus, dann befinden Sie sich wieder auf der Seite des Führens und nicht auf der Seite des Begleitens. („Da müsste man doch ...")

ZUM WEITERDENKEN

Aktives Zuhören ist eine der effizientesten – und am meisten wertschätzenden – Grundtechniken der Kommunikation.

16.15 bis
17.00 Uhr

Auswertung Modul I – Tag 2 plus Triaden-Arbeit und Hausaufgabe

Zur Abrundung beenden wir den zweiten Tag des ersten Moduls mit einer Triade mit folgender Anweisung und Fragestellung.

Bilden Sie eine Triade und besprechen Sie folgende Fragen:

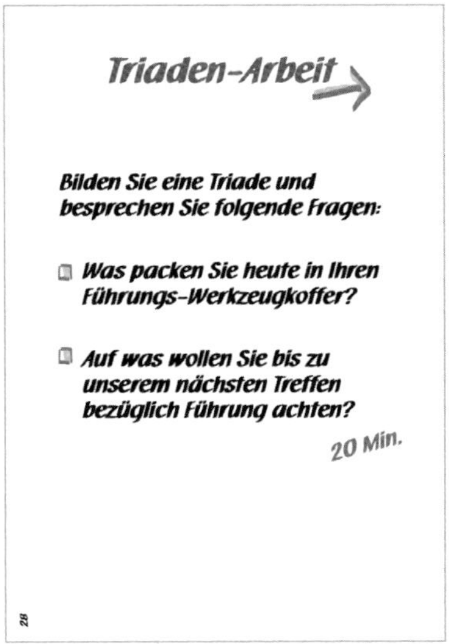

- Was packen Sie heute in Ihren Führungs-Werkzeugkoffer?
- Auf was wollen Sie bis zu unserem nächsten Treffen bezüglich Führung besonders achten?

Flipchart 28

Anschließend beenden wir das Modul gemeinsam im Plenum.

Wir erklären, warum wir den dritten Tag des ersten Moduls zeitlich versetzt anbieten. So können die Teilnehmerinnen sich selbst als Führungskraft „neu" wahrnehmen. Die „Hausaufgabe" unterstützt dabei den Lernprozess.

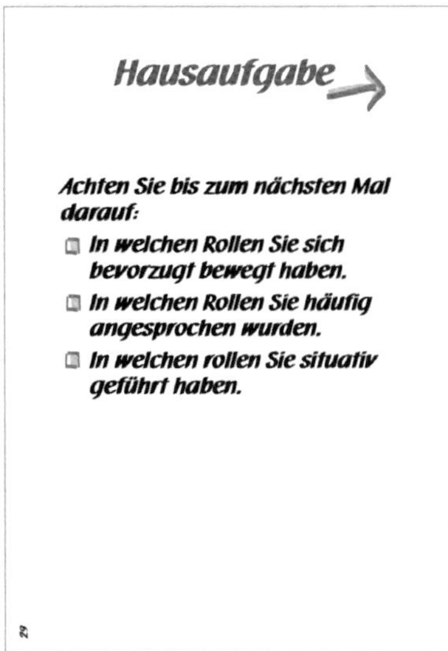

Flipchart 29

Zum Abschluss zeigen wir zur Zusammenfassung des Tages nochmals die Agenda des zweiten Tages.

Flipchart 30

Modul I/Tag 3

Seite	Thema/Übung	Dauer	Uhrzeit
87	Vorbereitung	20 Min.	8.30 – 8.50 Uhr
88	Begrüßen	10 Min.	8.50 – 9.00 Uhr
88	Einstiegsrunde	30 Min.	9.00 – 9.30 Uhr
88	Agenda von Modul I/Tag 3	5 Min.	9.30 – 9.35 Uhr
89	Übung: Dreiecke im Raum	15 Min.	9.35 – 9.50 Uhr
89	Thema: Systemisch denken im Stenogramm	30 Min.	9.50 – 10.20 Uhr
98	Übung: Write, Walk & Talk zur Inneren Landkarte	30 Min.	10.20 – 10.50 Uhr
	Pause	15 Min.	10.50 – 11.05 Uhr
99	Thema: Prinzipien und Elemente des systemischen Denkens und Führens	45 Min.	11.05 – 11.50 Uhr
105	Übung: Zwei Brillen	40 Min.	11.50 – 12.30 Uhr
	Mittagspause	90 Min.	12.30 – 14.00 Uhr
106	Thema: Systemisch fragen und systemische Schleife	30 Min.	14.00 – 14.30 Uhr
115	Thema: Reframing	5 Min.	14.30 – 14.35 Uhr
117	Übung: Reframing	25 Min.	14.35 – 15.00 Uhr
	Pause	15 Min.	15.00 – 15.15 Uhr
118	Thema: Haltungen und Einstellungen hinter den Bildern von Führung	5 Min.	15.15 – 15.20 Uhr
122	Übung: Systemisch vs. „klassisch“	40 Min.	15.20 – 16.00 Uhr
122	Peergroups bilden	15 Min.	16.00 – 16.15 Uhr
123	Hausaufgabe	5 Min.	16.15 – 16.20 Uhr
123	Abschluss Modul 1	40 Min.	16.20 – 17.00 Uhr
	Ende des Tages		

Orientierung

Fokus

Systemisches Denken

Zeit

9.00 bis 17.00 Uhr, Mittagspause von 12.30 bis 14.00 Uhr, vormittags und nachmittags Kaffeepausen nach Vereinbarung

Vorbereitung

Flipcharts 31-57 (optional Flipchart 4, 5), Blumen, Lautsprecher-Box

Raum

Stuhlkreis, zweiter Raum für Gruppenarbeit

Material

2 Flipcharts, 3-4 Pinnwände, Moderationskarten, Moderationskoffer (gut gefüllt)

Skript

I/8 bis I/9, I/11 bis I/14

Vorbereitung

8.30 bis 8.50 Uhr

Kleine Checkliste:

- Materialien
- Flipcharts
- Namensschilder
- Karten, Stifte in der Mitte
- Anliegen auf Flipchart
- Frage eines Teilnehmers vom Vortag berücksichtigen, etwa Wunsch nach Buchempfehlung etc.
- Übriggebliebenes
- Aktuelle Infos, etwa vom Auftraggeber oder vom Veranstalter auf Flipchart notieren

8.50 bis 9.00 Uhr

Begrüßen

Am dritten Tag der Führungskräfteentwicklung kommen die Teilnehmer in der Regel sichtbar entspannter an und freuen sich auf die weiteren Inhalte.

9.00 bis 9.30 Uhr

Einstiegsrunde

- *Erste Runde*: „Was gibt es bezüglich Ihrer Erfahrungen mit den acht Rollen oder dem situativen Führen zu berichten (Hausaufgabe)?"
- *Zweite Runde*: „Wie geht es Ihnen heute? Was möchten Sie sonst noch berichten?"

Eventuell ansprechen: Beobachtet jemand seinen Chef, seine Chefin anders?

9.30 bis 9.35 Uhr

Agenda von Modul I/Tag 3

An dieser Stelle zeigen wir – wie immer – den roten Faden, der durch das Modul führt.

Flipchart 31

Übung: Dreiecke im Raum

9.35 bis
9.50 Uhr

Wir steigen in das Thema gleich mit einer Übung ein.

Diese Übung (siehe Werkzeugkasten, Seite 336) ist der Einstieg für das Thema „Systemisch denken". In der anschließenden Reflexion bekommen die Teilnehmer eine erste Ahnung davon, wie wir unsere Wirklichkeit erschaffen und wie soziale Systeme sich gestalten.

Thema: Systemisch denken im Stenogramm

9.50 bis
10.20 Uhr

I/8 – I/9

32 bis 37

Für uns ist das systemische Denken die Grundlage unserer Arbeit. Der systemische Blick und die systemischen Fragen nutzen wir bei der Bearbeitung von Problemstellungen oder zum Beispiel in Mitarbeitergesprächen.

Flipchart 32

Flipchart 33

Wir beginnen mit den Flipcharts 32 und 33 zum Vergleich von mechanistischem und systemischen Denken. Anschließend zeigen und erläutern wir die Flipcharts 34 (Konstruktivismus), 35 (Innere Landkarte) und 36 (Systeme sind wie ein Mobile). Der Input orientiert sich an den entsprechenden Inhalten des Teilnehmer-Skripts.

Die dabei gebrachten Beispiele mit dem Mobile und dem Kreisverkehr (s.u.) werden meist von den Teilnehmerinnen als besonders anschaulich erlebt.

Skript-Auszug I/8:

Systemisch denken

DARUM GEHT ES

Wir leben in einer Welt der Effizienz, der Leistungssteigerung und des Benchmarking. Dem können wir uns im Beruf kaum mehr entziehen.

Wir müssen dabei jedoch aufpassen, dadurch nicht in einem rein linearen Denken stecken zu bleiben, einem Denken, das einzig auf einige wenige Ziele fokussiert. So wichtig dies ab und an auch sein mag.

Was wir vielmehr brauchen, ist ein erweiterter Blick auf das Geschehen. Ein Blick, der Zusammenhänge und Wechselwirkungen berücksichtigt. Ein Blick, der neue Perspektiven eröffnet – und damit zeigt, dass es meist mehrere Handlungsoptionen gibt.

(Quelle: Schwarz & Schwarz: Video-Training „Systemisch denken, fragen und handeln“)

Ein Gedankenexperiment

Stellen Sie sich vor, Sie haben einen – sehr hohen – Führungsposten neu zu besetzen. Und Sie haben auch schon eine Bewerbung für diese hochrangige Führungsaufgabe erhalten.

In seiner Vita listet der Bewerber unter anderem diese Stichworte auf: Innerhalb der vergangenen 25 Jahre

- machte er zweimal Bankrott,
- bewarb er sich bereits sechsmal für hohe Posten – und bekam sie nicht anvertraut
- und einen Zusammenbruch erlitt er zudem.

Mal ehrlich, gehört dieser Bewerber in Ihre engere Wahl? Wir werden gleich auf den Bewerber zurückkommen, nicht zuletzt unter den Stichworten Perspektivwechsel und Systemdenken.

Wirklichkeit gibt es nicht: Sie wird konstruiert!

Vorweg möchten wir Ihren Blick auf das systemische Denken selbst lenken. Denn das Modell des systemischen Denkens hilft Ihnen, eine erweiterte Sichtweise über das Handeln von Menschen zu bekommen. Und es liefert Ansatzpunkte, um in komplexen Systemen erfolgreich zu agieren. Damit ist das Wissen um das systemische Denken für uns eine ganz wesentliche Kompetenz.

„Die Umwelt, die wir wahrnehmen, ist unsere Erfindung." Diese Erkenntnis stammt von dem Physiker und Systemiker Heinz von Foerster (1985). Er meinte damit, dass wir die Wirklichkeit nicht passiv aufnehmen. Sondern: Wir bauen sie vor unserem persönlichen Erfahrungshintergrund fortwährend neu auf. Wir konstruieren sie.

Das Stichwort hier lautet „Konstruktivismus" – eines der wichtigsten Fundamente des systemischen Denkens. Der Konstruktivismus geht davon aus, dass der Mensch keinen unmittelbaren Zugriff auf die objektive Realität hat. Demnach nehmen wir nur ein Konstrukt, also einen Ausschnitt, wahr. Die Realität ist hingegen viel größer und wir wählen unbewusst aus, worauf wir achten.

Die Trainerin präsentiert an dieser Stelle das Flipchart 34.

Ein Beispiel: Nehmen wir an, Sie wollen sich ein Auto einer bestimmten Marke kaufen. Wenn Sie nun im Straßenverkehr unterwegs sind, sehen Sie überraschenderweise viele Autos dieses Typs. Auf jeden Fall mehr, als Ihnen bisher aufgefallen sind. Dieses Phänomen haben Sie sicherlich schon öfters in verschiedenen Situationen erlebt: Wir sehen das, worauf wir unsere Aufmerksamkeit richten. Und: Dies halten wir dann für die Realität.

So einigen sich auch soziale Systeme auf eine bestimmte Beschreibung der Welt. Dieses Phänomen fällt uns besonders in Ländern auf, die eine andere Kultur haben. In Japan beispielsweise muss der Besucher beim Betreten der Wohnung seine Schuhe ausziehen – dies ist dort höfliche Sitte. Die Schuhe werden zudem nicht achtlos abgestellt, sondern zeigen mit den Spitzen zur Eingangstür. Japaner haben sich auf diese Form in ihrem sozialen System geeinigt. Eine Missachtung gilt in dieser – konstruierten – Realität als grobe Unhöflichkeit. Das mag uns übertrieben erscheinen. In der kulturellen Landschaft der Japaner hat es seinen Platz. Es ergibt für sie Sinn.

Im systemischen Denken heißt das zum Beispiel: Beschreibungen und Wahrnehmungen werden immer wieder hinterfragt: „Was bedeutet für den Japaner dieses Ritual? Was steht dahinter?" Hier hilft die Metapher der inneren Landkarte. Damit meinen wir das Bild, das sich jeder von einem System, einer Situation oder einem Raum macht, um diese besser zu verstehen. Solch eine Landkarte ist allerdings nicht die reale Landschaft. Die Landkarte vereinfacht die Landschaft immer.

Und, wie gesagt: Jeder hat seine eigene innere Landkarte. Bei unserem Beispiel neigen wir vielleicht dazu, das Verhalten der Japaner als unsinnig zu bewerten. Kennen wir den kulturellen Hintergrund, also die kulturelle Landkarte näher, wächst wahrscheinlich auch unser Verständnis.

Flipchart 35

Jedes Beharren auf der eigenen Wahrnehmung, jeder Wahrheitsanspruch verwechselt die eigene Landkarte mit der wirklichen Landschaft.
Ein gesunder Zweifel an der Absolutheit unserer Wahrnehmung hilft also.

Das Mobile

Einzelne Aspekte und Phänomene wie Probleme, Personen oder Teams sind dabei nie isoliert zu betrachten, sondern stehen zueinander in Beziehung: eben als System. Es geht deshalb im systemischen Denken und Handeln darum, immer den Gesamtzusammenhang und die Wechselwirkung aller Systemteile und Systemakteure im Blick zu haben. Das systemische Denken, Handeln und Führen betrachtet ein System wie ein „Mobile“:

Wenn man hier ein neues Teil hinzufügt, die Position eines Elements verändert oder auch das ganze Mobile anstößt, hat dies gleichzeitig Auswirkungen sowohl auf das Mobile als System als auch auf all seine Elemente. Immer wenn Menschen mit anderen Menschen interagieren, lässt sich ihr „System“ als solch ein Mobile beschreiben. Das gilt zum Beispiel für Familien, Teams, Projekte und Abteilungen.

Flipchart 36

Probleme entstehen, wenn das Mobile aus der Balance fällt oder sich festhakt. Ein Beispiel: Ein Mitarbeiter Ihres Teams wird von anderen Mitarbeitern ausgegrenzt. Ihre Aufgabe als Führungskraft ist es nun, das System wieder in Balance zu bringen. Dies gelingt bei einem System in der Regel nicht, wenn Sie nur einen Aspekt betrachten. Im Falle des ausgegrenzten Mitarbeiters gilt es, das gesamte Team unter Berücksichtigung der aktuellen Situation im Blick zu haben.

Das systemische Denken geht weit über das lineare Denkmodell hinaus, das die abendländische Geistesgeschichte lange prägte. Es ist kein Denken in Ursache und Wirkung, das von A auf B schließt. Das systemische Denken geht davon aus, dass wir es in Systemen stets mit einem nichtlinearen, äußerst komplexen Geschehen zu tun haben.

Weiter mit dem Gedankenexperiment

Und das ist jetzt der Zeitpunkt, auf unseren Bewerber für den Führungsjob zurückzukommen. Zweifellos ein entmutigendes Bild, das er abgab. Sie erinnern sich: zwei Bankrotte, mehrere Ablehnungen bei Bewerbungen und ein Zusammenbruch.

Was wurde aus ihm? Nun, es kann durchaus vorkommen, dass jemand sehr viele Niederlagen und Rückschläge im Leben einstecken muss – und sich letzten Endes doch durchsetzen kann.

Denn: Wir können die Vita unseres Bewerbers nicht nur als die eines Verlierers lesen, sondern auch – Stichwort Perspektivwechsel – als ein Beispiel von unbeirrbarer Beharrlichkeit. Der Mann bewirbt sich ja schließlich erneut. Und das systemische Denken lehrt uns zu erkennen, dass ein Problem, eine Schwäche oft eine Lösung für eine andere Aufgabe, ein anderes Problem ist.

Nun wollen wir Ihnen aber den weiteren Weg unseres Bewerbers nicht vorenthalten. Jeder einzelne dieser Misserfolge würde einen weniger willensstarken Menschen für immer verbittern. Aber im Leben von Abraham Lincoln – das ist nämlich der Name unseres „Bewerbers" – waren das noch die eher unbedeutenden Kämpfe auf seinem Weg zu menschlicher Größe und Unsterblichkeit als Präsident der Vereinigten Staaten von Amerika.

Alles hängt von unserer Einstellung und inneren Landkarte ab. Was für den einen das „Ende aller Dinge" ist, betrachtet ein anderer, der seinen eigenen Fähigkeiten vertraut, lediglich als einen Rückschlag.

Jenseits von Ursache und Wirkung: Was ist eigentlich ein System?

Der Duden sagt: „Ein System ist ein aus mehreren Teilen zusammengesetztes und gegliedertes Ganzes." Ein System für unsere Arbeit kann sein: ein Team, eine Gruppe, ein Unternehmen, eine Familie, ein Freundeskreis, eine Fußballmannschaft, eine Skatrunde und, und, und.

Aber was ist dann systemisch? Um das zu verstehen, ist es sinnvoll, zuerst einen Blick auf einen nichtsystemischen Ansatz zu werfen: das mechanistische Bild.

Das mechanistische Bild

Die Idee dahinter ist der Glaube an die – direkte – Steuerbarkeit von Teams, Gruppen oder eben allgemein Systemen. Als Metapher hierfür steht ein Zahnradgetriebe: So kompliziert es sein mag: Man kann genau berechnen und vorhersagen, was passiert, sobald man eines der Zahnräder dreht.

Anders gesagt: Die Umwelt liefert einen Input und wirkt somit auf das System ein.

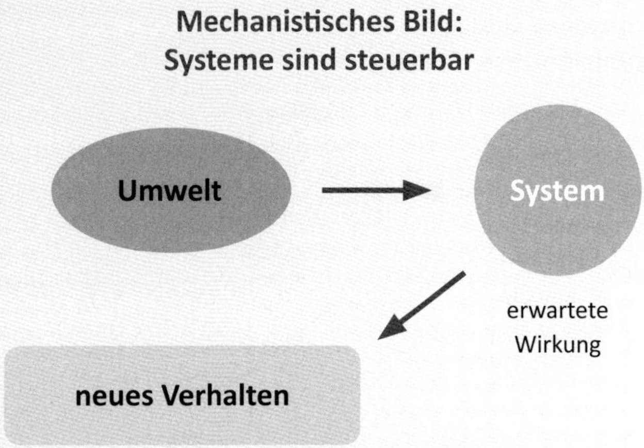

Abb. I/8a: Das mechanistische Bild

Diese Umwelt können zum Beispiel Sie sein, etwa, wenn Sie in einem System etwas bewirken wollen – zum Beispiel Mitarbeiter auffordern, in Zukunft pünktlich zu Meetings zu kommen. Darauf folgen die erwartete Wirkung und am Ende ein neues Verhalten: eins zu eins wie beim Uhrwerk.

Mal ehrlich, glauben Sie wirklich, dass das funktioniert? Sie sagen einmal, was Sie wollen, dann funktioniert es für immer?

Was, wenn einer der System-Spieler nicht die erwartete Wirkung zeigt? Nicht mitspielt – also weiterhin mehr oder weniger gute Gründe dafür anführt, dass er mal wieder zu spät kommt?

Das mechanistische Bild funktioniert bei klarer Befehls-Gehorsam-Struktur. Aber auch da nur bedingt: Auch hier können sich die Befehlsempfänger immer Gegenstrategien und Schlupflöcher offenhalten.

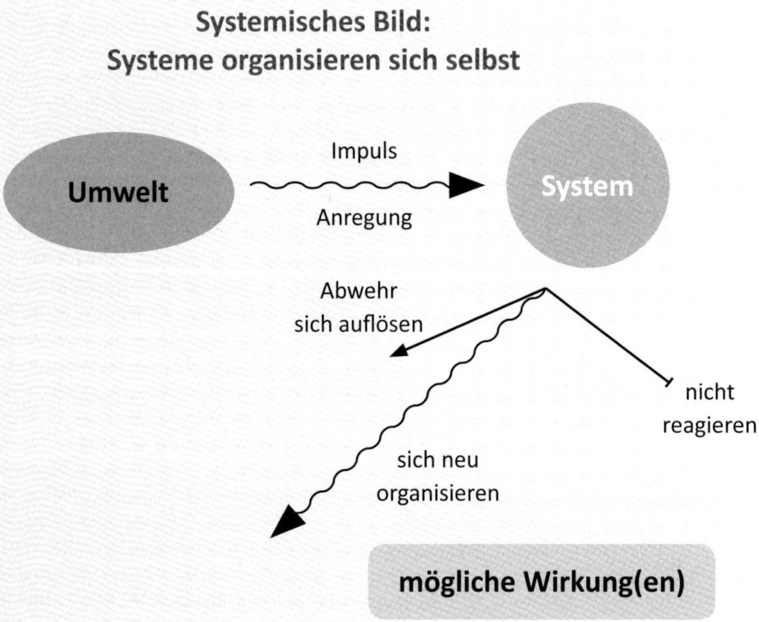

Abb. I/8b: Systeme organisieren sich selbst

Das systemische Bild

Wir empfehlen einen systemischen Blick. Die Grundidee dahinter: Das System organisiert sich selbst. Hier regt die Umwelt das System an, sie gibt einen Impuls. Und was macht das System? Es kann ganz unterschiedlich reagieren:

- Den Impuls abwehren oder sich gar auflösen
- Auch gar nicht reagieren
- Oder sich neu organisieren

Fokus: Selbstorganisation

Was soziale Systeme auszeichnet, ist die Fähigkeit zur Selbstorganisation. Dazu ein Beispiel aus dem Straßenverkehr.

- Wenn Sie eine Ampel nutzen, geben Sie Halten und Starten exakt vor – ein rein mechanistischer Ansatz.
- Anders beim Kreisverkehr: Die Verkehrsteilnehmer organisieren im Kreisverkehr selbst, wie sie ihr Auto im Zusammenspiel mit anderen Autos lenken – natürlich im Rahmen der bekannten Regeln.

- Das 4-Way-Stop-System in den USA ist ein weiteres Beispiel für Selbstorganisation, an solchen Kreuzungen gibt es nur eine Regel: Wer zuerst kommt, fährt zuerst nach einem Stopp. Wenn die Reihenfolge unklar ist, wird dies freundlich durch Handzeichen untereinander geregelt.

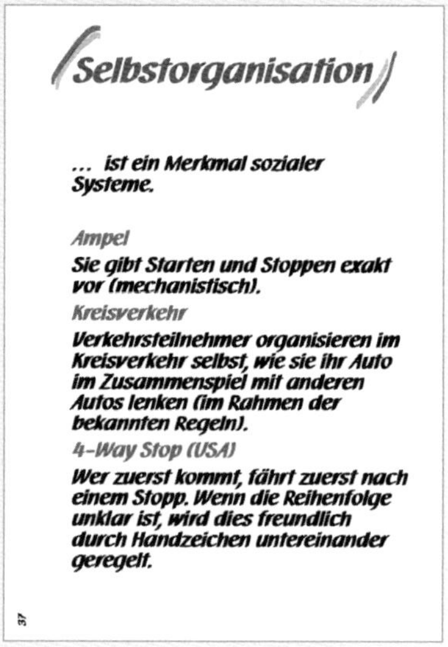

Flipchart 37

Die Erfahrung zeigt: Selbstorganisierte Lösungen ergeben mehr Flüssigkeit im Verkehr. Anders gesagt: Wenn soziale Systeme gut funktionieren sollen, muss nicht alles – von außen oder von oben – vorgegeben und reguliert werden.

ZUM WEITERDENKEN

Sie merken, Gewissheit geht verloren, es gibt kein reines Ursache-Wirkung-Verhältnis. Aber so ist es realitätsnah. Das systemische Bild geht eben über das mechanistische hinaus: Es weist die Richtung jenseits von einem linearen Verhältnis von Ursache und Wirkung.

Das heißt konkret für Interventionen und Anregungen auf ein System: Ist die Anregung

- zu groß, erfolgt vielleicht Abwehr;
- ist sie zu klein, wird sie eventuell gar nicht erst erkannt;
- ist sie anregend, ist Neuorganisation möglich.

Sie sehen: Es lohnt sich, das System als Ganzes, eben systemisch, im Blick zu haben.

10.20 bis 10.50 Uhr

Übung: Write, Walk & Talk zur Inneren Landkarte

Die Teilnehmer haben nun schon eine Ahnung davon bekommen, was systemisch denken für ihre Haltung und für ihr Führungsverhalten bedeuten könnte. An dieser Stelle hat es sich als hilfreich erwiesen, sich mit einem weiteren Aspekt des systemischen Denkens zu beschäftigen: den Inneren Landkarten.

Für diese Übung mit hohem Praxisbezug (Seite 356) bereiten wir vier Pinnwände vor, auf die wir groß den Oberkörper (Kopf und Bauch) einer Figur skizzieren.

Die Pinnwände tragen jeweils eine Überschrift:

Die Innere Landkarte (oder: Was denken die einzelnen Systeme über mich?)

- meiner Kolleginnen
- unserer Kundinnen
- meiner eigenen Führungskraft
- meiner Mitarbeiter

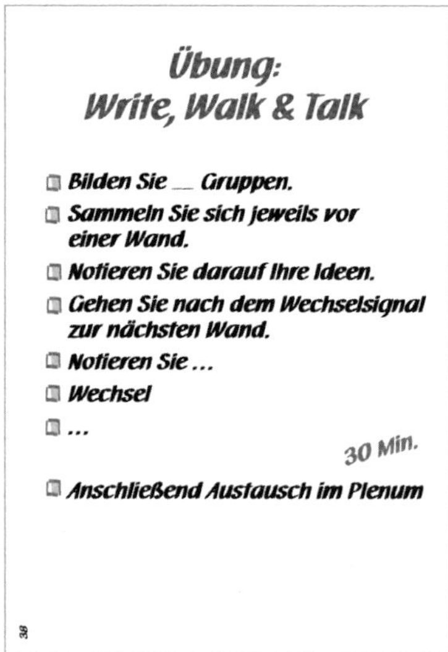

Flipchart 38

Im anschließenden Austausch im Plenum berichten die Teilnehmer u.a. vom Nutzen des Perspektivwechsels und von der Wichtigkeit, eine Ahnung von der Inneren Landkarte unterschiedlicher Systeme zu haben.

10.50 bis 11.05 Uhr

Pause

Thema: Prinzipien und Elemente des systemischen Denkens und Führens

11.05 bis 11.50 Uhr

I/9

39 bis 41

Nach der Übung erleben wir nicht selten, dass die Teilnehmerinnen sich nun eher auf das systemische Denken einlassen können, da sie damit in der Übung bewusst ihre ersten positiven Erfahrungen machen konnten.

Danach stellen wir zwei weitere Aspekte des systemischen Denkens vor: die Prinzipien des systemischen Denkens und die Lösungsorientierung.

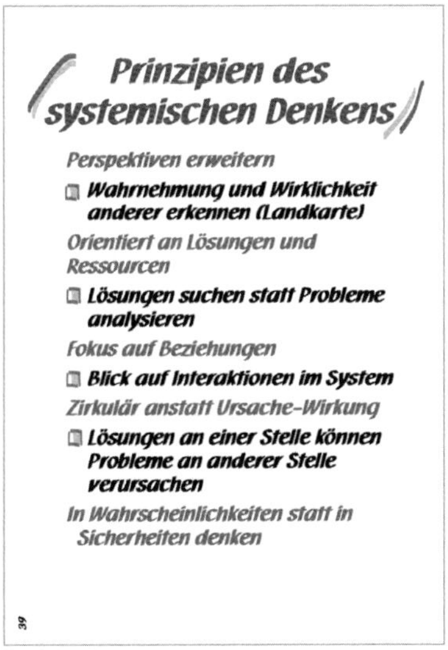

Wir nutzen die Flipcharts 39 (Prinzipien des systemischen Denkens), 40 (Lösungsorientierung) und 41 (Prinzipien des systemischen Denkens).

Flipchart 39

Skript-Auszug I/9:

Prinzipien und Elemente des systemischen Denkens und Führens

DARUM GEHT ES

Systemisch denken und arbeiten lernt man nicht nebenbei und nicht auf die Schnelle. Systemiker sein bedeutet vor allem, an der eigenen Grundhaltung den Menschen und der Welt gegenüber zu arbeiten. Neugier, die Offenheit für Perspektivwechsel und die Bereitschaft zur Veränderung des Selbstkonzepts sind die Basis. Im Folgenden lernen Sie die Prinzipien und Elemente etwas genauer kennen, die die Grundlagen des systemischen Denkens bilden.

(Quelle: Schwarz & Schwarz: Video-Training „Systemisch denken, fragen und handeln“)

An Lösungen und Ressourcen orientiert

- Es gilt, Lösungen zu suchen, statt Probleme zu analysieren und Schuldige zu benennen.
- Der Fokus richtet sich auf erste Lösungsschritte, die funktionieren.

Lösungsorientierung bedeutet, dass Probleme effizient gelöst werden können, ohne dass man die Ursachen kennen muss. Das heißt: Man konzentriert sich nicht auf die Probleme, sondern definiert korrespondierende Ziele, identifiziert die Gewinne aus der Zielerreichung, plant Schritte der Umsetzung, macht die verfügbaren Ressourcen bewusst und verstärkt positive Entwicklungen, die sich bereits abzeichnen. Kurz gesagt, es geht darum, nach dem zu fragen, was in der jeweiligen Situation als nächster kleiner Schritt möglich ist.

Problem- oder Lösungsbrille?

Wenn Wirklichkeit konstruiert ist, wird verstärkt, was beobachtet wird. Das heißt, wir haben die Wahl, ob wir die „Problembrille" aufsetzen oder die „Lösungsbrille":

Die Problembrille verstärkt die Sicht auf die Probleme. Wir setzen dabei auf die Problembeschreibung, also auf das, was nicht läuft und damit auf Schwächen, Mängel, Defizite und Fehler. Am Ende landet man in einer „Mehr-desselben-Schleife" und verliert die eigene Selbstwirksamkeit.

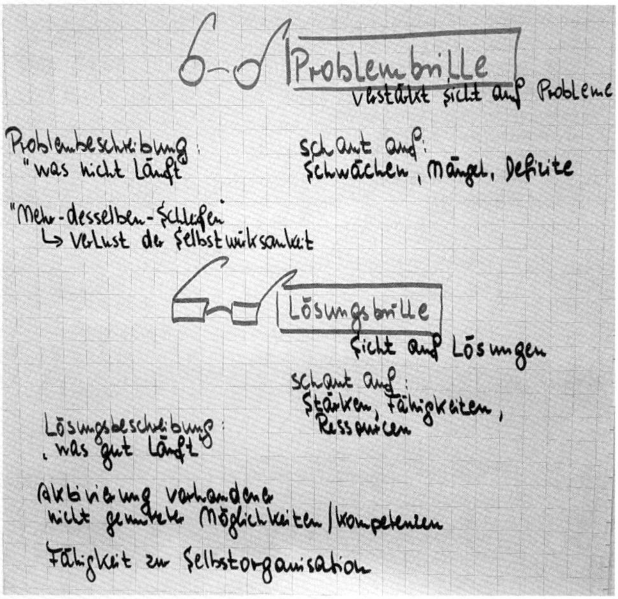

Abb. I/9: Problem- oder Lösungsbrille

Anders ist die Sicht auf die Welt durch die Lösungsbrille: Mit ihr schaut man auf Lösungen und damit auf Stärken, Fähigkeiten, Ressourcen und Erfahrungen. Hier steht die Lösungsbeschreibung im Vordergrund: Was läuft alles gut?

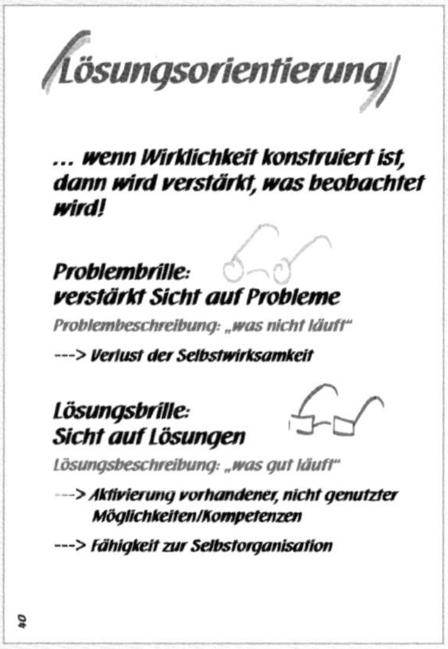

Flipchart 40 unterstützt den Input zur Lösungsorientierung

Dadurch können vorhandene, aber derzeit nicht aktive Kompetenzen und Möglichkeiten genutzt werden. Anders gesagt: Die Lösungsbrille ermöglicht die Fähigkeit, zur Selbstorganisation zu aktivieren.

Ressourcenorientiert statt defizitorientiert – was ist damit gemeint?

Als Systemikerinnen gehen wir von der Annahme aus, dass jedes System bereits über alle Fähigkeiten und Kräfte verfügt, sein Problem zu lösen. Es nutzt sie halt derzeit nicht.

Diese Annahme ist grundlegend für Systemiker. Sie ist übrigens auch eine der wichtigsten Grundlagen des agilen Arbeitens (siehe IV/2). Es geht folglich immer darum, nicht auf die Fehler und Schwächen zu verweisen, sondern auf all das zu fokussieren, was bereits da ist, was bereist funktioniert. Solche Ressourcen können sich auf Methoden, Vorgehensweisen und Haltungen, auf persönliche wie auch zwischenmenschliche Potenziale, Stärken oder Kraftquellen von Individuen beziehen.

Eine echte Fehlerkultur funktioniert nur mit Lösungsbrille!

Fokus auf Beziehungen

- Welche Erwartungen haben einzelne Mitarbeiter?
- Gibt es Widersprüche im Team?

Alle Entwicklungsthemen und Probleme sind immer zugleich personen- wie systembezogen. Probleme können nur in dem Kontext verstanden werden, in dem sie entstanden sind. Diese Wirkungsdynamiken, Interaktionsmuster und vielfältigen Kräfte in Systemen – seien es berufliche oder private – gilt es zu verstehen und sie für die Lösung aktiv zu nutzen, statt nur zu reagieren. Als Führungskraft blicken Sie hier auf die Interaktion der einzelnen Teammitglieder und deren Erwartungen.

Funktionales Denken

- Das Gute im Schlechten sehen

Hier könnte auch der Satz unserer Großmutter stehen: „Wo viel Licht ist, da ist auch viel Schatten." Oder sinngemäß mit den Worten des Diplomaten und Psychotherapeuten Graf Dürkheim gesagt: „Schatten ist verhindertes Licht."

- Ein Problem ist oft eine Lösung für ein anderes Problem

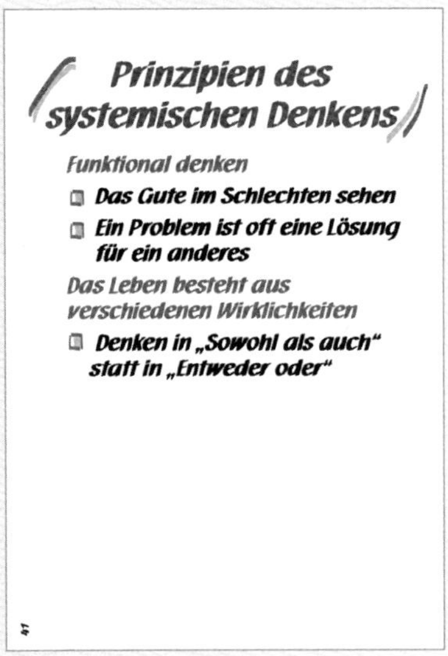

Flipchart 41

Was ist damit konkret gemeint? Hierfür gibt es viele Beispiele. Alexander Fleming ließ 1928 während des Sommerurlaubs das Fenster seines Labors offen. So landeten Pilzsporen auf den

Eitererregern, die Fleming auf seine Versuchsplatten aufgetragen hatte. Seine Versuchsreihe schien gescheitert. Allerdings wurde aus der vermeintlichen „Gammelmischung“ einer der wichtigsten Arzneiwirkstoffe des vergangenen Jahrhunderts: das Penicillin.

Ein weiteres Beispiel: Gehen wir dazu in das Jahr 1839. Gummi war ein empfindlicher Stoff, der bei Wärme schmolz und bei Kälte brach – bis Charles Nelson Goodyear ein Stück Gummi-Schwefel-Gemisch auf eine heiße Herdplatte fallen ließ. Das war erst mal eine Panne, die ein Problem verursachte. Das Produkt, das der Entdeckung jedoch folgte, kennt mittlerweile jeder: den Gummireifen.

Sich von der selektiven Wahrnehmung verabschieden

- Es gibt keine Objektivität. Menschen treffen Entscheidungen aufgrund ihrer subjektiven Wahrnehmung.
- Hierbei hilft Feedback, um über den eigenen Tellerrand hinauszublicken.

Wir erkennen die Welt nicht so, wie sie „wirklich“ ist, sondern wir konstruieren unsere Wirklichkeit mit unseren Sinnen, Gedanken und Gefühlen. Nicht die Dinge an sich beunruhigen uns, sondern die Bedeutung, die wir ihnen geben. Diese Annahmen basieren unter anderem auf Untersuchungen des Biologen und Philosophen Humberto Maturana, die zeigen, dass wir sozusagen mit dem Gehirn „sehen“. Unser Gehirn ist ein funktional geschlossenes, rückbezügliches System, das nur mit seiner eigenen inneren Eigenart arbeiten kann. Gehen Sie davon aus, dass jeder Mensch gemäß seiner inneren Landschaft richtig handelt. Hier gilt es, die Landschaft des anderen zu erfragen, um dessen Verhalten besser zu verstehen. An dieser Stelle hören wir in Workshops manchmal die Frage: „Muss ich denn alles gut finden, was mir mein Mitarbeiter erzählt?“ Das ist ein wichtiger Hinweis. Und auf die Frage folgt ein klares „Nein“. Denn verstehen heißt, nicht unbedingt damit einverstanden sein zu müssen.

Das Leben besteht aus Widersprüchen – und das ist gut so

- Übernehmen Sie Verantwortung und stehen Sie für Dinge gerade – auch wenn kein Ursache-Wirkungs-Bezug erkennbar ist.
- Denken Sie in „Sowohl als auch“ statt in „Entweder oder“.

Anstelle der begrenzten Gegensatzpaare, wie zum Beispiel richtig oder falsch und gut oder schlecht, die sich gegenseitig ausschließen, rückt eine schier unerschöpfliche Vielfalt an Kombinationsmöglichkeiten in den Vordergrund – eine ideale Ausgangslage für persönliche, soziale, ökologische, technische oder ökonomische Innovationen. Das bedeutet ebenso, aus der Überzeugung zu handeln, dass es viel mehr als zwei Möglichkeiten gibt, um mit einer Situation umzugehen. Das klingt jetzt vielleicht sehr trivial. Wenn wir uns selbst beobachten, merken wir jedoch bald, wie oft wir unbewusst eine Situation oder eine Entscheidung mit einem Gegensatzpaar zu strukturieren versuchen. Dieses Verhalten limitiert unsere Handlungsfähigkeit enorm und blendet vielversprechende Lösungsansätze von vornherein aus.

Zirkulär denken anstatt nach dem Ursache-Wirkungs-Prinzip

- Sehen und verstehen Sie, dass Lösungen an einer Stelle Probleme an anderen Stellen bedingen. Nach dem Motto: Wenn die Lösung das Problem ist ...
- Lernen Sie, in Wahrscheinlichkeiten statt in Sicherheiten zu denken.

Die Suche nach „der" Problemursache hat wenig Aussicht auf Erfolg, da es selten nur eine einzige Ursache gibt. Diese von der klassischen Wissenschaft geförderte Annahme übersieht, dass sich meistens nicht nur mehrere Ursachen auffinden lassen, sondern dass es oft auch unmöglich ist, zwischen Ursache und Wirkung zu unterscheiden Ein Beispiel: Ein Ehemann sagt zur seiner Ehefrau: „Ich rede nicht mehr mit dir, weil du so viel Zeit in deinem Hobbykeller verbringst." Die Ehefrau sagt zu ihrem Ehemann: „Ich flüchte in meinen Hobbykeller, weil du nicht mehr mit mir redest." Viele Zusammenhänge sind eher kreisförmig, das heißt, sie beeinflussen sich wechselseitig und sie sind weniger linear, im Sinne von Ursache und Wirkung. Oft ist es besonders hilfreich, danach zu suchen, was ein Problem aufrechterhält.

Perspektiven erweitern

- Lernen Sie, die Bedürfnisse anderer anzuerkennen – auch wenn man damit nicht einverstanden sein muss.
- Fassen Sie die eigene Perspektive Schritt für Schritt ganzheitlicher.

Ein ganzheitliches Menschenbild und Organisationsverständnis ist Grundlage erfolgreicher Arbeit. Niemand ist eine Insel. Jeder Mensch und jede Organisation sind einzigartig und zugleich eingebunden in vielschichtige Zusammenhänge und Bezugssysteme. Individuelles Verhalten ist immer Teil von komplexen Interaktionen im Netz von beruflichem, organisationalem und privatem Umfeld. Dem trägt systemisch-ganzheitliches Denken und Handeln Rechnung. Es erlaubt eine umfassende Sichtweise: Die Aufmerksamkeit gilt dem gesamten System und den einzelnen Beteiligten in ihren Verflechtungen und Interaktionsmustern. Sie richtet sich auf Wirkungsdynamiken, Muster, Regeln, Grenzen, mentale Modelle, Blockaden und unterschiedliche Perspektiven.

ZUM WEITERDENKEN

Komplexität entsteht dadurch, dass Personen, Beziehungen, Prozesse, Strukturen, Funktionen und Kontexteinflüsse in einer Wechselwirkung stehen. Ebenso beeinflussen sich aktuelle Situation, Entwicklungshintergrund und Zukunftsentwurf. Das Ganze ist mehr als die Summe der Teile.

Wir sind fest davon überzeugt, dass das systemische Denken eine wesentliche Führungskompetenz ist. Sie bietet Ihnen beides:

- Das Verstehen von komplexen Systemen.
- Darüber hinaus Spaß beim Analysieren von und beim Bewegen in komplexen Systemen.

Übung: Zwei „Brillen"

11.50 bis 12.30 Uhr

Nachdem von den Teilnehmerinnen viel Aufmerksamkeit zum Zuhören gefordert wurde, folgt eine praktische Arbeit.

Die folgende Übung soll zur Selbstreflexion über die eigene Sozialisation anregen und den Unterschied der beiden Sichtweisen bewusst machen.

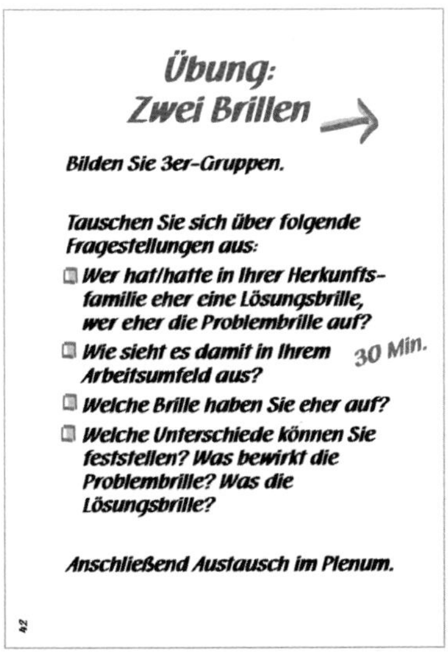

Anschließend folgt ein Austausch darüber im Plenum.

Wir machen dabei noch mal deutlich, dass es auch hier kein Richtig oder Falsch gibt. Wahrscheinlich wäre die Menschheit ohne die Menschen, die mit ihren Bedenken auf Probleme aufmerksam machen, längst ausgestorben.

Flipchart 42

Der Austausch im Plenum ist bei dieser Übung häufig mit viel Beteiligung verbunden.

12.30 bis 14.00 Uhr

Mittagspause

14.00 bis 14.30 Uhr

I/13 – I/14

43 bis 50

Thema: Systemisch fragen und systemische Schleife

Wir ergänzen an dieser Stelle den Input über das systemische Denken mit den systemischen Fragen und der systemischen Schleife.

Bei der Vorstellung dieser Inhalte haben wir die Erfahrung gemacht, dass wenig Fragen dazu gestellt werden. Unserer Hypothese dazu ist, dass der Inhalt zwar mental verstanden wird, aber der Bezug zur Praxis und die positive Wirkung dieser Art von Fragen noch keine wirkliche Praxisrelevanz für die Teilnehmer hat.

Die Wirkung der Fragen erleben Sie zum Beispiel später in den kommenden Modulen, wenn wir Anliegen bearbeiten und die Teilnehmer uns als Trainerinnen systemisch fragend erleben.

Der systemischen Schleife werden die Teilnehmerinnen beim Thema agiles Führen wieder begegnen.

Wir beginnen damit, kurz den Unterschied von geschlossenen und offenen Fragen zu erläutern und starten dann mit dem Herzstück des systemischen Fragens, den zirkulären Fragen (Flipchart 43). Danach stellen wir die Ausnahmefragen vor (Flipchart 44). Bei den hypothetischen Fragen (Flipchart 45) verweilen wir ein bisschen länger, da sie für Führungskräfte eine gute Basis für ein konstruktives Mitarbeitergespräch sein können. Es dürfen hierbei zum Beispiel freundliche Hypothesen gebildet werden, bei denen die Mitarbeiterin immer die Möglichkeit hat, der Hypothese nicht zu folgen. Auch die lösungsorientierten Fragen (Flipchart 46) können in einem Mitarbeitergespräch hilfreich eingesetzt werden. Die Wunderfrage (Flipchart 47) hilft, in scheinbar ausweglosen Situationen einen Perspektivwechsel vorzunehmen.

Skript-Auszug I/13:

Fokus: Systemische Fragetypen

DARUM GEHT ES

Fragen dienen als Diagnose- und Interventionsinstrument: bei der Fragenden zur Informationsgewinnung, beim Befragten zur Informationserzeugung. Fragen lösen Suchbewegungen aus, machen Unterschiede deutlich, bringen eine Außenperspektive herein und können dadurch eine Veränderung der Sichtweisen bewirken.

Dieser zirkuläre Prozess ist von der Haltung beim Fragenden getragen, nicht schon alles im Voraus zu wissen. Vielmehr möchte er mit der Einstellung eines Forschungsreisenden lernen und sich gemeinsam mit dem Gegenüber auf eine Erforschungsreise begeben. Fragen sind ein zentrales Instrument in der systemischen Arbeit. (Quelle: Schwarz & Schwarz: Video-Training „Systemisch denken, fragen und handeln")

Geschlossene und offene Fragen

Grundsätzlich lassen sich geschlossene und offene Fragen unterscheiden, die unterschiedlich wirksam sind:

Geschlossene Fragen

Geschlossene Fragen sind Fragen, die als Antwort ein Ja/Nein hervorrufen. Sie lassen die Hauptredezeit bei der Führungskraft und sind für das Gegenüber schnell zu beantworten. Die Führungskraft muss mit sehr viel Energie arbeiten, das Gegenüber wartet das Ergebnis ab.

- Frau Bauer, sind Sie mit dem Vorschlag einverstanden?
- Haben Sie das gesetzte Ziel erreicht, das wir im Mitarbeitergespräch erarbeitet haben?

Offene Fragen

Offene Fragen können kürzere oder auch ein wenig längere Informationen hervorrufen. Sie geben der Gesprächspartnerin mehr Redezeit. Die Führungskraft arbeitet mit weniger Energie, das Gegenüber wird ermuntert, Stellung zu beziehen.

- Frau Bauer, was sagen Sie zu diesem Vorschlag?
- Wie weit sind Sie noch von der Zielerreichung entfernt?

Offene kompetenz- und ressourcenorientierte Fragen

Offene kompetenz- und ressourcenorientierte Fragen sind Fragen, die dem Gegenüber Kompetenzen und Ressourcen unterstellen und eine lange, prozessorientierte Antwort hervorrufen. Diese können durch Nachfragen („Wie noch ...?“, „Womit ...?“) noch erweitert werden. Diese Art Fragen sind typisch für eine lösungsorientierte Gesprächsführung. Sie geben dem Gegenüber die Hauptredezeit.

Die Führungskraft arbeitet aufmerksam, aber mit wenig Energie, die Gesprächspartnerin leistet die „Schwerstarbeit“, da sie neue Interpretationen und Deutungen schafft.

- Was funktioniert schon gut mit der neuen Mitarbeiterin?
- Viele Kollegen finden diese Aufgabenstellung eher schwierig. Wie schaffen Sie es, diese Aufgabe so sicher anzugehen?

Zirkuläre Fragen

Sie eröffnen unterschiedliche Sichtweisen und lassen unausgesprochene Erlaubnisse und Unterschiede zu. Sie lenken den Blick auf relevante Beziehungen und Vernetzungen und stellen das individuelle Verhalten in den interaktionellen Kontext. Zirkuläre Fragen machen implizit deutlich, dass es nicht um die Erhebung eines vermeintlich objektiven Tatbestands geht, sondern dass die Wirklichkeit in den Köpfen der Betroffenen entsteht.

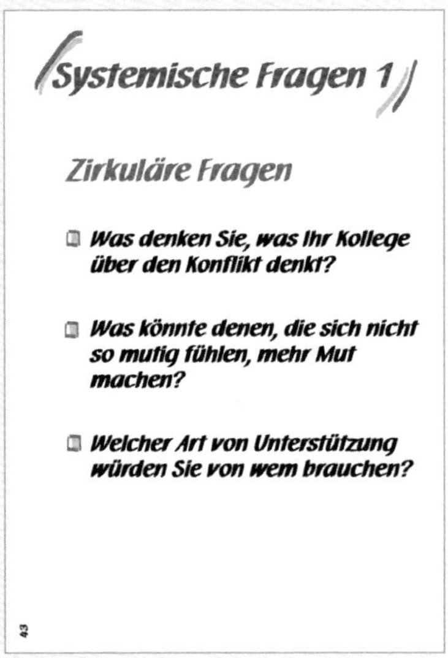

Flipchart 43

- Wer hat als Erster das Problem bemerkt?
- Wie sieht X das Problem, wie Y?
- Was glauben Sie, welche Erwartungen Ihre Partnerin in dieser Beziehung an Sie hat?

- Was glauben Sie, würden uns diese beiden Lieferanten sagen, wenn wir sie fragen würden, wie Sie sich verhalten könnten, um einen Beitrag zur Lösung des Konflikts zwischen Außen- und Innendienst zu leisten?
- Gesetzt den Fall, wir fragten diesen Mitarbeiter, was würde er sagen, woran er merken würde, dass Sie Ihre Führungskompetenz stärker als bisher wahrnehmen?
- Wie fühlt sich wohl Ihre Mutter, wenn Sie sich ständig mit Ihrer Schwester streiten?
- Was denken Sie, würden Ihre Abteilungsleiterkolleginnen über die Beziehung zwischen Ihnen und Ihrer Führungskraft sagen?

Skalierungs- und Vergleichsfragen

Sie unterstützen den Wechsel weg vom Schwarz-weiß- bzw. Gut-schlecht-Denken.

- Wenn das Problem so stark wie heute ist, wer leidet dann am meisten darunter, Sie, Ihre Führungskraft oder jemand ganz anderes?

Zahlen-Skalen machen kleine Schritte planbar und kleine Erfolge erkennbar. Teilziele und damit Fortschritte auf dem Weg zum Ziel können entdeckt und sichtbar gemacht werden. Skalierungen können in Form von Fragen gestellt werden.

- Auf einer Skala von 0 bis 10, wobei 10 für „Ihr Ziel ist vollkommen erreicht" steht und 0 für das Gegenteil, wo auf dieser Skala würden Sie sich jetzt einordnen?
- Was/wer außer Ihnen selbst hat geholfen, um von 5 auf 7 zu gelangen?
- Auf einer Skala von 0 bis 10: Wie glücklich sind Sie mit dieser Entscheidung?
- Wie bewerten Sie Ihr momentanes Verhältnis auf einer Skala von 0 bis 10?
- Was hat sich geändert, dass Sie seit dem letzten Mal eine Verbesserung von 5 auf 7 erreicht haben?
- Wie konnte es Ihrer Meinung nach zu einer Verringerung von 6 auf 4 kommen?

Fragen nach Ausnahmen und Unterschieden

Sie vergrößern die Vielfalt von Wahrnehmungen, lösen die Zwanghaftigkeit des Problems auf („Immer ist es so/bist du so ...", „Nie machst du ...") und öffnen den Blick für neue Möglichkeiten.

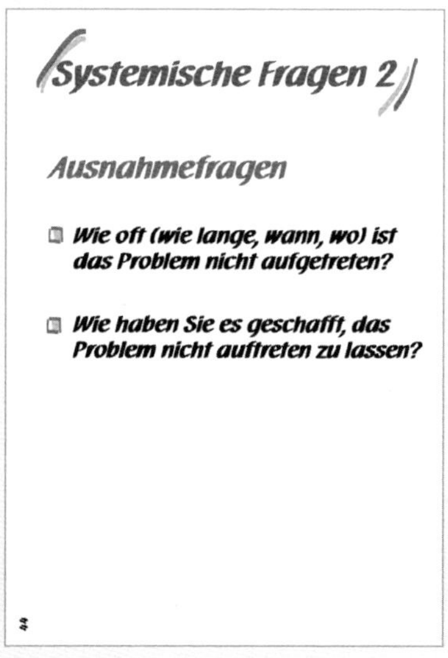

Flipchart 44

- Wie oft (wie lange, wann) ist das Problem nicht aufgetreten?
- Was haben Sie und andere in diesen Zeiten anders gemacht?
- Wie haben Sie es geschafft, in diesen Zeiten das Problem nicht auftreten zu lassen?

Sie können auch gut mit Skalen verbunden werden (wann mehr, wann weniger, ...).

Hypothetische Fragen

Sie bringen neue Handlungsmöglichkeiten ins Spiel. Sie lenken den Blick auf Lösungen, auf bisher ungenützte Ressourcen und Bewältigungsstrategien, die sich anderswo bewährt haben und ermöglichen ein unbedrohliches Probehandeln. Man kann dabei auch „frech" sein. Die „Als-ob-Realität" legt niemanden fest.

Flipchart 45

Mit hypothetischen Fragen können auch Tabuthemen angesprochen werden.

- Was müssten Sie tun, damit Ihr Vorgesetzter sicher „ausrastet"? (Sie ermöglichen außerdem Gedankenspiele über „Was wäre, wenn ...")
- Wie würden Sie die Herausforderung angehen, wenn Geld keine Rolle spielt?
- Was müssten Sie tun, wenn Sie noch mehr davon erreichen möchten?
- Wie sieht der Idealzustand aus?
- Wie würden Sie reagieren, wenn Sie jemand in diesem Fall um Hilfe bittet?
- Wie würden Sie an die Aufgabe herangehen, wenn Zeit kein Faktor ist?
- Direkt: Angenommen, ich würde Ihnen sagen, Ihr Problem hat die und die Ursache, was wäre dann für Sie anders?
- Zirkulär: Angenommen, ich würde Ihnen sagen, Ihr Problem hat die und die Ursache, was glauben Sie, antwortet Ihr Team, was dann anders wäre?

Lösungsorientierte und ressourcenorientierte Fragen

Sie lenken die Aufmerksamkeit in Richtung einer Lösung. Jedes Problem impliziert ein Ziel, das man noch nicht erreicht hat, andernfalls würde es nicht als Problem wahrgenommen. Die Begriffe Problem und Ziel bezeichnen die Unterscheidung zwischen Ist und Soll, wobei jeweils eine andere Seite der Unterscheidung hervorgehoben wird.

- Welche ähnlichen Herausforderungen haben Sie in der Vergangenheit bewältigt? Wie haben Sie das geschafft?
- Wann läuft es gut und wann haben Sie diese Probleme nicht?
- Woran liegt es, dass die Situation nicht noch schlimmer wird?

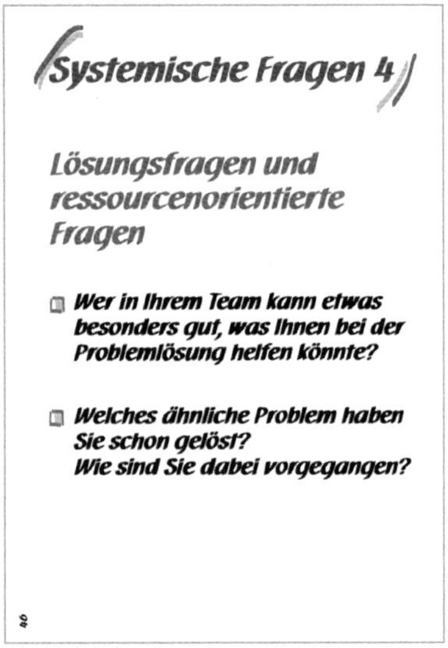

Flipchart 46

Paradoxe Fragen

Sie führen Widersprüche und „Un-Logiken" ein und schärfen so den Blick auf neue Zusammenhänge („Das Gute am Schlechten ...").

- Wie ist es gelungen, das Problem so lange am Leben zu erhalten?
- Was müssten Sie tun, damit Sie endgültig ein Burnout erleiden?
- Was müsste passieren, damit Ihr Chef Sie feuert?
- Was müsste passieren, damit Sie sich endgültig von Ihrem Partner trennen?
- Wodurch könnten Sie das Projekt endgültig zum Scheitern bringen?

Die Wunderfrage

Wenn das Problem plötzlich weg wäre (weil eine Fee Sie geküsst hat, nach einer Operation, durch Gottes Wirken oder aus sonstigen Gründen):

- Was wäre, wenn das Problem von heute auf morgen einfach verschwunden wäre?
- Wer würde zuerst bemerken, dass Sie das Problem gelöst haben?
- Mit wem würden Sie zuerst darüber reden?
- Was würden Sie am Morgen danach als Erstes anders machen? Was danach?

- Wer wäre am meisten überrascht davon?
- Was würden Sie am meisten vermissen in Ihrem Leben, wenn das Problem plötzlich weg wäre?

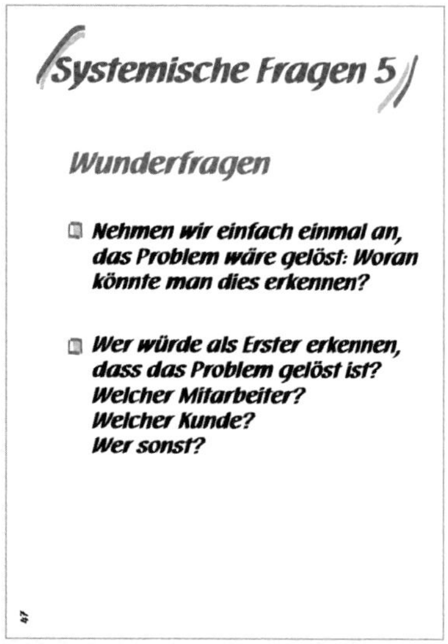

Flipchart 47

Überblick: Dimensionen systemischer Fragen

Handle stets so, dass sich die Zahl deiner Verständnismöglichkeiten erweitert.

Frei nach Heinz v. Foerster

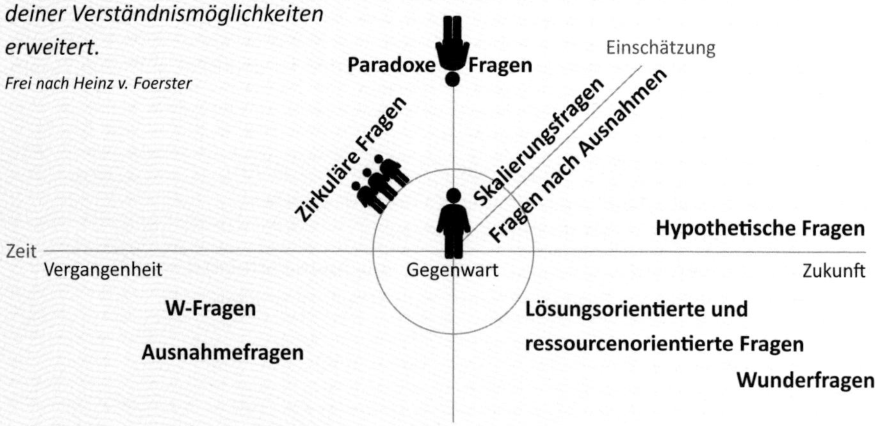

Abb. I/13: Dimensionen systemischer Fragen (Schwarz & Schwarz 2018)

ZUM WEITERDENKEN

Systemische Fragen gehören in jeden Werkzeugkoffer einer systemischen Führungskraft. Und wie beim Arbeiten mit jedem anspruchsvollen Werkzeug gilt: üben, üben, üben.

Thema: Systemisch fragen und systemische Schleife (Forts.)

Im Folgenden erläutern wir die Fragen zur Möglichkeits- und Wirklichkeitskonstruktion, die einen weiteren Perspektivwechsel möglich machen.

Wenn wir den Eindruck haben, dass die Gruppe schon genug Input gehört hat, stellen wir diese Frageform manchmal zu diesem Zeitpunkt nicht vor.

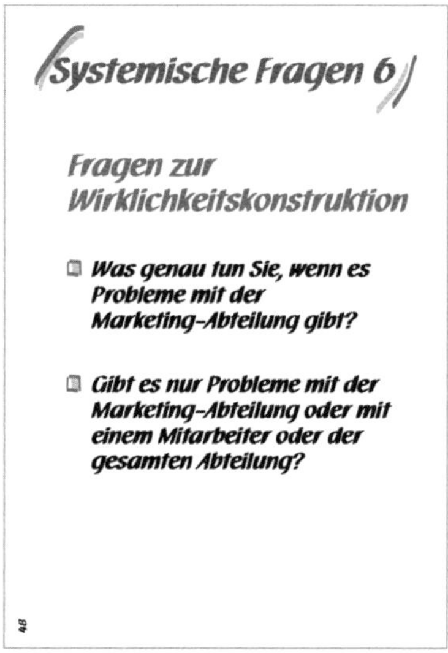

Flipchart 48

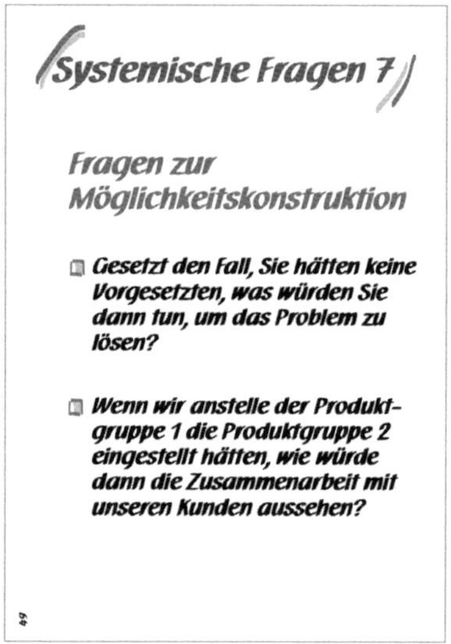

Flipchart 49

Abgerundet wird dieser systemische Input durch einen Blick auf die systemische Schleife.

Bei dem Vorstellen der systemischen Schleife bitten wir die Teilnehmer, das Skript in die Hand zu nehmen und sich die systemische Schleife anzuschauen. Hier wird den Teilnehmern deutlich, dass es sich beim systemischen Denken und Handeln um einen Prozess handelt, der immer wieder von Neuem beginnt.

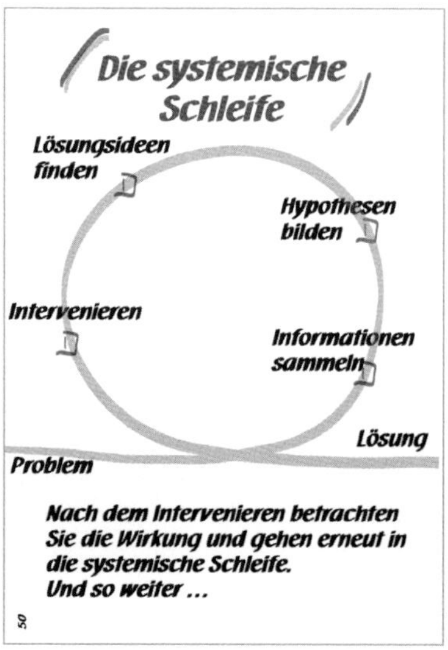

Flipchart 50

Skript-Auszug I/14:

Fünf weitere systemische Werkzeuge – Die systemische Schleife

(Quelle: Schwarz & Schwarz: Video-Training „Systemisch denken, fragen und handeln")
„Jederzeit systemische Fähigkeiten nutzen" meint auch: sich immer wieder aufs Neue in die sogenannte systemische Schleife zu begeben.

Die Idee dahinter: Sie gehen von einer Frage, einem Problem aus. Zuerst sammeln Sie Informationen dazu – von allen Beteiligten, zu allen Aspekten.

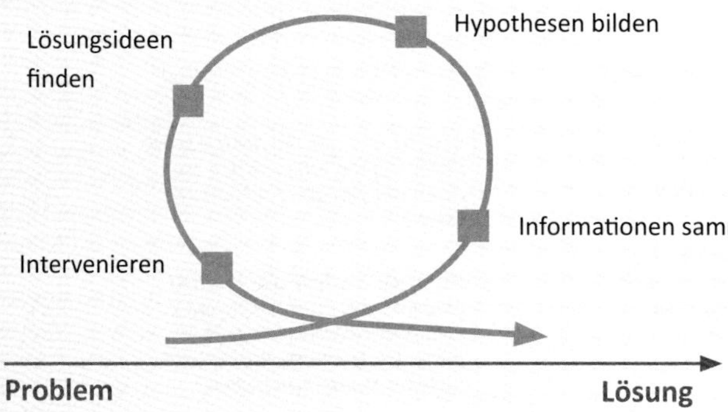

Abb. I/14a: Die systemische Schleife

Was Sie dazu brauchen? Klar, die systemischen Fragen. Darauf aufbauend bilden Sie Hypothesen (siehe I/12). Und zwar gleich mehrere. Damit Sie bei der weiteren Arbeit diejenigen auswählen können, die funktionieren. Spielen Sie damit.

Wenn Sie eine Hypothese haben, mit der es sich zu arbeiten lohnt, entwickeln Sie nun Lösungsideen. Und schließlich intervenieren Sie. Das heißt: Sie wirken auf das System ein. Und Sie schauen sich an, was Ihre Intervention bewirkt.

- Wird Ihre Intervention abgewehrt?
- Reagiert das System vielleicht gar nicht, weil Ihr Impuls zu schwach war?
- Oder passte alles und das System kann sich neu organisieren?

Wenn Sie systemisch mithilfe der systemischen Schleife arbeiten, hört dieses Arbeiten eigentlich nie auf. Sobald Sie interveniert haben, schauen Sie, was die Wirkungen sind.

Sie begeben sich, sofern es nötig ist, sofort wieder in die systemische Schleife. Und Sie probieren neue Hypothesen, neue Lösungsideen und neue Interventionen aus.

Was Ihnen dabei hilft? Ganz einfach: Ihre Neugier! Ihre systemische Neugier, die Sie immer wieder aufs Neue fragen lässt:

- Wie kann ich das System noch besser verstehen?
- Wie könnten andere Interventionen aussehen?
- Gibt es neue Mitspieler im System?
- Wie entwickeln sich die Interaktionen?
- Wie kann ich noch zu Lösungen kommen?

Thema: Reframing

14.30 bis 14.35 Uhr

I/14

51 und 52

Das Reframing (Flipcharts 51 und 52) ist eines unserer Lieblingstools (Seite 349). Die gleich folgende Übung dazu macht den Teilnehmenden immer viel Freude (Flipchart 53).

Neben den Fragetechniken und der systemischen Schleife erhalten die Teilnehmerinnen ein weiteres systemisches Werkzeug an die Hand, das die Übung mit den zwei Brillen vertieft.

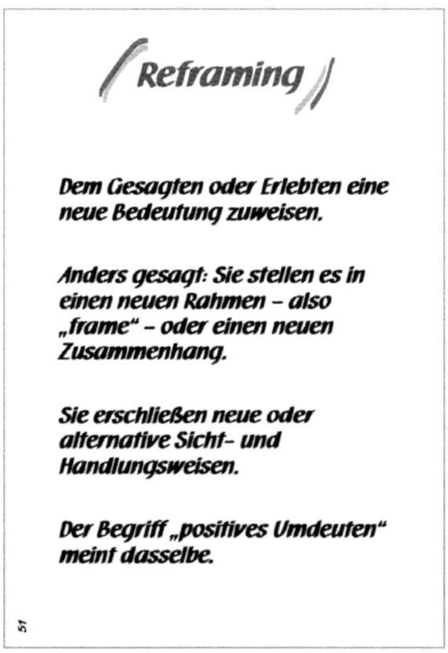

Flipchart 51

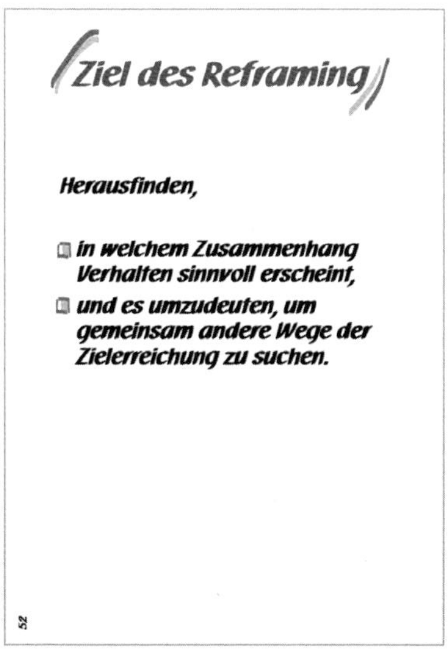

Flipchart 52

Skript-Auszug I/14:

Fünf weitere systemische Werkzeuge – Reframing

Reframing

Die Wirklichkeit bekommt ihren Sinn ja erst durch das, was wir in ihr sehen – Stichwort Konstruktivismus (siehe I/8). Und so ist es manchmal gar nicht nötig, die Dinge selbst zu verändern, sondern vielmehr die Sichtweisen darauf. Reframing bedeutet, dem Gesagten oder Erlebten eine neue Bedeutung zuzuweisen (Quelle: sys.team).

Anders gesagt: Sie stellen es in einen neuen Rahmen – also „frame" – oder einen neuen Zusammenhang. Dadurch erschließen Sie sich und Ihrem Gesprächspartner neue oder alternative Sicht- und Handlungsweisen. Der Begriff „positives Umdeuten" meint dasselbe.

Ein Beispiel: Scherben bringen Glück.

Ziel des Reframings ist es, herauszufinden,

- in welchem Zusammenhang Verhalten sinnvoll erscheint,
- auf welche Weise Verhalten umgedeutet werden kann, um gemeinsam andere Wege der Zielerreichung zu suchen.

So werden die Ziele hinter dem Verhalten und damit das Gegenüber gewürdigt – auch wenn die Art und Weise der versuchten Zielerreichung nicht gebilligt werden.

Wichtig dabei: Ein Reframing soll zu neuen Sichtweisen anregen und Denkblockaden lösen. Es hat keinesfalls Anspruch auf Wahrheit!

Fünf Schritte zum Reframing

1. Konkrete Beschreibung (ohne Wertung)
- Was stört?
- Was fällt auf?

2. In welchem Kontext könnte das Verhalten
- passen,
- sinnvoll sein,
- einmal sinnvoll gewesen sein?

3. Welche Fähigkeiten zeigen sich im Verhalten? Was muss derjenige dafür können? Wo wäre der Einsatz der Tätigkeit sinnvoller oder nützlicher?

4. Was ist der positive Zweck, was die gute Absicht, was das be-/unbewusste Ziel dahinter?

5. Welche alternativen Verhaltensweisen könnten die Person auch zum Ziel bringen oder näher zum Ziel bringen? Was müsste/könnte dazu gelernt werden?

Probieren Sie es einmal aus! Denn bei allen systemischen Techniken, Methoden und Werkzeugen gilt: üben, üben, üben.

Übung: Reframing

14.35 bis 15.00 Uhr

Nach dem kurzen Input folgt die Übung zum Reframing (Seite 349).

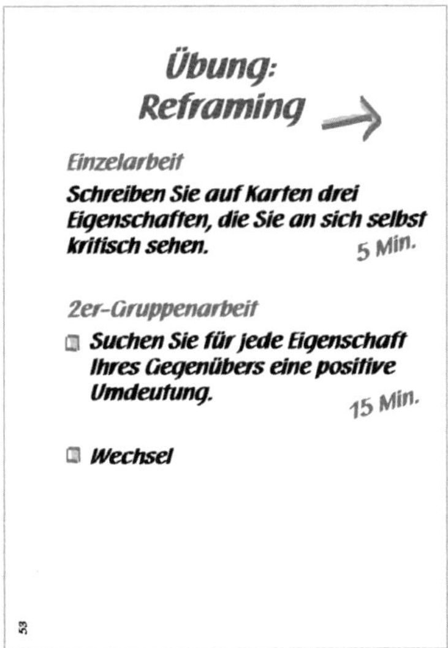

Flipchart 53

Bei dieser Übung wird den Teilnehmern besonders bewusst, was mit dem ressourcenorienierten Blick im systemischen Denken gemeint ist. Und sie bekommen einen neuen wertschätzenden Blick auf drei ihrer bisher kritisch wahrgenommenen Eigenschaften. Das erleben die Teilnehmerinnen oft als großen Gewinn für sich selbst.

Diese Übung eignet sich auch gut zum Abschluss, da sie meist eine positive Atmosphäre schafft.

Die Auswertung der Übung machen wir mit folgenden Fragen:

- „Wie ging es Ihnen mit dieser Übung?"
- „In welchen Kontexten kann das ‚Reframen' hilfreich sein?"

15.00 bis 15.15 Uhr

Pause

15.15 bis 15.20 Uhr

Thema: Haltungen und Einstellungen hinter den „Bildern" von Führung

I/11

–

Das Getriebe steht für einen mechanistischen Ansatz von Führung, das Bild vom Mobile für das systemische Denken. Die Gegenüberstellung beider Ansätze zeigt, wie Führungskräfte den systemischen Ansatz im komplexen Führungsalltag umsetzen können, um den unterschiedlichen Menschen und Situationen gerecht zu werden.

An dieser Stelle arbeiten wir wieder bewusst mit dem Skript und bitten die Teilnehmer das Skript zur Hand zu nehmen und Abschnitt 1.11 aufzuschlagen. Die Gegenüberstellung von beiden Modellen unterstützt die Teilnehmerinnen bei ihrer Gruppenarbeit.

Skript-Auszug I/11:

Systemisch führen

DARUM GEHT ES

Das Getriebe steht für einen mechanistischen Ansatz von Führung, das Bild vom Mobile für das systemische Denken. Im Folgenden werden diese beiden Ansätze gegenübergestellt und gezeigt, wie Sie als Führungskraft den systemischen Ansatz im komplexen Führungsalltag umsetzen, um den unterschiedlichen Menschen und Situationen gerecht zu werden.
(Quelle: Schwarz & Schwarz: Video-Training „Systemisch führen")

Haltungen und Einstellungen hinter den „Bildern" von Führung

	Mechanistisches Modell	Systemischer Ansatz
Probleme lösen	Die Führungskraft ist da, um Probleme zu lösen. Als Expertin sagt sie, wie es geht und gemacht werden soll.	Die Führungskraft muss die richtigen Fragen stellen, nicht aber alle Antworten finden. Ihr geht es darum, dass die Mitarbeiter ihre Lösungskompetenz ausbauen.
Organisation	Stellenbeschreibungen legen Aufgaben und Kompetenzen fest. Die Führungskraft beschreibt im Unternehmensleitbild das erwünschte Verhalten.	Alle haben wechselseitigen Einfluss aufeinander. Kompetenzen und Verantwortung entsprechen der jeweiligen Aufgabe. Die Umsetzung liegt bei den Betroffenen. Die Führungskraft schafft einen Rahmen.
Veränderungen	Organisationsberater definieren die Anforderungen an die neuen Prozesse und planen deren Umsetzung.	Die Mitarbeiterinnen verfügen über alle Ressourcen, um die neue Situation zu meistern. Die Beteiligten gestalten den Prozess gemeinsam.
Umgang mit Fehlern	Die Ursache des Fehlers analysieren, herausfinden, wer verantwortlich ist und eventuell Anweisungen ändern.	Der Fokus liegt auf der Suche nach Lösungen. Es wird gemeinsam überlegt, wie man in Zukunft Fehler vermeiden kann.
Kommunikation	Die Führungskraft weiß es am besten und bestimmt die Kommunikation.	Unterschiedliche Perspektiven werden als unterschiedliche „Landkarten" akzeptiert.

Gestaltungsebenen eines Systems

Meist sind wir es gewöhnt, in Ursachen und Wirkungen zu denken. Der systemische Ansatz zeigt, dass es hilfreicher ist, in Wechselwirkungen zu denken. Wenden Sie dazu Ihre Aufmerksamkeit mehr dem Verhalten Ihrer Mitarbeiter zu und versuchen Sie, Muster zu erkennen. Beachten Sie dabei, dass Menschen oft ihr Verhalten ändern, wenn sie sich in einem anderen Kontext befinden. In diesen drei Bereichen sind Sie als Führungskraft besonders gefordert:

- Orientierung und Sinn geben
  - Vision, Mission, Strategie und Ziele vorgeben
- Organisieren
  - Förderliche Bedingungen schaffen, Strukturen und Aufgaben etablieren, Ressourcen zur Verfügung stellen, Prozesse optimieren
- Kultur gestalten
  - Vertrauensvolles und motivierendes Klima schaffen, Kommunikation und Information fördern, Mitarbeiterentwicklung

Das System analysieren

Als Führungskraft werden Sie Mitarbeiterinnen dann am besten und effektivsten führen, wenn Sie folgende systemisch eng miteinander verbundene Faktoren konsequent berücksichtigen:

Aufgabe und Umfeld

Zu Beginn jedes Handelns und Intervenierens als Führungskraft müssen Sie klären, worin die Aufgabe eigentlich besteht. Genauso grundlegend ist die Klärung des Umfeldes.

Potenzial der Mitarbeiterinnen

Das Leistungsvermögen und die Kenntnisse der eigenen Mitarbeiter richtig einzuschätzen, ist eine Ihrer Kernaufgaben als Führungskraft. Dabei zählt auch der Blick in die Zukunft, also auf die Entwicklungspotenziale.

Motivation der Mitarbeiter

Eine der größten Herausforderungen von Führungskräften ist es, sich in seine Mitarbeiter hineinzuversetzen, etwa um zu erkennen, was die Mitarbeiter motiviert.

Verhalten der Mitarbeiterinnen

Wenn Sie mit einem Mitarbeiter unzufrieden sind, müssen Sie, um ihn besser zu verstehen, nicht tief in seine Seele schauen: Meist genügt ein Blick auf sein Verhalten.

Führungsansatz

Nachdem Sie das „System" und das Verhalten des Mitarbeiters geklärt haben, sollten Sie einen für diesen Mitarbeiter und für diesen Kontext passenden Führungsstil (Delegieren, Unterstützen, Anleiten, Anweisen) finden.

Auswirkungen auf die Situation

Sie sollten aber auch schon frühzeitig darauf achten, wie eine Führungsentscheidung und deren Umsetzung auf die Situation und das System zurückwirken.

Im Fokus halten

- Fehlertoleranz: Angstfreies Lernen seitens der Mitarbeiter ermöglichen.
- Vertrauenskultur: Die Führungskraft gibt Vertrauen, der Mitarbeiter übernimmt Verantwortung und entwickelt Erfahrung und Kenntnisse. Die Führungskraft erkennt dies und überträgt weitere anspruchsvolle Aufgaben.
- Ambiguitätstoleranz: Lernen, Unsicherheit vor allem bei Entscheidungen auszuhalten
- Integrationskompetenz: Das Spannungsfeld der Zielvorgaben von oben und Mitarbeiterwünsche konstruktiv gestalten.
- Wertschätzung: Leben Sie Wertschätzung und Respekt vor.
- Rollenflexibilität: Führungskräfte sind „Multi-Rollen-Träger", passen Sie Ihr Verhalten der entsprechenden Rolle an.
- Wahrnehmungsfähigkeit: Beobachten, zuhören und nachfragen, um Veränderungen schnell zu erkennen.

ZUM WEITERDENKEN

Führung mit der systemischen Haltung und dem systemischen Blick ermöglicht, sich in den komplexen Anforderungen des Führungsalltags sicherer zu bewegen. Dazu gehört vor allem der reflektierte Umgang mit der Ambiguitätstoleranz, also die Fähigkeit, mit Widersprüchlichkeiten oder mehrdeutigen Informationen angemessen umzugehen.

Generell empfiehlt es sich, die Teilnehmenden aufzufordern, das Skript an jedem Tag des Curriculums dabeizuhaben.

15.20 bis
16.00 Uhr

Übung: Systemisch vs. „klassisch"

Wo kann man besser systemisch führen, wo besser „klassisch"?

Die Dreier-Gruppen präsentieren im Anschluss ihre Ergebnisse im Plenum.

Diese Präsentationen erleben wir häufig als guten vorläufigen Abschluss des Themas.

Flipchart 54

16.00 bis
16.15 Uhr

Peergroups bilden

Wir haben gute Erfahrung damit gemacht, während der Führungskräfteschulung Peergroups zu bilden. Das hat zum einen den Vorteil, dass sich die Teilnehmer im Laufe der Module besser kennenlernen und so schon aufeinander abgestimmt sind, wenn sie im Kolloquium gemeinsam präsentieren. Zum anderen entsteht dadurch eine engere Vernetzung mit Kolleginnen, die teilweise über die Fortbildungsreihe hinaus ein Unterstützungsnetzwerk bleibt.

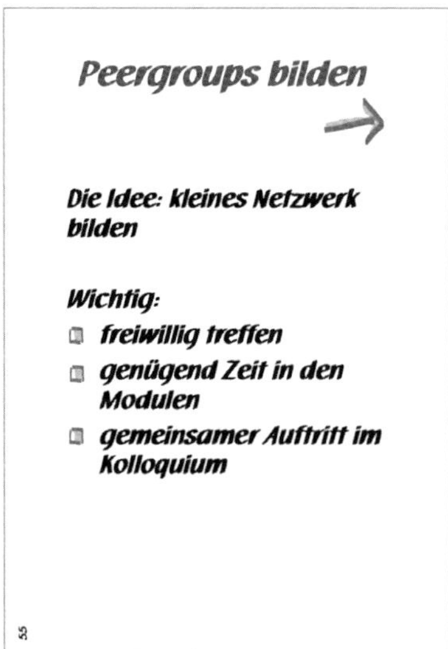

Flipchart 55

Hausaufgabe

16.15 bis 16.20 Uhr

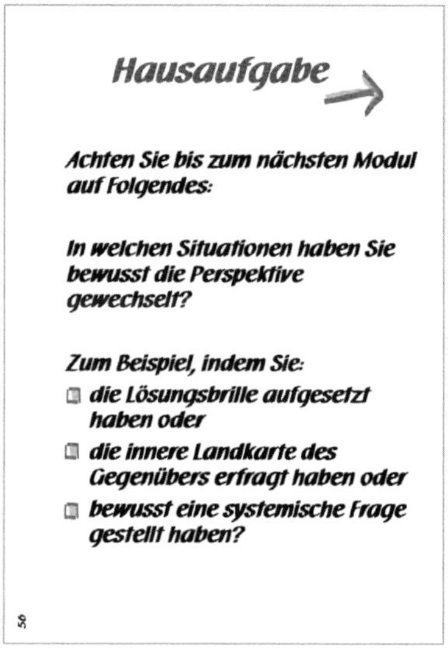

Anschließend besprechen wir mit den Teilnehmern die Hausaufgabe.

Flipchart 56

Abschluss Modul I

16.20 bis 17.00 Uhr

Den Teilnehmern stellen wir noch einmal die Agenda vor, um zu überprüfen, ob alle Themen ausreichend Raum hatten (Flipchart 57).

In der Abschlussrunde stellen wir folgende Fragen:

- „Was nehmen Sie für sich aus dem ersten Modul mit?“
- „Wie ist es Ihnen ergangen:
  - Mit uns?
  - Mit dem Thema?
  - Mit der Gruppe?“

Zum Abschluss des Moduls ist in der Regel ein HR-Verantwortlicher und/oder eine Führungskraft anwesend. Dass wir die Teilnahme der Verantwortlichen als sehr wichtig erachten, haben wir in der Einleitung schon näher erläutert.

Flipchart 57

Die erste Abschlussrunde könnte mit folgender Frage an die „Gäste" beginnen: „Erinnern Sie sich noch an Ihre erste Führungserfahrung?"

Es hat sich als hilfreich erwiesen, dass wir Trainerinnen in der Abschlussrunde mit den externen Teilnehmern selbst Fragen anstoßen, da die Teilnehmerinnen anfänglich oft noch eher zurückhaltend sind.

Quellenangaben für Modul I

- Badura, Bernhard; Ducki, Antje; Schröder, Helmut; Klose, Joachim & Macco, Katrin (2011): Fehlzeiten-Report 2011. Zahlen, Daten, Analysen aus allen Branchen der Wirtschaft. Führung und Gesundheit, Berlin.
- Blake, Robert & Mouton, Jane Srygley (1964): The Managerial Grid: The Key to Leadership Excellence. Houston.
- von Foerster, Heinz (1985): Sicht und Einsicht. Versuche zu einer operativen Erkenntnistheorie. Braunschweig, Wiesbaden.
- Geyer, A. L. J. & Steyrer, J. M.: Messung und Erfolgswirksamkeit transformationaler Führung. In: Zeitschrift für Personalforschung 12, 1998, S. 377-401.
- Hentze, Joachim & Graf, Andrea (2005): Personalwirtschaftslehre 2 (7. Auflage). Bern.
- Kotter, John P. (1990): A Force for Change – How Leadership differs from Management. New York.

- Jung, Hans (2011): Personalwirtschaft (9. Auflage). München.
- Jung, Hans (2010): Allgemeine Betriebswirtschaftslehre (12. Auflage). München.
- Lahninger, Paul (2007): leiten – präsentieren – moderieren. Münster.
- Lück, Helmut E. (2001): Kurt Lewin – eine Einführung in sein Werk. Weinheim/Basel.
- McGregor, Douglas (1985): The Human Side of Enterprise. 25th Anniversary Printing. Boston.
- Oppermann-Weber, Ursula (2001): Handbuch Führungspraxis. Berlin.
- Restauri, Denise: https://www.forbes.com/sites/deniserestauri/2014/06/12/why-do-leaders-screw-up-they-ask-the-wrong-questions/ (recherchiert am 04.09.2019).
- Rowold, Jens: Essay – Der Weg zur Leadership Excellence. In: Human Resource Manager, Ausgabe August/ September 2014, S. 76-78.
- Schirmer, Uwe, Walter, Volker & Woydt, Sabine (2009): Mitarbeiterführung. Heidelberg.
- Schwarz, Manfred & Schwarz, Iris: Video-Training „Die ersten 100 Tage als Führungskraft: 100 Tipps für einen gelungenen Start" (https://www.linkedin.com/learning/die-ersten-100-tage-als-fuhrungskraft).
- Schwarz, Manfred & Schwarz, Iris: Video-Training „Grundlagen von Führung: Die sechs Dimensionen von Führung, die Sie kennen sollten" (https://www.linkedin.com/learning/grundlagen-von-fuhrung).
- Schwarz, Manfred & Schwarz, Iris: Video-Training „Systemisch denken, fragen und handeln – eine Einführung" (https://www.linkedin.com/learning/systemisch-denken-fragen-und-handeln-eine-einfuhrung).
- Schwarz, Manfred & Schwarz, Iris: Video-Training „Systemisch führen – Sieben Tools für Führungskräfte" bei LinkedIn Learning (https://www.linkedin.com/learning/systemisch-fuhren).
- Steyrer, Johannes (1996): Theorien der Führung. In: Kasper/Mayrhofer (Hrsg.): Personalmanagement: Führung und Organisation (2. Auflage), Wien, S. 203-205.
- sys.team Institut für systemische Fort- und Weiterbildung, Fulda 2019 (aus den Schulungsunterlagen des Instituts).
- Wikipedia: https://de.wikipedia.org/wiki/Managerial_Grid (recherchiert am 04.08.2019).
- Yukl, Gary A. (2006): Leadership in Organizations. 6. Auflage, Pearson Prentice Hall.

Modul II: Soziale Kompetenzen – mein Team führen	
Tag 1	**Tag 2**
▶ Aktiv zuhören ▶ Systemische Fragen ▶ Mitarbeitergespräch ▶ Feedback ▶ Konflikt	▶ Generationengerecht führen ▶ Führung und Sprache ▶ Reframing ▶ Vierfaktoren-Modell ▶ Hausaufgabe

Modul II

Soziale Kompetenzen – mein Team führen

Modul II/Tag 1

Seite	Thema/Übung	Dauer	Uhrzeit
129	Vorbereitung	20 Min.	8.30 – 8.50 Uhr
130	Begrüßen	10 Min.	8.50 – 9.00 Uhr
130	Einstiegsrunde	30 Min.	9.00 – 9.30 Uhr
131	Agenda von Modul II/Tag 1	5 Min.	9.30 – 9.35 Uhr
131	Abfrage der Anliegen	5 Min.	9.35 – 9.40 Uhr
131	Thema: Aktiv zuhören	20 Min.	9.40 – 10.00 Uhr
133	Übung: Mitarbeitergespräch	30 Min.	10.00 – 10.30 Uhr
	Pause	15 Min.	10.30 – 10.45 Uhr
134	Thema: Mitarbeitergespräch	10 Min.	10.45 – 10.55 Uhr
143	Übung: Mitarbeitergespräch	65 Min.	10.55 – 12.00 Uhr
144	Thema: Systemische Fragen zu Mitarbeitergesprächen	30 Min.	12.00 – 12.30 Uhr
	Mittagspause	90 Min.	12.30 – 14.00 Uhr
145	Übung: Aufarbeitung Hausaufgabe	30 Min.	14.00 – 14.30 Uhr
145	Thema: Konflikte	30 Min.	14.30 – 15.00 Uhr
150	Übung: Konfliktverhalten	30 Min.	15.00 – 15.30 Uhr
	Pause	15 Min.	15.30 – 15.45 Uhr
150	Thema: Konfliktklärung	15 Min.	15.45 – 16.00 Uhr
155	Thema: Feedback	30 Min.	16.00 – 16.30 Uhr
159	Abschluss	30 Min.	16.30 – 17.00 Uhr
	Ende des Tages		

Orientierung

Fokus

Wiederholung systemische Fragen, um sie konkret einzusetzen, etwa bei Mitarbeitergespräch, Feedback und Konflikt

Zeit

9.00 bis 17.00 Uhr, Mittagspause von 12.30 bis 14.00 Uhr, vormittags und nachmittags Kaffeepausen nach Vereinbarung

Vorbereitung

Flipcharts 58-84 (optional Flipchart 4, 5), Blumen, Lautsprecher-Box

Raum

Stuhlkreis, zweiter Raum für Gruppenarbeit

Material

2 Flipcharts, 3-4 Pinnwände, Moderationskarten, Moderationskoffer (gut gefüllt)

Skript

I/7, I/13, II/7, II/11, II/12 und II/13, II15 bis II/18

Vorbereitung

8.30 bis 8.50 Uhr

Kleine Checkliste:

- Materialien
- Flipcharts
- Namensschilder
- Karten, Stifte in der Mitte
- Anliegen auf Flipchart
- Frage eines Teilnehmers vom Vortag berücksichtigen, etwa Wunsch nach Buchempfehlung etc.
- Übriggebliebenes
- Aktuelle Infos, etwa vom Auftraggeber oder vom Veranstalter auf Flipchart notieren

Flipchart 58

8.50 bis 9.00 Uhr

Begrüßen

Wir nutzen die Zeit vor dem Start auch, um Teilnehmer von uns aus anzusprechen, um einen engeren Kontakt aufzubauen. Das ist beispielsweise dann hilfreich, wenn wir das Gefühl haben, dass die Teilnehmerin noch nicht richtig in der Gruppe angekommen ist.

9.00 bis 9.30 Uhr

Einstiegsrunde

Die Teilnehmerinnen können bei dieser Aufgabenstellung üben, offene Fragen zu stellen. Gleichzeit wird das Thema „aktives Zuhören“ angesprochen. Diese Übung hat den Vorteil, dass jeder Teilnehmer sofort ermuntert wird, aktiv zuzuhören. Es entsteht somit ein reger Kommunikationsprozess.

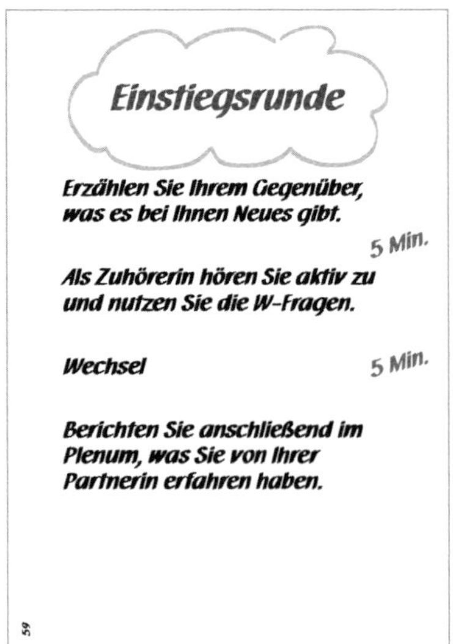

Flipchart 59

Agenda von Modul II/Tag 1

9.30 bis 9.35 Uhr

Anschließend stellen wir die Agenda vor.

Flipchart 60

Abfrage der Anliegen

9.35 bis 9.40 Uhr

An dieser Stelle ermuntern wir gerne noch einmal die Teilnehmer, eigene Themen und Fragen mit einzubringen. Dazu greifen wir auch Äußerungen der Teilnehmerinnen aus der Eingangsrunde auf und fragen nach, ob dies nicht ein Thema für eine Anliegenbearbeitung sein könnte. Mit diesem freundlichen „Angeln" nach Anliegen und Fragestellungen der Teilnehmer haben wir gute Erfahrungen gemacht.

Thema: Aktiv zuhören

9.40 bis 10.00 Uhr

I/7

61

Vertiefung: Die meisten unserer Teilnehmer haben schon etwas über das aktive Zuhören gelernt oder zumindest gehört. Uns ist es bei der Vermittlung wichtig, aktives Zuhören eher als eine Gesprächshaltung denn als eine Kommunikationstechnik zu betrachten, indem man dem Gesprächspartner das Recht auf seine individuelle Sichtweise und seine Gefühle zugesteht.

Für uns bildet dieser Input eine gute Basis für das Thema Mitarbeitergespräch.

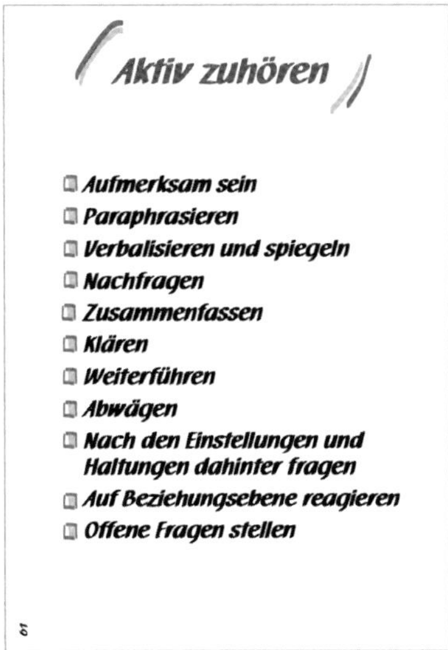

Flipchart 61

Skript-Auszug I/7:

Was ist aktives Zuhören?

Grundlage für das aktive Zuhören ist die Annahme, dass jeder Mensch für die Lösung seiner meisten Probleme das Potenzial in sich selbst trägt. Um zu einer konstruktiven Lösung zu kommen, braucht er ein Gegenüber, das ihm geduldig, interessiert und konzentriert zuhört. Diese Person sollte sich auf den Gesprächspartner einlassen, versuchen, sich in die Gefühle des Gesprächspartners einzufühlen, dessen Sicht der Dinge erfragen und vorerst die eigenen Gedanken, Meinungen und Absichten heraushalten.

Die Spiegel-Technik

Die grundlegende „Spiegel"-Technik dabei: Sie wiederholen in eigenen Worten und zusammenfassend, was Ihr Gesprächspartner gesagt hat, und vielleicht auch gemeint haben könnte. Ziel ist, dass Ihr Gegenüber nicht nur das Gefühl hat, gehört, sondern auch verstanden worden zu sein. Aktives Zuhören regt an, weiterzusprechen und führt zu einer Selbstklärung und Vertiefung.

Die Voraussetzungen

- Die Anfangsphase eines Gesprächs bietet sich besonders für das aktive Zuhören und zur Selbstklärung des Gesprächspartners an.
- Widmen Sie dem Gesprächspartner die volle Aufmerksamkeit. Seien Sie wach und konzentriert. „Schalten Sie alle Sinne ein", nehmen Sie Verbales und Nonverbales auf.

- Halten Sie guten Kontakt, auch Blickkontakt. Stellen Sie Verständnisfragen, lassen Sie ausreden, spiegeln Sie die emotionale Bedeutung wider. Lassen Sie dem anderen seine Realität.
- Inneres Erfassen: Machen Sie sich eigene, innere Reaktionen bewusst (Gedanken, Bewertungen, Hypothesen).
- Überprüfen Sie sich kritisch. Teilen Sie Ihre eigene Wirklichkeit mit. Fragen Sie nach, gleichen Sie ab, fassen Sie zusammen.
- Eröffnen Sie neue Perspektiven: Fragen Sie nach neuen Erkenntnissen. Entwickeln Sie verschiedene Lösungsansätze und prüfen Sie die Lösungsauswahl auf Umsetzbarkeit.
- Nehmen Sie sich Zeit, bewahren Sie die innere Gelassenheit für ein Gespräch.
- Geben Sie Ihrem Gesprächspartner innerhalb des Gesprächs Zeit für Pausen, in denen er dem Gesagten „nachhängen“ kann.

Übung: Mitarbeitergespräch

10.00 bis 10.30 Uhr

Wir steigen bei diesem Thema anschließend mit einer Übung ein, damit die Teilnehmerinnen einen Zugang dazu bekommen, was ein gutes Gespräch ausmacht, und zwar mit einer Murmelgruppe (Seite 344).

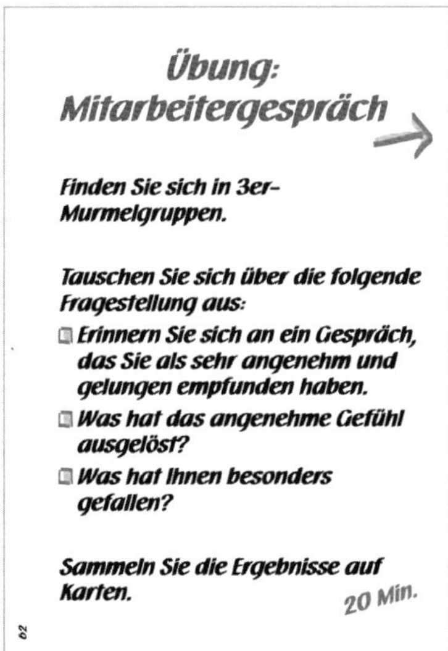

Flipchart 62

Beim Anpinnen der Ergebnisse auf einer Pinnwand fragen wir je nach Zeitbudget mit systemischen Fragen nach, was die Teilnehmerinnen mit den einzelnen Begriffen genauer meinen.

Bei dieser Gruppenarbeit führen wir in der Regel eine neue Herausforderung ein. Wir nennen sie 360-Grad-Präsentation. Diese Art der Präsentation haben wir im Anhang beschrieben (Seite 330).

Anschließend fassen wir das Thema „Aktiv zuhören“ zusammen.

10.30 bis 10.45 Uhr

Pause

10.45 bis 10.55 Uhr

Thema: Mitarbeitergespräch

II/16 bis II/18

Nach der Pause geben wir einen kurzen Überblick über die unterschiedlichen Formen des Mitarbeitergesprächs.

63

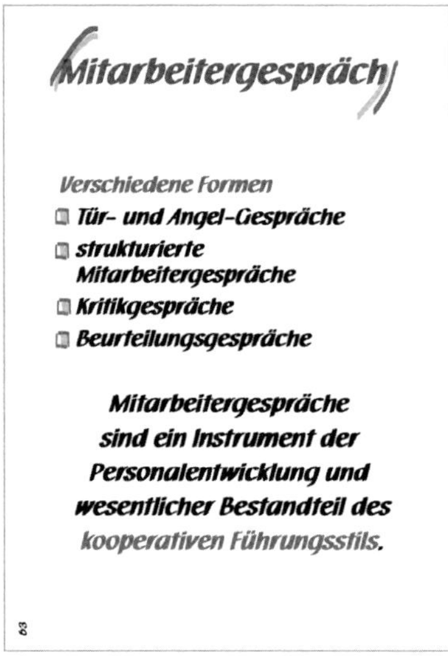

Das Mitarbeitergespräch enthält verschiedene Aspekte, wie Sie Wertschätzung vermitteln und angemessen Kritik aussprechen, auf die im Folgenden in unserem Skript vertiefend eingegangen wird.

Im Auszug II/18 des Skripts geht es ganz konkret um das Führen von Mitarbeitergesprächen.

Flipchart 63

Skript-Auszug II/16:

Lob und Anerkennung: So prägen Sie eine Anerkennungskultur

DARUM GEHT ES

Jeder Mensch strebt nach Anerkennung. Manche sind von äußerer Anerkennung abhängig, manche können sich auch selbst Anerkennung geben. Bleibt sie aus, führt dies oft zu Aktionen, um sich Aufmerksamkeit zu „erzwingen". „Unterernährung" in Sachen Wertschätzung ist gerade in Deutschland weit verbreitet. Aber Sie haben jeden Tag die freie Entscheidung, wie Sie damit umgehen wollen!

Bejahender oder kritischer Mensch?

Sind Sie eher ein bejahender Mensch, der positiv und vertrauensvoll eingestellt ist? Oder eher ein kritischer Mensch, der sich der Probleme bewusst ist und sich nichts vormachen lässt? Sehen Sie eher das halb volle oder das halb leere Glas? Was liegt Ihnen mehr – loben oder kritisieren?

Sollten Sie unsicher sein, fragen Sie Menschen in Ihrem Umfeld nach folgender Einstufung:

kritischer Mensch	manchmal bejahend, manchmal kritisch	bejahender Mensch
(- 3)	(0)	(+ 3)

Für die Kritischen unter Ihnen gilt es, sich diese Karte besonders zu Herzen zu nehmen oder sie gar über dem Schreibtisch aufzuhängen.

Der kleine Unterschied

Das Führen auf Basis einer wertschätzenden und anerkennenden Haltung und Kommunikation benötigt genauso viel Zeit wie das Führen mit wenig Wertschätzung und wenig Anerkennung. Aber es benötigt ein klares Bewusstsein dafür.

Überlegen Sie, was Ihrem Gegenüber wichtig ist. Ist es eine Person, die besonderen Wert auf Genauigkeit, Pünktlichkeit, Zuverlässigkeit, Offenheit etc. legt? Wie können Sie genau diesen Punkt anerkennen? Ein Beispiel: „Vielen Dank für die genaue Analyse der Situation, die pünktliche Zusendung des Berichtes, das zuverlässige Einhalten des Termins, Ihre offenen Worte." Experimentieren Sie mit Anerkennung, und beobachten Sie die Wirkung. Sprechen Sie die verschiedenen Ebenen Wahrnehmung, Gefühl und Zutrauen an:

- „Heute habe ich beobachtet, wie Sie auch in der lebhaften Teamsitzung einen guten Überblick behalten haben." (Wahrnehmung)
- „Ich hatte das Gefühl, dass Sie als fähiger Projektleiter von allen Mitgliedern gerne akzeptiert werden." (Gefühl)
- „Würden Sie auch ein größeres Projekt übernehmen?" (Zutrauen)

Weitere Möglichkeiten, um Anerkennung zu zeigen

- Geben Sie zusätzliche Verantwortung: Erweitern Sie die Kompetenzen, geben Sie Unterschriftsberechtigung, übertragen Sie ein schwierigeres Projekt etc. (siehe auch I/4).

- Hören Sie aktiv zu: Nehmen Sie sich Zeit und lassen Sie sich auch die Erfolgsgeschichten erzählen (oft fragen wir nur nach, wenn etwas schiefgelaufen ist).
- Fragen Sie nach: Wie haben Sie das geschafft? Wie sind Sie auf die gute Idee gekommen? Was hat die Energie aufrechterhalten?
- Kleine Geschenke: Bringen Sie einen Blumenstrauß oder eine Schachtel Pralinen mit. Backen Sie einen Kuchen für das Team oder geben Sie einen Gutschein für ein „Dinner for two“. Was zählt, ist die Geste und die persönliche Aufmerksamkeit.

Sich selbst Anerkennung geben

Vielleicht ist dies das anspruchsvollste Ziel in unserem Leben. Nur wenn wir mit uns selbst im Reinen sind, können wir nach außen genauso wirken. Einige hilfreiche Sätze für:

- Perfektionistinnen: Ich darf mein Bestes geben und das ist okay. Ich darf auch Fehler machen und daraus lernen. Ich bin wertvoll durch das, was ich bin.
- Kämpfer: Ich brauche nicht für andere zu denken und Verantwortung zu übernehmen. Ich darf mich über das Erreichte freuen. Ich darf mir helfen lassen.
- Gehetzte: Ich darf mir Zeit nehmen und es dann auf meine Art tun. Ich darf mich auf Menschen und Situationen einlassen und genießen. Ich brauche anderen nicht voranzueilen, um beachtet zu werden.

Wertschätzung und Lenkung

- Lassen Sie die Meinung des anderen gelten: „Sie möchten mehr Gehalt.“
- Genauso wichtig ist es, den eigenen Standpunkt zu formulieren: „Ich muss die Kosten tief halten.“
- Vermeiden Sie dabei das Wörtchen „aber“ und verbinden Sie die beiden Aussagen mit „und“. Denn das Wörtchen „und“ gibt den beiden Positionen erst das gleiche Gewicht. Damit machen Sie Ihren Standpunkt deutlich und zeigen Verständnis für den Wunsch des Mitarbeiters.
- Nun spannen Sie die Kreativität Ihres Mitarbeiters mit ein und suchen nach Lösungen, die beiden Zielen gleichzeitig dienen: „Wie können wir jetzt eine Lösung finden?“

ZUM WEITERDENKEN

Pflegen Sie in Ihrem Team eine Feedback-Kultur. Erarbeiten Sie dazu gemeinsam Regeln und integrieren Sie die Wertschätzung als wichtigen Punkt. Und „erwischen“ Sie Ihre Mitarbeiter bei etwas Anerkennenswertem. Dabei ist wichtig: Lob, Anerkennung und Würdigung muss wirklich von Herzen kommen, denn Menschen haben ein sehr feines Gespür für die Aufrichtigkeit dahinter.

Skript-Auszug II/17:

Kritisieren, ohne zu demotivieren

DARUM GEHT ES

Die Leistung und/oder das Verhalten einer Mitarbeiterin entsprechen nicht Ihren Vorstellungen? Sie wollen eine Veränderung in eine bestimmte Richtung erzielen?

Vorab gilt es zu überlegen, wie weit die Mitarbeiterin Ihre Erwartungshaltung kennt. Ist Ihre Erwartung konkret ausgesprochen worden oder handelt es sich vielleicht um eine unausgesprochene Erwartung oder gar eine unbewusste Erwartung? Ist es notwendig, Ihre Erwartungshaltung nochmals deutlich zu machen, bevor Sie überhaupt ein Konfliktgespräch durchführen?

Vorbereitung

Vor einem Gespräch mit der Mitarbeiterin ist es hilfreich, sich folgende Fragen zu stellen:

- Welche Verhaltensweisen/Leistungen möchte ich weiter erhalten? Was schätze ich besonders? Was hat mir in der letzten Zeit gut gefallen?
- Was stört mich wirklich? Ist es eher ein Verhalten oder eine ungenügende Leistung oder beides? Woran kann ich es erkennen, woran mache ich es fest? Beschreiben Sie die IST-Situation deutlich.
- Was ist meine konkrete Erwartungshaltung? Wie kann ich die SOLL-Situation beschreiben?
- Woran kann die Mitarbeiterin erkennen, dass sie meinen Erwartungen nicht nachkommt?
- Welche Erwartungshaltung hat die Mitarbeiterin an sich, an andere, an mich?
- Wie sieht die „Landkarte" der anderen aus?
- Ich plane von Beginn an ein, mit der Mitarbeiterin eindeutige Vereinbarungen zu treffen und diese nach festgelegter Zeit zu überprüfen.

Unterscheiden Sie!

Halten Sie Kritikgespräche unter vier Augen und verbunden mit wertschätzenden Aussagen. Basis jedes konstruktiven Kritikgesprächs ist eine wertschätzende Haltung. Mit Empathie und Akzeptanz zeigen Sie der Mitarbeiterin, dass Sie sie verstehen wollen und ernst nehmen.

Zeigen Sie Zutrauen und Neugierde für ihre „Landkarte". Und trauen Sie Ihrer Mitarbeiterin zu, ihre Fähigkeiten auszubauen.

- Überlegen Sie den konkreten Sachverhalt und beschreiben Sie detailliert, was Ihnen gefällt und was Sie gerne anders hätten. In über 90 Prozent der Fälle liegt es am Wissen und/oder am Können. Viele Menschen wollen – wenn sie nur wissen, wie es geht und wie sie es konkret machen können. Überlegen Sie, wo/wann dieses Verhalten bisher für die Mitarbeiterin nützlich war.
- Überlegen Sie, was der Grund für die ungenügende Leistung/das Verhalten sein könnte.
- Unterscheiden Sie sorgfältig zwischen folgenden Ursachen:
  Wissen: Fragen Sie, wie die Lücken geschlossen werden können.
  Können: Fragen Sie, was Ihre Mitarbeiterin benötigt, um auf die neue „Könnenstufe" zu kommen.
  Wollen: Fragen Sie, unter welchen Voraussetzungen der Wille dazu da wäre.

Gesprächsablauf

Bereiten Sie sich detailliert auf das Gespräch vor:

- *Einstieg*: „Ich möchte jetzt mit Ihnen über ... sprechen."
- *IST- und SOLL-Situation klären*: „Mir ist aufgefallen, dass ..." (konkrete, eigene Beobachtung). „Mir gefällt (Verhalten, Resultat etc.) ..." – „Den Punkt ... hätte ich gerne anders, weil ..." – „Meine Vorstellung ist ..." (konkretes Verhalten oder Tun).
- *„Landkarte" erfragen*: „Wie sehen Sie die Situation?", „Wo (Wissen, Können, Wollen) fehlt es?"
- *Lösungen erarbeiten*: „Welche Lösungen sehen Sie?"
- *Vereinbarung treffen*: „Was wollen wir vereinbaren?", „Bis wann ist es umgesetzt?", „Woran kann ich erkennen, dass es dann so läuft?"

Halten Sie wichtige Vereinbarungen in einem gemeinsamen Dokument schriftlich fest.

Verallgemeinerungen vermeiden

Einige Formulierungen erzeugen manchmal unnötigen Widerstand. Vermeiden Sie Begriffe wie „immer", „schon wieder", „jedes Mal", „ständig" oder „aber". Diese Begriffe generalisieren und gehen meist an der Realität vorbei.

Wenn Sie der Einstellung folgen, dass sich jeder bemüht und nach Anerkennung sucht, eröffnet Ihnen dies ganz andere Perspektiven als die Überzeugung, jemand ist faul und beschränkt.

Geben Sie sich nicht Wunschträumen hin („Wenn doch alle so und so wären, wäre alles so einfach.“). Sie sollten die Realität akzeptieren: Jeder hat Probleme und Unzulänglichkeiten, auch Sie selbst. Jeder braucht Hilfe, auch Sie selbst.

Hilfreiche Fragen

Eine wertschätzende und fragende Haltung unterstützt jedes Kritikgespräch positiv:

- Was haben Sie bereits unternommen?
- Welche Unterstützung würde helfen? Wie kann ich Sie unterstützen? Wer könnte noch helfen?
- Was wäre für Sie eine gute Lösung? Was wäre für das Unternehmen am besten?
- Angenommen, Sie könnten selbst entscheiden, was würden Sie tun?
- Wer kann sonst noch zur Lösung beitragen? Welche Lösungen haben andere dafür gefunden?
- Wie haben Sie es geschafft, dass es nicht noch schlimmer wurde?
- Welches Problem könnte auftauchen, wenn dieses gelöst ist?
- Woran erkennen Sie, dass meine Erwartungen erfüllt sind?

Äußern Sie jegliche Kritik sehr zeitnah. Widerstehen Sie der Versuchung, das Kritikgespräch auf morgen zu verschieben, weil es Ihnen unangenehm ist.

Achtung, Ausnahme: Wenn Sie sich sehr geärgert haben und im Moment nicht mehr sachlich sein können, dann sollten Sie das geplante Gespräch besser nochmals überschlafen.

ZUM WEITERDENKEN

Ein gut vorbereitetes Kritikgespräch, in dem Sie auch die positiven Aspekte des Mitarbeiters im Blick behalten und auch aussprechen, führt selten zur Demotivation des Mitarbeiters. Vielmehr kann es ein weiterer wichtiger Meilenstein für ein gelungenes Arbeitsverhältnis sein.

Skript-Auszug II/18:

Das Mitarbeitergespräch

DARUM GEHT ES

Das Mitarbeitergespräch ist ein Instrument der Personalentwicklung und wesentlicher Bestandteil eines kooperativen Führungsstils. Es bietet die Gelegenheit – herausgelöst aus dem alltägliche Arbeitsgeschäft – gemeinsam die jeweiligen Standorte zu bestimmen. Zudem können Sie es nutzen, die zukünftige Zusammenarbeit einvernehmlich zu gestalten, sich über fördernde oder hemmende Aspekte in den Arbeitsbedingungen zu verständigen, Arbeitsziele zu vereinbaren sowie Erwartungen an die berufliche Entwicklung auszutauschen.

Wichtige Kernsätze

- Begreifen Sie den kooperativen Umgang mit Ihren Mitarbeiterinnen als wesentlichen Teil ihrer Führungsaufgabe.
- Fordern Sie Ihre Mitarbeiter immer wieder dazu auf, konstruktive Kritik Ihnen gegenüber zu äußern.
- Vertrauen wächst dabei nur, wenn sich alle Beteiligten ihrer Verletzlichkeit bewusst werden und lernen, sich gegenseitig zu respektieren.
- Beachten Sie den schmalen Grat zwischen menschlicher Nähe und notwendiger Distanz.

Eine gute Vor- und Nachbereitung ist wichtig

- Informieren Sie Ihren Mitarbeiterinnen über die zu besprechenden Themen.
- Wählen Sie einen Raum, der eine gute Gesprächsatmosphäre bietet.
- Sorgen Sie dafür, dass Sie nicht gestört werden.
- Bereiten Sie sich vor. Machen Sie sich über die aktuelle Situation Ihrer Mitarbeiterin Gedanken.
- Formulieren Sie Ihre Gesprächsziele.
- Fassen Sie die Ergebnisse knapp zusammen und lassen Sie die Gesprächsatmosphäre beurteilen.
- Fertigen Sie über das Gespräch eine Dokumentation an.

Das Timing

- Das Mitarbeiterinnengespräch sollte mindestens einmal im Jahr stattfinden.
- Legen Sie den Termin für das Mitarbeiterinnengespräch frühzeitig fest, damit sowohl ihre Mitarbeiterin als auch Sie sich auf das Gespräch sorgfältig vorbereiten können.
- Halten Sie sich mindestens eine Stunde frei.
- Planen Sie Zeit für die Dokumentation des Gesprächs ein.

Drei Hauptbestandteile des Mitarbeitergesprächs

Zusammenarbeit

Hier wird die persönliche Seite der Zusammenarbeit und Kooperation thematisiert. Fragen dazu:

- Wie arbeiten wir zusammen?
- Wo und warum treten Missverständnisse bei der Zusammenarbeit auf?
- Wo und wann war die Zusammenarbeit besonders konstruktiv?
- Welches Verhalten bestärkt oder verunsichert, freut oder hat verärgert?

Zielvereinbarungen

Ein Ziel setzen bedeutet, ein angestrebtes realistisches Resultat zu definieren. Nur die Zielsetzung im Dialog kann sicherstellen, dass die Ziele wirklich verstanden und akzeptiert sind und die Prioritäten richtig eingesetzt und keine Zielkonflikte eingebaut sind.

Personalentwicklung /Personalförderung

Personalentwicklung ist ein fortdauernder Prozess und gehört zu den originären Führungsaufgaben. Ziel ist es, die Entwicklungspotentiale der Mitarbeiterinnen zu erkennen, zu fördern und zu nutzen. Zudem Leistungsdefizite zu erkennen und durch bedarfsorientierte Förderungsmaßnahmen abzubauen. Mit der Berücksichtigung individueller Entwicklungswünsche steigern Sie die Motivation und Leistungsbereitschaft ihrer Mitarbeiterinnen.

Hilfreiche Fragen im Mitarbeitergespräch

Rückblick auf das vorangegangene Mitarbeitergespräch

- Welche Arbeitsergebnisse sind erreicht?
- Was ist noch zu erledigen?
- Was ist gut gelaufen?
- Was hat die Arbeit behindert?
- Was ist aus anderen Zielen geworden?

Fragen über die Zusammenarbeit mit Kolleginnen und anderen Führungskräften

- Wie werden Sie informiert und in Entscheidungen mit einbezogen?
- Wie beurteilen Sie die Zusammenarbeit mit anderen Kolleginnen und Abteilungen?
- Wo war die Zusammenarbeit positiv?
- Wo hat es Schwierigkeiten und Probleme gegeben?
- Was können Sie tun, um die Zusammenarbeit zu verbessern?
- Sind Form und Häufigkeit der Anerkennung und Kritik angemessen und leistungsfördernd?

Zusammenarbeit mit der Führungskraft

- Wie war die Zusammenarbeit (Arbeitsklima, Vertrauensbasis, Wertschätzung)?
- Wie sieht die Mitarbeiterin die Unterstützung durch die Führungskraft (Feedback, Delegationsverhalten, Informationsfluss, Durchführung von Erfolgskontrollen)?

Weitere Fragen

Einsatz und Entwicklung am Arbeitsplatz

- Wie sehen Sie Ihren Einsatz und Entwicklungsmöglichkeiten?
- Wo sehen Sie Ihre Stärken/Schwächen?
- Haben Sie den Wunsch andere Aufgaben als bisher zu erledigen?
- Welche konkreten Vorstellungen haben Sie?
- Wie sehen Sie Ihre weitere berufliche Entwicklung?

Vorschläge über Verbesserung und Innovation

- Welche Verbesserungsvorschläge haben Sie?
- Was behindert Ihre Arbeit?
- Was haben Sie getan, damit Sie sich in Ihrem Arbeitsgebiet wohlfühlen?
- Was sollte geändert und verbessert werden?

Individuelle Zufriedenheit am Arbeitsplatz

- Womit sind Sie am Arbeitsplatz zufrieden oder unzufrieden?
- Welche Kritik haben Sie? Welche Anregungen können Sie geben?

Künftige Aufgaben und Ziele

- Welche neuen Aufgaben stehen an?
- Welche neuen Ziele ergeben sich daraus (Leistung, Führung, Verhalten, Produkt, Dienstleistung)?
- Anhand welcher konkret messbaren bzw. nicht messbaren Zielgrößen wird im nächsten Mitarbeitergespräch festgestellt, dass die vereinbarten Ziele erreicht wurden?
- Welche konkreten Vereinbarungen werden zur Unterstützung der Ziele getroffen?

Hilfreiche (Grund-)Sätze

- Beginnen Sie das Gespräch positiv.
- Betrachten Sie die ehrliche Kritik der Mitarbeiterin als „Freundschaftsdienst“ und bestrafen Sie sie unter keinen Umständen für ihre Offenheit.
- Achten Sie darauf, dass Absprachen in einem mittleren Erreichbarkeitsgrad liegen.
- Vereinbaren Sie nichts, was Sie nicht einhalten können.

ZUM WEITERDENKEN

Unterziehen Sie sich am Ende des Gesprächs einer kritischen Selbstreflexion: War das Gespräch für mich und meine Mitarbeiterin konstruktiv?

Übung: Mitarbeitergespräch

10.55 bis 12.00 Uhr

Im Anschluss folgt eine Gruppenarbeit, für die wir vier Pinnwände vorbereitet haben, auf denen jeweils eine Frage als Überschrift steht:

- Vorbereitung für ein strukturiertes Mitarbeitergespräch
- Was ist während eines strukturierten Mitarbeitergesprächs zu beachten?
- Was ist beim Ende und bei der Nachbetrachtung zu beachten?
- Was ist bei einem Tür- und Angel-Gespräch zu beachten?

Flipchart 64

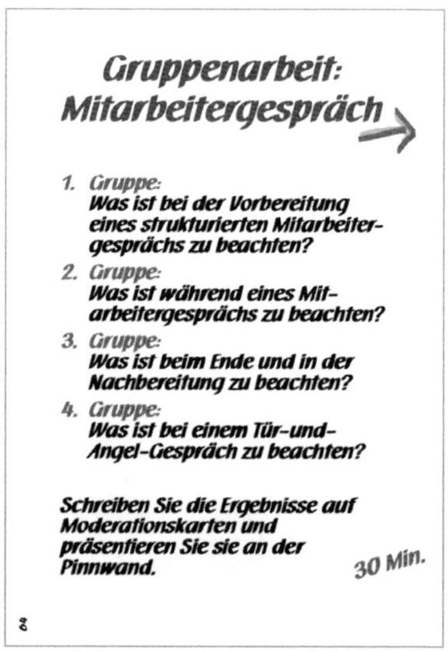

Dazu noch eine kurze Anmerkung: Mit dem strukturierten Mitarbeitergespräch meinen wir das in der Regel einmal jährlich stattfindende Mitarbeitergespräch.

Während wir anfänglich die Gruppenzusammenstellungen den Teilnehmern überlassen haben, gehen wir im Laufe der Führungskräfteschulung mehr und mehr dazu über, die Gruppenzusammensetzung auszulosen. Das fördert die Kommunikation untereinander und die wichtige Kompetenz einer Führungskraft, sich auf Personen einzulassen, die man nicht selbst ausgewählt hat oder die nicht „die erste Wahl“ sind.

Die Gruppenbildung erfolgt hier durch „Ziehen“ von verschiedenen Süßigkeiten. Wer dieselbe Süßigkeit in der Hand hält, bildet eine Gruppe.

Bei der Auswertung machen wir noch mal deutlich, dass Tür- und Angel-Gespräche im Führungsalltag zu vermeiden sind:

- Sie setzen Führungskräfte unter Druck, schnell eine Antwort geben zu müssen.
- Sie sind nicht diskret, da man nie weiß, wer zufällig noch zuhört.
- Sie sind nicht wirklich wertschätzend, da sie meistens unter Zeitdruck und ohne wirkliche Sorgfalt geführt werden.

12.00 bis 12.30 Uhr

I/13

65 und 66

Thema: Systemische Fragen zu Mitarbeitergesprächen (Vertiefung)

Anschließend werden nochmals einige systemische Fragen vorgestellt, die gut in einem Mitarbeitergespräch eingesetzt werden können. Bei Bedarf werden die vorher vorgestellten Frageformen noch einmal erläutert. Wir wiederholen an dieser Stelle noch einmal bewusst die Fragen, um sie für die Teilnehmerinnen praxistauglich zu machen.

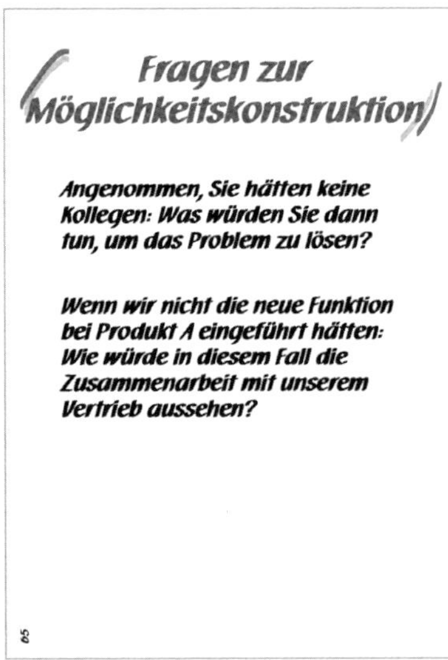

Flipchart 65

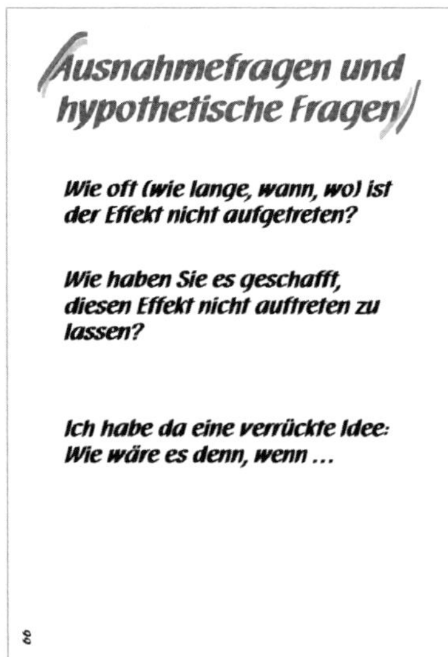

Flipchart 66

12.30 bis 14.00 Uhr

Mittagspause

Übung: Aufarbeitung der Hausaufgabe

14.00 bis 14.30 Uhr

Wir erörtern im Plenum gemeinsam mit den Teilnehmern die Fragen aus der „Hausarbeit": In welchen Situationen haben Sie bewusst die Perspektive gewechselt?

Zum Beispiel, indem Sie

- die Lösungsbrille aufgesetzt haben oder
- die innere Landkarte des Gegenübers erfragt haben oder
- bewusst eine systemische Frage gestellt haben.

Der gemeinsame Austausch zeigt den Teilnehmerinnen, wie unterschiedlich die „Hausaufgabe" verstanden und umgesetzt wurde. Gleichzeitig erleben sie, wie verschieden sich die Lernprozesse der einzelnen Personen gestalten.

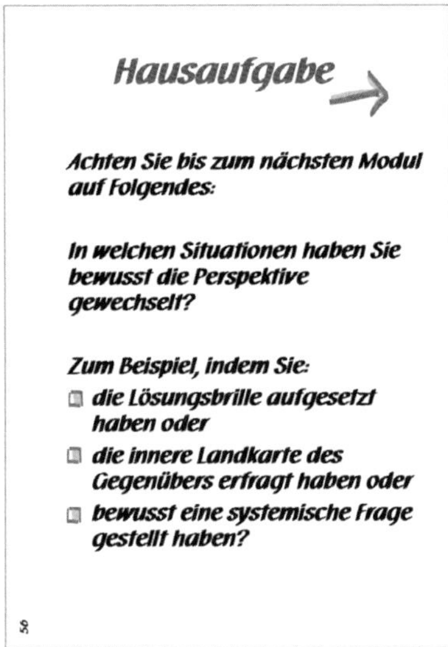

Flipchart 56

Thema: Konflikte

14.30 bis 15.00 Uhr

II/11 und II/12

67 bis 70

Konflikte entstehen, etwa wenn Menschen sich nahekommen, eine gemeinsame Aufgabe erledigen oder unterschiedliche Persönlichkeiten aufeinandertreffen. Es gibt Konfliktsituationen in Teams oder vor und nach der Einführung von Veränderungen. Unnötige Diskussionen, demotivierte Mitarbeiterinnen, ungenügende Arbeitsergebnisse, schlechte Stimmung oder Mobbing-Verhalten können Anzeichen von Konflikten sein. Im Umgang mit Konflikten wird viel Zeit in die Schuldfrage investiert.

Im konstruktiven Konfliktmanagement hingegen geht es weniger um die Frage, wer Recht hat oder schuldig ist, sondern darum, Interessen auszugleichen.

Mit unserem Input wollen wir die Teilnehmer dafür sensibilisieren und starten mit dem Eisbergmodell.

Flipchart 67

Skript-Auszug II/11:

Grundlagen zum Thema Konflikte

DARUM GEHT ES

Wir alle kennen Konflikte, die Verletzungen hinterlassen. Und wir alle haben schon Niederlagen einstecken müssen, nach denen wir uns nicht besonders gut gefühlt haben.

Sich mit Konflikten zu beschäftigen ist daher nicht sehr angenehm. Und trotzdem: Konflikte sind der Motor für positive Veränderungen. Konflikte geben Ihnen Informationen, wo etwas nicht stimmt, sie zeigen auf Stellen, bei denen es große Reibungsverluste gibt. Je früher Sie einen Konflikt thematisieren, desto weniger Zeit benötigt die Klärung.

Vier Grundtendenzen

Der Psychologe Fritz Riemann (siehe III/14) hat hierzu ein Modell von vier Grundtendenzen entwickelt.

- Das Streben nach Neuem: Abwechslung und Neuerungen gehören zum Leben. So können Verbesserungsvorschläge gemacht und Probleme durch Änderungen gelöst werden.
- Der Wunsch, an Gewohntem festzuhalten: Auf der anderen Seite lieben wir das Vertraute. Hier können notwendige Routine und Rituale entwickelt werden.

- Das Streben nach Abgrenzung von anderen: Jeder von uns ist ein Individuum mit eigenen Grenzen. Wir wollen, dass unsere Grenzen respektiert werden.
- Das Streben nach Gemeinschaft mit anderen: Gleichzeitig möchten wir dazugehören und Teil des Ganzen (Familie, Team, Unternehmen) sein.
- Daraus lassen sich vier Typen ableiten: der „Erneuerer" und die „Bewahrerin" sowie der „Einzelkämpfer" und die „Team-Spielerin".

Stolpersteine

- Durch die unterschiedlichen Neigungen der Mitarbeiterinnen oder Führungskräfte können verschiedene Konflikte entstehen.
- Gesellige Mitarbeiter lieben Teamarbeit und tauschen sich gerne mit Kolleginnen aus. Sie haben weniger Verständnis für Menschen, die gerne allein arbeiten und ihre Zimmertüre meist verschlossen halten. „Einzelkämpfer" empfinden „Team-Spieler" ihrerseits als nervig und aufdringlich.
- Noch heftiger ist aber meist der Konflikt zwischen „Erneuerern" und „Bewahrerinnen": Die „Bewahrer" erleben Umstellungen und Neues oft nur als Störung ihres Arbeitsablaufes, während die „Erneuerinnen" es lieben, sich mit neuen Dingen zu beschäftigen. Sie lieben die Abwechslung und sehen im Neuen viele Chancen. Die „Bewahrerinnen" befürchten Chaos oder die undurchdachte Umsetzung einer Idee, während die „Erneuerer" sie als Bremser erleben.

Die Konflikt-Antennen schärfen

Folgende „Übungen" helfen Ihnen, einen sechsten Sinn für eventuelle Konflikte zu entwickeln. Das Trainieren der eigenen Konfliktfähigkeit und das frühzeitige Erkennen aufkommender Konflikte ist ein lebenslanger Prozess. Die Beobachtung Ihrer Mitmenschen, die Art und Weise, wie sie miteinander umgehen, wird Ihren Blick schärfen.

- Motivieren Sie Freunde, Partnerinnen und Mitarbeiter, Ihnen Feedback zu geben.
- Hinterfragen Sie ab und zu Anweisungen und Regeln.
- Fragen Sie sich, was Sie an sich selbst am meisten stört und wie Sie darauf reagieren.
- Fragen Sie sich, was Sie an anderen am meisten stört und wie Sie darauf reagieren.

Konflikten auf den Grund gehen

- Konflikte wahrnehmen und ansprechen: Schulen Sie Ihre Antennen, um Konflikte rechtzeitig zu erkennen.

- Verständigen Sie sich auf Spielregeln für den Umgang miteinander. Sich gegenseitig respektieren, zuhören und ausreden lassen, sollte die Basis für jedes (Konflikt-)Gespräch sein.
- Formulieren Sie die Gesprächsziele. So signalisieren Sie, dass es Ihnen nicht um die Suche nach dem Schuldigen geht, sondern um die Konfliktlösung.
- Analysieren Sie den Konflikt mit den Beteiligten. Klären Sie, um was genau es geht, was Auslöser und Ursachen sind, welche Aspekte eine Lösung verhindern und was oder wer zur Lösung beitragen kann.

Dos und Don´ts

- Verzichten Sie nicht auf eine exakte Klärung des Sachverhalts. Bagatellisieren Sie nicht.
- Sorgen Sie dafür, dass keine Konfliktpartnerin ihr Gesicht verliert.
- Verlieren Sie nicht Ihre eigene Befindlichkeit aus den Augen.
- Ergreifen Sie nicht einseitig Partei für einen Konfliktpartner.
- Widerstehen Sie Versuchen, sich auf vorschnelle Lösungen und faule Kompromisse einzulassen.
- Harmonisieren Sie nicht, wo klare Positionen gefragt sind.
- Vermeiden Sie Ironie.
- Scheuen Sie sich nicht, bei schwierigen Konflikten einen Experten hinzuzuziehen.
- Schärfen Sie Ihre „Konflikt-Antennen“.
- Achten Sie auf die Körpersprache. Abwertende Mimik und Gestik stören die Konfliktlösung.

Eine Frage des Timings

- Wenn sich ein Gespräch Ihrer Meinung nach im Kreis dreht, unterbrechen Sie das Gespräch und sprechen Sie darüber, wie man miteinander redet und was Gestik und Mimik verraten. Stehen Sie zu Ihren eigenen Fehlern. Ihre Mitarbeiterinnen haben es dann leichter, mit ihren Konflikten und Problemen zu Ihnen zu kommen.
- Falls Sie von dem Konflikt überrascht wurden oder emotional zu aufgewühlt sind, verschaffen Sie sich durch einen Zeitpuffer Distanz.

Nehmen Sie sich in regelmäßigen Abständen die Zeit (eventuell auch mit einem Coach), Ihr Team oder Ihre Abteilung auf mögliches Konfliktpotenzial zu hinterfragen.

ZUM WEITERDENKEN

Konflikte gehören zum Arbeitsalltag. Für Sie als Führungskraft gilt es, Konflikte wahrzunehmen und sie frühzeitig anzusprechen, um Konflikteskalationen zu vermeiden. Behalten Sie im Auge, dass hinter jedem Konflikt ein Traum, ein Wunsch steht.

Thema: Konflikte (Forts.)

Hin und wieder nutzen wir Inhalte auf Flipcharts, die diejenigen im Skript ergänzen: Um Neues einzubauen und um auf die jeweilige Situation einzugehen.

Zum Beispiel: Der Satz von Theresa Koch lädt die Teilnehmer dazu ein, einen ersten Perspektivwechsel bezüglich des Themas Konflikte vorzunehmen.

Flipchart 68

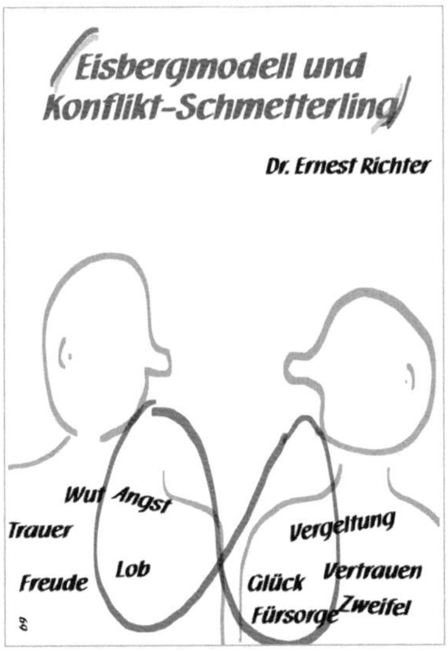

Flipchart 69

Der Konflikt-Schmetterling gibt auf eine anschauliche Art Hinweise darauf, wie Konflikte entstehen können.

Mit den Inhalten des nebenstehenden Flipcharts machen wir die systemische Sicht über Konflikte deutlich.

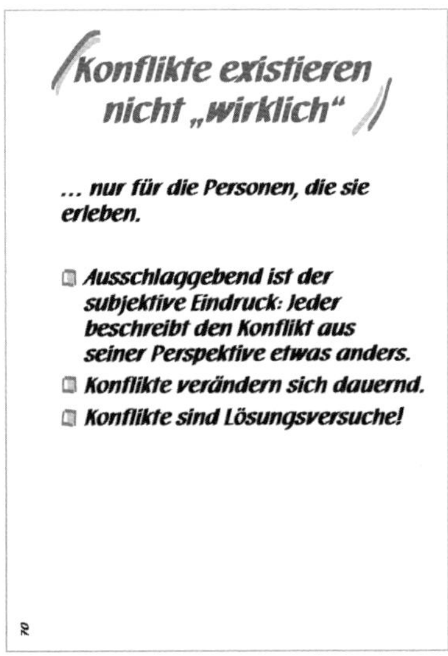

Flipchart 70

15.00 bis
15.30 Uhr

Übung: Konfliktverhalten

Diese Übung nimmt Bezug auf die eigene Herkunftsfamilie und lädt zur Reflexion über das persönliche Konfliktverhalten ein.

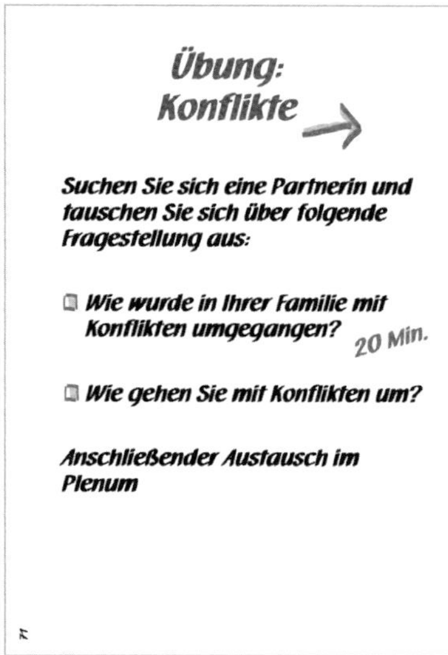

Flipchart 71

15.30 bis
15.45 Uhr

Pause

15.45 bis
16.00 Uhr

II/12

72 bis 78

Thema: Konfliktklärung

Nach der Pause tauschen wir uns im Plenum über die Übung kurz aus.

Im Folgenden vertiefen wir das Thema. Die Teilnehmenden lernen etwas über die Eskalationsstufen von Konflikten.

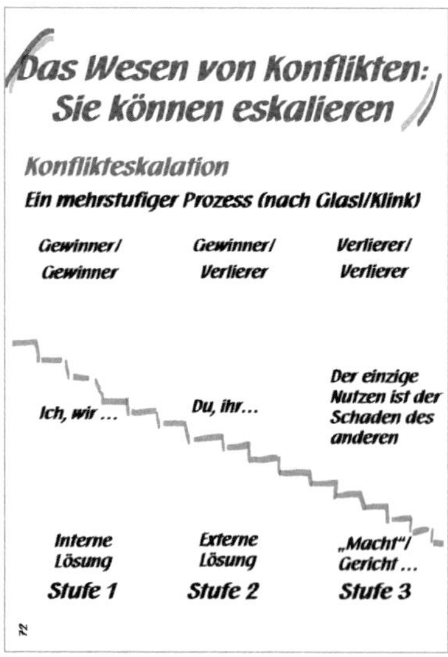

Flipchart 72

Flipchart 73

An dieser Stelle wird das Riemann-Thomann-Modell nur kurz erwähnt, da es im Modul III „Projekte und Veränderungsprozesse leiten“ vertiefend behandelt wird.

Skript-Auszug II/12:

Erfolgreiches Konfliktmanagement

DARUM GEHT ES

Konflikte entstehen, etwa wenn Menschen sich nahekommen, eine gemeinsame Aufgabe erledigen oder unterschiedliche Persönlichkeiten aufeinandertreffen. Es gibt Konfliktsituationen in Teams oder vor und nach Einführung von Veränderungen. Unnötige Diskussionen, demotivierte Mitarbeiterinnen, ungenügende Arbeitsergebnisse, schlechte Stimmung oder Mobbing-Verhalten können Anzeichen von Konflikten sein. Im Umgang mit Konflikten wird viel Zeit in die Schuldfrage investiert. Im Konfliktmanagement geht es weniger um die Frage, wer Recht hat oder schuldig ist, sondern darum, Interessen auszugleichen.

Was tun, wenn ein Konflikt auftritt?

Beim Auftreten eines Konflikts in Ihrem Team haben Sie als Führungskraft eine besondere Rolle. Folgende Anforderungen kommen auf Sie zu:

- Behalten Sie eine innere Distanz zu dem Konflikt, sodass es Ihnen möglich bleibt, Ihre eigenen Gefühle im Griff zu behalten und handlungsfähig zu bleiben. Versuchen Sie dies auch, wenn Ihnen eigentlich der Sinn nach emotionalen Reaktionen steht.

- Bei Konflikten haben Sie die Aufgabe, den Verlust an Rationalität auszugleichen und sicherzustellen, dass der Konflikt nicht auf Dauer die Zusammenarbeit gefährdet.
- Sehen Sie Konflikte nicht nur als Störung, sondern als wichtigen Teil jeder Entwicklung.

Vom Warum zum Wozu: Verzichten Sie darauf, sich endlose Geschichten erzählen zu lassen. Lassen Sie die Konfliktparteien erklären, worauf sie eigentlich hinauswollen.

Grundregeln

- Packen Sie das Problem aktiv an. Hier gilt das Sprichwort: „Lieber ein Ende mit Schrecken als ein Schrecken ohne Ende“. Bei Nichtbeachtung neigen Konflikte dazu, sich auszuweiten.
- Richten Sie vor allem bei Konflikten mit Schuldzuweisungen Ihren Fokus auf die Lösung des Problems.
- Bleiben Sie handlungsfähig. Je nach Persönlichkeitsstruktur neigen Führungskräfte eher dazu, sich in den Konflikt zu verwickeln, sich gefühlsmäßig zu sehr zu distanzieren oder den Konflikt erst sehr spät wahrzunehmen. Arbeiten Sie an Ihrem Konfliktverhalten.
- Bei Konflikten, in die Sie stark verwickelt sind, oder bei „chronischen“ Konflikten ist es ratsam, eine Fachfrau einzubeziehen.
- Denken und handeln Sie strategisch. Sehen Sie nicht nur den aktuellen Konflikt, sondern auch die Zeit nach dem Konflikt. Ziehen Sie aus Ihrem Konfliktmanagement Schlüsse für die Zukunft.
- Und: Loben Sie die Konfliktpartner für ihre Bereitschaft, den Konflikt bearbeiten zu wollen.
- Gönnen Sie sich vor Ihrem Handeln eine Denkpause und besinnen Sie sich auf Ihre langfristigen Ziele.

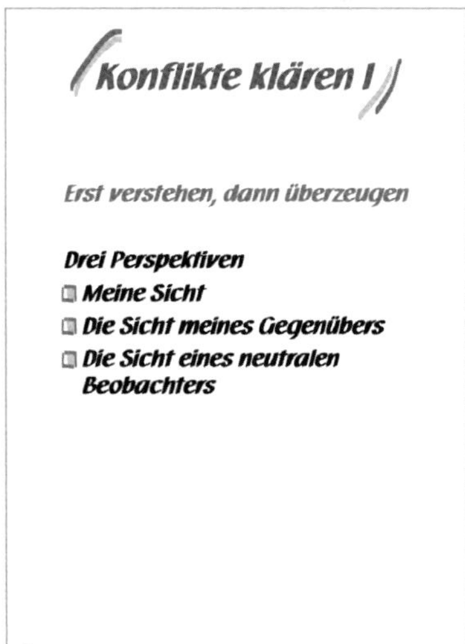

Flipchart 74

Vor dem Konfliktgespräch

Folgende Aspekte sollten Sie vor dem Gespräch bedenken:

- Sind die Gesprächsparteien rhetorisch gleichwertige Gesprächspartnerinnen?
- Gibt es eine realistische Chance, dass bei der Darlegung der jeweiligen Sachverhalte ein gegenseitiges Verständnis möglich wird?
- Sind die Konfliktparteien bereit, bei guten Argumenten auch eigene Standpunkte aufzugeben?
- Um selbst distanziert handeln zu können, kann es hilfreich sein, einen unbeteiligten Dritten aufzusuchen und dort erst mal „Luft rauszulassen“ oder dessen Einschätzung zu hören.

Erst verstehen, dann überzeugen

Mit folgenden Fragestellungen können Sie ein Konfliktgespräch moderieren (Kellner 2000). Bereiten Sie dazu für jeden Konfliktpartner drei leere Blätter mit folgenden Überschriften vor:

- Meine Sicht
  - Welche Gefühle beeinflussen mich?
  - Was ist sachlich mein Standpunkt?
  - Habe ich selbst Zweifel?
  - Zu welchen Zugeständnissen bin ich bereit?
  - Gibt es eine offene Rechnung zwischen uns?

- Die Sicht meines Gegners
  - Was hält mein Gegner für richtig?
  - Wie ist er vermutlich zu dieser Überzeugung gekommen?
  - Was will die Gegenseite erreichen?

- Die Sicht einer neutralen Beobachterin
  - Wie sehen vermutlich andere das Problem?
  - Welchen Kompromiss würden sie vorschlagen?

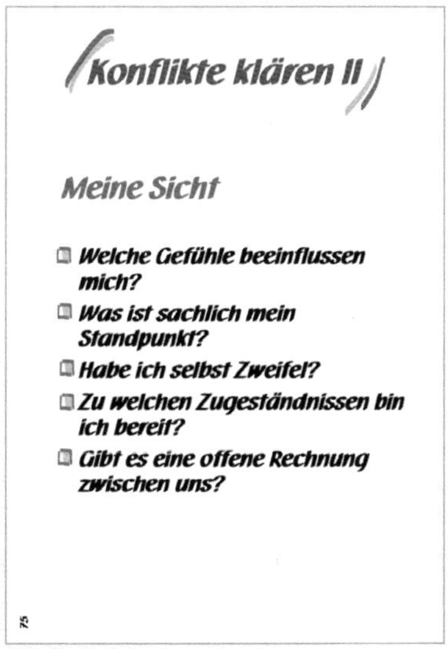

Flipchart 75

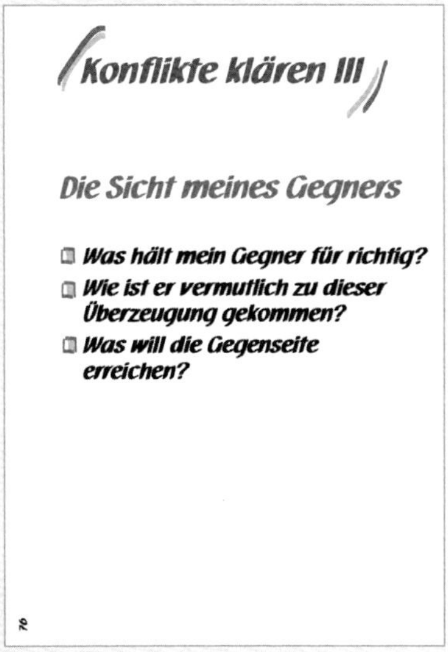

Flipchart 76

Flipchart 77

Lassen Sie die Konfliktparteien die Blätter ausfüllen und vorstellen. Moderieren Sie lösungsorientiert.

Konflikte im Team nacharbeiten

Manchmal ist es gut, eine gewisse Zeit verstreichen zu lassen, bis es sinnvoll ist, den Konflikt nachzuarbeiten.

Folgende Fragen können hierbei hilfreich sein:

- Welche ersten Signale hätte man besser beachten sollen? Wer war betroffen?
- Welche Probleme sind daraus entstanden? Hätte man den Konflikt verhindern können? Wie? Wer?
- Wie konnte es überhaupt zu dem Konflikt kommen? Wie wurde der Konflikt gelöst?
- Hat sich die Lösung inzwischen bewährt?
- Gibt es noch nicht angesprochene wichtige Anmerkungen zur Konfliktlösung?
- Was kann aus dem Konflikt gelernt werden?

Thema: Konfliktklärung

Mit der Übung, die auf den Flipcharts 75 bis 77 (siehe oben) beschrieben ist, bekommen die Teilnehmer ein Tool für ein Konfliktklärungsgespräch in die Hand.

Dieses Modell für eine Konfliktklärung berücksichtigt drei Perspektiven des Konflikts. Wir stellen dieses Modell den Teilnehmern vor und motivieren sie dazu, es beim nächsten Konflikt auszuprobieren.

Flipchart 78

Die Dos und Don‘ts bei Konflikten (Flipchart 78) fassen das Thema noch mal zusammen.

Thema: Feedback

16.00 bis 16.30 Uhr

II/15

79 bis 83

Feedback geben gehört zu den Steuerungsaufgaben einer jeden Führungskraft. Feedback stellt ein Fremdbild neben das Selbstbild des Mitarbeiters und erweitert damit idealerweise die Handlungs- und Verhaltensmöglichkeiten. Feedback ist somit ganz wichtig für die Weiterentwicklung von Mitarbeiterinnen. Kritisches Feedback ist nur dann nützlich, wenn es auf Einsicht stößt.

Für das Führen von Gesprächen – und dies insbesondere von Mitarbeiter- und Konfliktgesprächen – spielt die Fähigkeit, konstruktives Feedback zu geben eine große Rolle. Deshalb bildet dieses Thema den Abschluss des ersten Tages. Wir nutzen dazu die Flipcharts 79 bis 84.

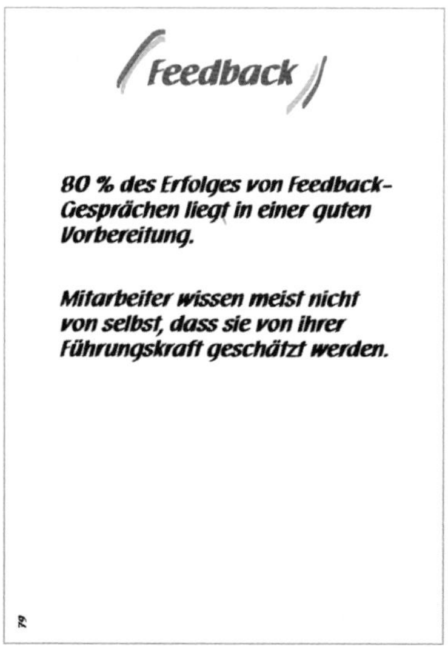

Flipchart 79

Skript-Auszug II/15:

Feedback-Geben leicht gemacht

DARUM GEHT ES

Feedback geben gehört zu den Steuerungsaufgaben einer jeden Führungskraft. Feedback stellt ein Fremdbild neben das Selbstbild des Mitarbeiters und erweitert damit idealerweise die Handlungs- und Verhaltensmöglichkeiten. Feedback ist somit ganz wichtig für die Weiterentwicklung von Mitarbeiterinnen. Kritisches Feedback ist nur dann nützlich, wenn es auf Einsicht stößt.

Eine Standortbestimmung

Ziel von Feedback, ob als Kritik oder Lob, sind Standortbestimmung und Weiterentwicklung. Zwei Bereiche stehen im Fokus:

Leistung

Arbeiten Sie mit transparenten und klaren Zielen. Definieren Sie gemeinsam, welches die Kriterien sind, wann etwas gut gelöst ist: „Das Ziel ist zu 100 Prozent erfüllt, wenn ..." – „Das Ziel ist mehr als erfüllt, wenn ..." – „Das Ziel ist nur teilweise erfüllt, wenn ..." Stimmen Sie mit Ihrem Mitarbeiter ab, zu welchem Zeitpunkt eine Standortbestimmung sinnvoll ist.

Verhalten

In jedem Unternehmen und jeder Organisation sollte es für die Verhaltensebene Hinweise oder Regeln geben. Sorgen Sie dafür, dass diese bekannt sind und auch von Ihnen gelebt werden.

Der Ton macht die Musik

Generell macht der Ton die Musik: Trennen Sie Kritik an der Sache von Kritik am Verhalten (sachbezogen). Kritisieren Sie unter vier Augen (respektvoll). Analysieren Sie gemeinsam Fehlerquellen und machen Sie deutlich, woran Sie die Leistung oder das Verhalten messen (zielführend). Schenken Sie Vertrauen (ermutigend).

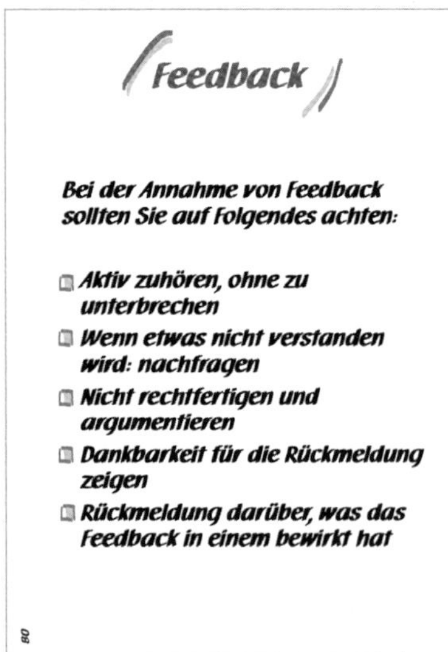

Flipchart 80

- *Sachbezogen*: Konkretisieren Sie, was Sie genau meinen.
- *Respektvoll*: Kritisieren Sie unter vier Augen. Stellen Sie Positives ebenso heraus. Ermöglichen Sie der Mitarbeiterin, ihre Sichtweise darzustellen.
- *Zielführend*: Geben Sie Ihrem Mitarbeiter Raum für Selbsterkenntnis. Analysieren Sie gemeinsam Fehlerquellen. Machen Sie deutlich, woran Sie die Leistung oder das Verhalten messen.
- *Ermutigend*: Schenken Sie Vertrauen. Vereinbaren Sie die nächsten Schritte. Gehen Sie positiv auseinander. Sorgen Sie dafür, dass die Mehrheit Ihrer Gespräche positive Inhalte hat.

Beobachten Sie sorgfältig, wie Ihre Worte wirken. Wie verändert sich die Körperhaltung? Wie verändert sich der Gesichtsausdruck? Lassen Sie sich über die Wirkung ein Feedback geben. Das gibt Ihnen die Gelegenheit, sofern nötig, die Wirkung zu korrigieren.

Gekonnt Feedback geben

- Beginnen Sie mit einem positiver Gesprächseinstieg: Sorgen Sie für eine ruhige und positive Gesprächsatmosphäre, damit der Mitarbeiter die Kritik besser annehmen kann.
- Wahrnehmung, Wirkung, Wunsch: Starten Sie mit der genauen Beschreibung Ihrer Wahrnehmung des Sachverhaltes. Beschreiben Sie dann die Wirkung auf das Ergebnis oder auf andere Personen. Dann formulieren Sie Ihren klaren Wunsch, welches Verhalten Sie in der Zukunft möchten.
- Geben Sie dem Mitarbeiter die Möglichkeit, seine Sicht der Dinge darzustellen. Hören Sie aktiv zu, fragen Sie nach, um dessen Perspektive verstehen zu können.
- Vereinbaren Sie das weitere Vorgehen.

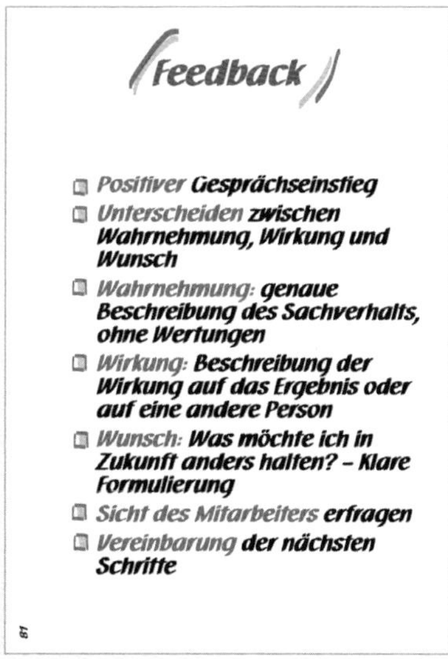

Flipchart 81

Regelmäßige Standortbestimmungen verhindern, dass sich zu viel Kritik anhäuft.

Die wertschätzende Haltung

Folgende Grundhaltungen helfen, ein konstruktives Feedback-Gespräch – ob zur Kritik oder als Lob – zu führen:

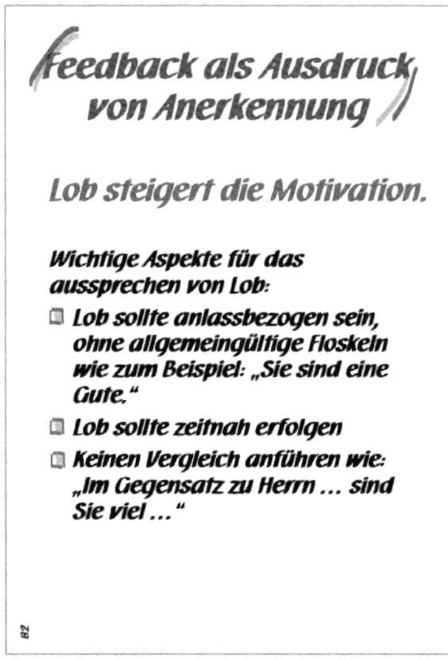

Flipchart 82

- *Empathie*: Dem Mitarbeiter zeigen, dass Sie ihn verstehen wollen
  Welche Gefühle kann die Kritik beim Mitarbeiter auslösen?
- *Akzeptanz*: Die Individualität jeder Mitarbeiterin ernst nehmen.
- *Zutrauen*: Dem Mitarbeiter zutrauen, seine Fähigkeiten auszubauen.
- *Kongruenz*: Sich ehrlich verhalten; Übereinstimmung von Worten und Verhalten.
- *Neugierde*: Interesse für die „Landkarte" des anderen zeigen.
- *Wertschätzung*: Die wertschätzende Haltung hilft der Mitarbeiterin, Gefühle von Angst und Bedrohung abzubauen.

Konzentration auf das Wesentliche

- Vorsicht ist geboten, wenn Sie viele Punkte gleichzeitig kritisieren wollen. Dies wird vermutlich als Angriff auf die Person verstanden.
- Konzentrieren Sie sich auf möglichst wenige wichtige Punkte. (Sollte dies häufiger vorkommen, stellt sich die Frage, ob die Person am richtigen Ort eingesetzt ist.)
- Das Wissen um Kommunikationsregeln für Teams, die vier Botschaften von Informationen und das Feedback können eine Grundlage sein, um eigene Kommunikationsregeln für Ihr Team zu erarbeiten.

Flipchart 83

ZUM WEITERDENKEN

Feedback ist idealerweise eine Mischung von positiven und kritischen Punkten. Haben Sie das Gefühl, nichts Positives sagen zu können, dann gilt es, nochmals genau hinzuschauen oder zu überlegen, ob der Mitarbeiter zu Aufgabe und Anforderungen passt. Feedback gelingt immer dann, wenn Sie Ihren Mitarbeiterinnen mit einer wertschätzenden Haltung begegnen. Lassen Sie sich von Zeit zu Zeit selbst ein Feedback darüber geben, ob Ihre Haltung als wertschätzend erlebt wird.

Abschluss

16.30 bis 17.00 Uhr

Wir zeigen nochmals die Agenda und fragen nach, ob es noch offene Fragen zu den Themen gibt.

Anschließend leiten wir mit folgender Frage die Abschlussrunde ein: Wenn Sie nach Hause kommen und Ihr Lebenspartner oder Ihre Freundin fragt Sie danach, was Ihnen heute besonders gefallen hat, was antworten Sie dann?

Flipchart 84

Modul II/Tag 2

Seite	Thema/Übung	Dauer	Uhrzeit
161	Vorbereitung	20 Min.	8.30 – 8.50 Uhr
162	Begrüßen	10 Min.	8.50 – 9.00 Uhr
162	Einstiegsrunde	30 Min.	9.00 – 9.30 Uhr
162	Agenda von Modul II/Tag 2	5 Min.	9.30 – 9.35 Uhr
163	Thema: Generationengerecht führen	5 Min.	9.35 – 9.45 Uhr
171	Übung: Generationengerecht führen	20 Min.	9.45 – 10.45 Uhr
	Pause	15 Min.	10.45 – 11.00 Uhr
172	Übung: Präsentation	30 Min.	11.00 – 11.30 Uhr
172	Thema: Generationengerecht führen nach Peter Tevolato	30 Min.	11.30 – 12.00 Uhr
173	Übung: Reframing (Vertiefung)	30 Min.	12.00 – 12.30 Uhr
	Mittagspause	90 Min.	12.30 – 14.00 Uhr
173	Übung: Führung und Sprache	60 Min.	14.00 – 15.00 Uhr
174	Übung: Vierfaktoren-Modell	60 Min.	15.00 – 16.00 Uhr
	Pause	15 Min.	16.00 – 16.15 Uhr
175	Hausaufgabe	5 Min.	16.15 – 16.20 Uhr
176	Auswertung Modul II, Abschluss	30 Min.	16.20 – 17.00 Uhr
	Ende des Tages		

Orientierung

Fokus

Generationengerecht führen sowie Führung und Sprache

Zeit

9.00 bis 17.00 Uhr, Mittagspause von 12.30 bis 14.00 Uhr, vormittags und nachmittags Kaffeepausen nach Vereinbarung

Vorbereitung

Flipcharts 85-93 (optional Flipchart 4, 5), Blumen, Lautsprecher-Box

Raum

Stuhlkreis, zweiter Raum für Gruppenarbeit

Material

2 Flipcharts, 3-4 Pinnwände, Moderationskarten, Moderationskoffer (gut gefüllt)

Skript

II/19

Vorbereitung

8.30 bis 8.50 Uhr

Kleine Checkliste:

- Materialien
- Flipcharts
- Namensschilder
- Karten, Stifte in der Mitte
- Anliegen auf Flipchart
- Frage eines Teilnehmers vom Vortag berücksichtigen, etwa Wunsch nach Buchempfehlung etc.
- Übriggebliebenes
- Aktuelle Infos, etwa vom Auftraggeber oder vom Veranstalter auf Flipchart notieren

8.50 bis
9.00 Uhr

Begrüßen

Inzwischen erfahren wir mehr und mehr unter vier oder sechs Augen, was einzelne Teilnehmer bewegt oder was sich bei ihnen tut.

9.00 bis
9.30 Uhr

Einstiegsrunde

Erste Runde:
„Nennen Sie eine soziale Kompetenz, die Sie an sich schätzen."

Zweite Runde:
„Wie geht es Ihnen heute?"

Und:
„Gibt es Reste/einen Nachklang (Fragen, Unklarheiten, Besonderheiten) von gestern?"

Eventuell auf Flipchart sammeln oder ergänzen.

9.30 bis
9.35 Uhr

Agenda von Modul II/Tag 2

Anhand der Flipchart-Darstellung gehen wir das voraussichtliche Programm des Tages durch.

Flipchart 85

Thema: Generationengerecht führen

9.35 bis 9.45 Uhr

II/19

86

Heute und in den kommenden Jahren sind vier bis fünf Generationen gleichzeitig tätig. Generationen haben die Eigenart, sich abzugrenzen. Dadurch können Konflikte entstehen.

Bei der Beschäftigung mit den Generationen geht es allerdings um mehr als nur darum, Konflikte zu verstehen und zu lösen. Die unterschiedlichen Werte verschiedener Generationen spielen in jeden Unternehmensbereich hinein.

Skript-Auszug II/19:

Generationenübergreifend führen

DARUM GEHT ES

In den letzten Jahren hat die Arbeitswelt begonnen, sich grundlegend zu verändern – und das wird in den nächsten Jahren so weitergehen. Das Arbeitsleben innerhalb von Unternehmen wird immer mehr vom Generationen-Mix geprägt sein. Die Generationen der Babyboomer und die Generationen X, Y und Z sind alle in der Mitarbeiterschaft eines Unternehmens vertreten. Die Generation der circa 50- bis 65-Jährigen zieht sich sukzessive aus dem Arbeitsleben zurück und hinterlässt Lücken, die die geburtenschwachen Generationen nach ihnen rein zahlenmäßig nicht füllen können. Personal ist zu einer knappen Ressource geworden. Heute können Arbeitnehmer meist zwischen mehreren Arbeitgebern wählen (Quelle: Mörstedt).

Ein Hinweis: Es ist uns bewusst, dass der Begriff Generation die verschiedensten Individuen subsummiert und damit niemals allen gerecht werden kann. Nichtsdestotrotz sind jeweils deutliche Tendenzen bei den einzelnen Generationen zu erkennen. Im Folgenden beschreiben wir die Hauptmerkmale jeder Generation, um Auswirkungen auf die Organisationen und Unternehmen deutlich zu machen und um Handlungsoptionen aufzuzeigen.

Warum ist es wichtig, die Merkmale verschiedener Generationen zu kennen?

Heute und in den kommenden Jahren sind vier bis fünf Generationen gleichzeitig tätig. Generationen haben die Eigenart, sich abzugrenzen – dadurch können Konflikte entstehen. Ein Beispiel: Für das neue Teammitglied Katharina aus der Generation Y läuft Kommunikation auf Augenhöhe, man duzt sich und legt nicht viel Wert auf Förmlichkeit. Durch diesen legeren Umgang fühlt sich Katharina in ihrer Arbeitsumgebung wohl. Dies jedoch findet Holger aus der Generation der Babyboomer inakzeptabel, denn er erlebt es als herabsetzend und distanzlos, wenn ihn jüngere Kollegen ungefragt duzen. Wenn Katharina sich an etwas förmlichere Sitten anpasst, dann empfindet Holger das zwar als respektvoll, Katharina jedoch empfindet Holgers Verhalten als distanziert und unfreundlich.

Bei der Beschäftigung mit den Generationen geht es allerdings um mehr als nur darum, Konflikte zu verstehen und zu lösen. Die unterschiedlichen Werte verschiedener Generationen spielen in jeden Unternehmensbereich hinein. So haben die Generationen völlig unterschiedliche Vorstellungen davon, was Erfolg für sie bedeutet und welche Ziele sie erreichen wollen. Die einen wünschen sich einen hohen Status, Sonderkonditionen wie zum Beispiel einen Firmenwagen, die anderen jedoch legen darauf keinen Wert, sondern wollen sich selbst verwirklichen und sich wohlfühlen. Durch diese ungleichen Motivationen brauchen sie verschiedene Anreize, um optimal zu arbeiten.

Auch die Art, wie Generationen kommunizieren und in welcher Art Teamwork sie am besten arbeiten können, sollte Führungskräften bewusst sein, um erfolgreiche Teams bilden zu können.

#MyAgein5Words: Unter diesem Hashtag teilen Twitter-Nutzerinnen mit, aus welcher Generation sie kommen – mit Diddl-Bildern, Walkman, Telefon mit Wählscheibe und, und, und.

Babyboomer: leben, um zu arbeiten (1955-1965)

Abb. II/19a: Papstwahl 2005 (Quelle: reddit)

Bei der Generation der Babyboomer handelt es sich um die geburtenstarken Jahrgänge nach dem Zweiten Weltkrieg. In den Jahren unmittelbar nach dem Zweiten Weltkrieg war die Geburtenrate noch relativ schwach. Jedoch stieg sie zu Beginn der Fünfzigerjahre stark an und hielt vor bis zum sogenannten Pillenknick Mitte der Sechzigerjahre. 1964 war mit etwa 1,4 Millionen Neugeborenen der geburtenstärkste Jahrgang in Deutschland.

Danach ging die Geburtenrate zurück. Erzogen wurden die Babyboomer von der Generation der Traditionalisten (1922-1945). Diese Erziehung war traditionell und so war auch das Familienbild. Es gab klare Hierarchien; in den Familien herrschte Zucht und Ordnung. Babyboomer wuchsen in der Zeit des Wirtschaftswunders auf. Es eröffneten sich neue Möglichkeiten; Universitäten wurden einer breiten Bevölkerungsschicht zugänglich, Auslandsreisen wurden möglich, der erste Mensch betrat den Mond.

Die Studie des Personaldienstleisters Robert Half charakterisiert diese Generation knapp als erfolgreich und liberal. Zudem möchten die Babyboomer laut Studie entschleunigen.

Das ist wohl damit zu begründen, dass sich diese Generation bereits an der Schwelle zum Ruhestand befindet. Verdient haben es sich die Babyboomer – haben sie doch zum Großteil die Arbeit in den Mittelpunkt ihres Lebens gerückt und u.a. den Begriff „Workaholic" geprägt. Babyboomer sind teamorientiert, auf ihre Karriere fokussiert und wollen in Führungspositionen gelangen. Sie wollen gebraucht werden und sie wollen wertgeschätzt werden für das, was sie können.

Das Ausscheiden der Babyboomer aus dem Erwerbsleben stellt Unternehmen und Rentenkasse vor neue Herausforderungen.

Merkmale der Babyboomer im Überblick	
Werte	■ Gesundheit ■ Idealismus ■ Kreativität
Merkmale	■ teamorientiert ■ karriereorientiert – schnell in Führungspositionen aufsteigen ■ Arbeit hat den höchsten Stellenwert
Im Arbeitsleben	■ strukturierter Arbeitsstil ■ regelmäßiger Austausch im Team ■ Pflege von Beziehungen und Netzwerken
Kommunikationsmedium	Telefon
Motivation	■ persönliches Wachstum ■ Wertschätzung für ihre Erfahrung ■ Gefühl, gebraucht zu werden

Generation X: arbeiten, um zu leben (1965-1979)

Die Generation X, auch Generation Golf genannt, hat ihre Kindheit weitestgehend ohne Computer erlebt und wurde erst im Erwachsenenalter Zeuge des technologischen Wandels von analog zu digital. Mit der neuen Technologie musste sich die Generation X bewusst auseinandersetzen.

Die Generation X hatte zu ihrer Jugendzeit in der BRD verschiedene Bezeichnungen: Generation Golf oder MTV, Turnschuh-Generation, aber auch Null-Bock-Generation oder No-Future-Generation. Sie wuchs in Wohlstand auf. In ihrer Jugendzeit veränderten sich traditionelle Familienstrukturen. Die Scheidungsrate stieg, es gab erste Patchwork-Familien. Autoritäten und Traditionen wurden infrage gestellt und die Lebenshaltung war eher individualistisch und kritisch.

Die Menschen der Generation X sind tendenziell unabhängig und Individualisten. Im beruflichen Kontext orientieren sie sich weniger an Teamarbeit, denn ihre bevorzugte Arbeitsweise ist das selbstständige Arbeiten. Sie wünschen sich Freiräume bei der Arbeitsgestaltung.

Jede Generation versucht, sich von den bestehenden Generationen abzusetzen. Im Fall der Generation X wird aus dem „Leben, um zu arbeiten" der Babyboomer das Credo „Arbeiten, um zu leben". Hier steht Arbeit nicht an erster Stelle, sondern ist ein Mittel zum Zweck. Das Ziel: ein materiell sicheres Leben zu führen, sich etwas leisten zu können.

Merkmale der Generation X im Überblick	
Werte	■ Unabhängigkeit ■ Individualismus ■ Sinnsuche
Merkmale	■ pragmatisch ■ selbstständig ■ streben nach einer hohen Lebensqualität ■ halten Zeit für wertvoller als Geld
Im Arbeitsleben	■ ergebnisorientiert ■ technisch versiert ■ teilen Macht und Verantwortung
Kommunikationsmedium	■ E-Mail ■ Mobiltelefon
Motivation	■ hohe Freiheitsgrade in der Arbeitsgestaltung ■ Entwicklungsmöglichkeiten ■ Work-Life-Balance

Die „Xer" sind gut ausgebildet, ambitioniert bis ehrgeizig. Sie suchen nach Entwicklungsmöglichkeiten, wollen vorankommen. Doch stets ist Zeit wichtiger als Geld. Sie streben nach einer hohen Lebensqualität, legen Wert auf eine ausgeglichene Work-Life-Balance. Wahrscheinlich haben sie dies aus dem Verhalten der vorhergehenden Generation gelernt, die nur lebten, um zu arbeiten. So wollen sie ihr Leben nicht verbringen. Dies ist eine sehr wichtige Änderung in der Arbeitswelt.

Generation Y: Arbeit und Leben verbinden (1980-1994)

Die wohl bis dato am besten erforschte Generation ist die der sogenannten Generation Y. Für die Generation Y – gesprochen Why (engl. warum) – existiert eine Flut von Bezeichnungen: Generation Maybe, Generation Praktikum, Generation Me oder Millennials. Sie ist in einer digitalen Welt erwachsen geworden und folglich schon früh mit Smartphones und Tablets und einer intensiven Internetnutzung in Kontakt gekommen. Arbeit und Privatleben werden bei der Generation Y nicht mehr streng getrennt, sondern verschmelzen miteinander.

Die Generation Y wächst auf in einer Welt des Klimawandels, der Globalisierung und des Terrorismus. Sie ist sich bewusst, dass sich Dinge schnell verändern, es keine Sicherheiten gibt, und hat beschlossen, das Leben zu genießen.

Die Ypsiloner wurden mit einem eher antiautoritären, fürsorglichen, teils überfürsorglichen Erziehungsstil und dem Trend zur Mitbestimmung erzogen, Wünsche wurden schnell erfüllt.

Abb. II/19b: Papstwahl 2013 (Quelle: reddit)

Für diese Generation soll die Arbeit vor allem Sinn machen und Abwechslung bieten. Das heißt, dass sie bereit sind, mehr zu leisten und zu lernen, wenn sie ein Projekt sinnvoll finden. Die Generation Y legt dabei sehr viel Wert auf Selbstverwirklichung, ist jedoch ebenso ein geübter Teamplayer, der sich nicht nur offline, sondern auch in der virtuellen Welt durch eine exzellente Vernetzung auszeichnet. Das Berliner Institut trendenz hat in einer Studie nachgewiesen, dass Kollegialität und persönliche Entwicklung die wichtigsten Werte dieser Generation sind, wohingegen Status und Prestige den letzten von insgesamt 19 Plätzen belegten. Ihre Art zu arbeiten und ihre Ansprüche an Arbeit unterscheiden sich von den vorhergehenden Generationen.

Sie sind Meisterinnen der Projektarbeit und engagieren sich auch häufig über den Job hinaus in eigenen Projekten. Arbeit und Privatleben werden somit nicht mehr streng geteilt, sondern ergänzen sich und verschmelzen zunehmend. Am liebsten arbeiten sie mit Leuten auf der gleichen Wellenlänge zusammen. Dabei sind ihnen Fleiß und Ehrgeiz laut der Shell-Jugendstudie von 2010 sehr wichtig, was man zum Beispiel daran erkennen kann, dass immer mehr junge Leute Abitur machen und in kürzerer Zeit studieren.

Merkmale der Generation Y im Überblick	
Werte	■ Vernetzung ■ Teamwork ■ Optimismus
Merkmale	■ leben im Hier und Jetzt ■ mit neuen Technologien aufgewachsen ■ 24 Stunden online
Im Arbeitsleben	■ die Arbeit muss Spaß machen ■ lernbereit, arbeitswillig – aber mit ausgeprägter Forderung nach Privatleben ■ flexibel und anpassungsbereit ■ selbstständige und unabhängige Arbeitsweise ■ Führungspositionen sind ihnen nicht mehr so wichtig, eher Fachlaufbahnen und projektbezogenes Arbeiten ■ Meister im Multitasking
Kommunikationsmedium	Web 2.0
Motivation	■ Selbstverwirklichung ■ vernetzt sein ■ mit Leuten auf der gleichen Wellenlänge zusammenarbeiten

Dennoch legt die Generation Y viel Wert auf Freiraum für Privates. Aus dem Konzept der „Work-Life-Balance" entwickelt sich laut der Deutschen Gesellschaft für Personalführung e.V.

die „Work-Life-Blend“. Private Angelegenheiten sollten auch während der Arbeitszeit geregelt werden können, gleichzeitig ist man jedoch auch bereit, bei Bedarf in der Freizeit zu arbeiten.

Die Generation Y hat den demografischen Wandel auf ihrer Seite, auf dem Arbeitsmarkt gibt es mittlerweile zu wenige Fachkräfte. Die Unternehmen tun also gut daran, sich auf die Bedürfnisse der neuen Generation einzustellen, um so für junge Arbeitnehmer attraktiv zu sein. So suchen sich Ypsiloner Arbeitgeber mit gutem Ruf und mit guten Entwicklungsmöglichkeiten. Geht allerdings die Motivation verloren, winken andere attraktive berufliche Alternativen oder gibt es Schwierigkeiten mit den Führungskräften, so neigen die Angehörigen dieser Generation dazu, relativ schnell zu kündigen. Im Durchschnitt tolerieren Ypsiloner für sie nicht tragbare Arbeitsverhältnisse nur ein halbes Jahr. Da sie in einer Welt permanenten Wandels aufgewachsen sind, stehen sie solchen Wechseln flexibler gegenüber als zum Beispiel die Babyboomer, die sich viel länger Zeit lassen, bevor sie eine ihnen unangenehme Arbeitssituation verlassen (siehe auch IV/1).

Jugendforscher Prof. Klaus Hurrelmann prognostiziert Angehörigen der Generation Y im FAZ-Interview: „Sie werden nicht per se Karriere machen, um mehr Geld zu bekommen und mehr Macht zu haben – wobei, natürlich werden sehr viele von ihnen sich das noch überlegen, wenn sie vor diesen Optionen stehen: Auch die 68er haben diese eher bürgerlichen Ziele zunächst abgelehnt, und einige von ihnen haben dann doch die Karriereleiter ganz schön zügig erklommen. Bei der derzeit jungen Generation sieht es allerdings stark danach aus, dass sie eine berufliche Tätigkeit suchen, in der sie ihre Vorstellungen verwirklichen können und die sie am Leben lässt: beim Arbeiten leben und beim Leben arbeiten. Daraus zu interpretieren, sie kniffen vor Karriere, ist völlig falsch. Sie spüren eher fast schon hellseherisch, wie gefährlich diese Selbstausbeutungsspiralen sind, in die man im heutigen Berufsleben geraten kann.“

Generation Z: Arbeit ist nur ein Teil des Lebens (ab 1995)

Das Leben der jüngsten Generation wurde von einem rasanten technologischen Fortschritt geprägt. Generation Z sind komplette Digital Natives und würden sich in einer nicht digitalen Welt schlecht zurechtfinden. Social Media nimmt einen beträchtlichen Anteil ihres Lebens ein, sei es privat oder auf der Arbeit. Sie sind weniger optimistisch als die Generation Y, vorsichtig und sicherheitsorientiert, aber dafür realistischer und inspiriert, die Welt zu verbessern. Klare Strukturen und die Abgrenzungen zwischen Arbeits- und Privatleben sind der Generation Z wichtig. Der Wunsch nach Selbstverwirklichung wird eher im privaten Bereich gesucht.

Die heute Jugendlichen, die in den nächsten Jahren in den Arbeitsmarkt eintreten, gehören zur sogenannten Generation Z. Wir können erst später mögliche Entwicklungen einschätzen, da wir jetzt noch keine Erfahrungen haben, wie die Menschen dieser Generation sich in der Arbeitswelt verhalten und entwickeln werden. Ein paar Tendenzen zeigen sich jedoch bereits jetzt:

Sie sind die Generation, die komplett mit digitalen Technologien aufgewachsen ist: Internet und Smartphone gehören zu ihrem Leben selbstverständlich dazu – auf der Arbeit wie im Privatleben. Selbstverwirklichung wird nicht mehr nur in der Arbeit gesucht, sondern vor allem in der Freizeit und in sozialen Kontakten. Diese Generation wird nicht mehr so leistungsbereit sein wie die Generation Y, denn sie suchen Sinn und Selbstverwirklichung mehr in Privatleben und sozialen Kontakten als in der Arbeit. Dieses Privatleben findet zu großen Teilen online statt; die Abgrenzung zwischen virtuell und real wird immer kleiner.

Das spiegelt sich auch in den Werten der Generation Z wider: Sie haben einen großen Wunsch nach freier Entfaltung, sind sich aber auch ihrer unsicheren Zukunft bewusst. Den Wohlstand ihrer Elterngeneration werden sie nicht erreichen, dafür können sie sich ungebremst und nach allen Richtungen entfalten. Das führt bei vielen auch zu einer Ratlosigkeit und einem Ausprobieren, welche Wege passen könnten.

Im Gegensatz zur eher optimistischen Generation Y wird die Generation Z vermutlich eher realistisch und individualistisch sein. Sie wissen, dass eine unsichere Zukunft auf sie zukommt. Die 2017 durchgeführte McDonald's-Ausbildungsstudie (2017) ergab, dass sich 55 Prozent einen festen Arbeitsplatz wünschen, 61 Prozent Wert darauf legen, Spaß an ihrem Beruf zu haben und das nur 37 Prozent der Erfolg im Beruf wichtig ist.

Im Spiegel-Interview verriet Daimler-Personalvorstand Wilfried Porth, wie Daimler sich auf die Generation Z vorbereitet. Porth schildert die Angehörigen der Generation Z als permanent online „um sich dort darzustellen und mit Freunden auszutauschen". Daimler hat sich dies zunutze gemacht und die Auszubildenden per WhatsApp über ihren Arbeitsalltag berichten lassen. Diese Initiative kam gut an. Porth: „Bei den Z-lern kommt ein ausgeprägter Wunsch nach Sicherheit hinzu. Da sind auffallend viele, die ihr Leben frühzeitig planen möchten, eine Familie gründen, ein Haus bauen. Allerdings ist das eine sehr deutsche Betrachtung: In Asien oder in den USA stellt sich das ganz anders dar."

ZUM WEITERDENKEN

Die vier Generationen treffen mit ihren unterschiedlichen Werten und Lebenseinstellungen gerade im Arbeitsalltag immer mehr aufeinander. Zum einen stellt der Wertewandel mit seinen unterschiedlichen Kompetenzen und Sichtweisen der einzelnen Generationen eine Chance für unsere Gesellschaft und für Unternehmen dar. Zum anderen stellt er aber auch die Unternehmen, und hier besonders die Führungskräfte, vor eine besondere Herausforderung. In der Unternehmenskommunikation müssen gezielt die Wünsche der neuen Arbeitsnehmerinnen angesprochen werden. Ziel sollte es sein, gemeinsam mit den unterschiedlichen Generationen Rahmenbedingungen zu schaffen, die ein effizientes Miteinander ermöglichen. Im Hinblick auf die Generation Y und Z werden sich die Unternehmen in Zukunft einiges einfallen lassen müssen, um qualifizierte Mitarbeiter zu finden und halten zu können.

Der Input kann mit dem nebenstehenden Flipchart begleitet werden.

Flipchart 86

Übung: Generationengerecht führen

9.45 bis 10.45 Uhr

Im Anschluss an die kurze Beschreibung der einzelnen Generationen, steigen wir in eine Gruppenarbeit wieder mit 360-Grad-Rückmeldung (Seite 330) ein.

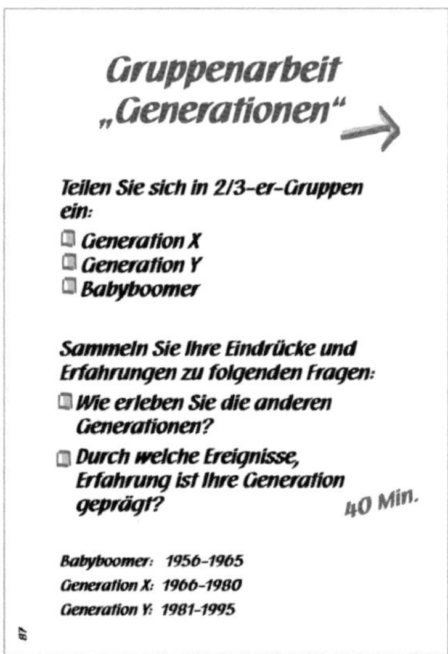

Die Gruppen losen wir mit dem Spiel „Verschiedene Meiers“ aus (Seite 353). Es stellt sich jeweils pro Gruppe wieder eine Gruppenleitung zur Verfügung.

Flipchart 87

10.45 bis 11.00 Uhr

Pause

11.00 bis 11.30 Uhr

Übung: Präsentation

Das Reden über Unterschiedlichkeiten und Gemeinsamkeiten erzeugt Verständnis füreinander. Häufig wissen die jüngeren Generationen wenig über die Sozialisation und Kindheit der Generation der Babyboomer. Die Stimmung nach dieser Übung ist oft ausgelassen. Einige Führungskräfte haben den Input aufgenommen und in ihren Teams über das Thema gesprochen.

Nach der Präsentation erfolgen Rückmeldungen wieder auf den unterschiedlichen Ebenen.

11.30 bis 12.00 Uhr

II/19

88

Thema: Generationengerecht führen nach Peter Tevolato

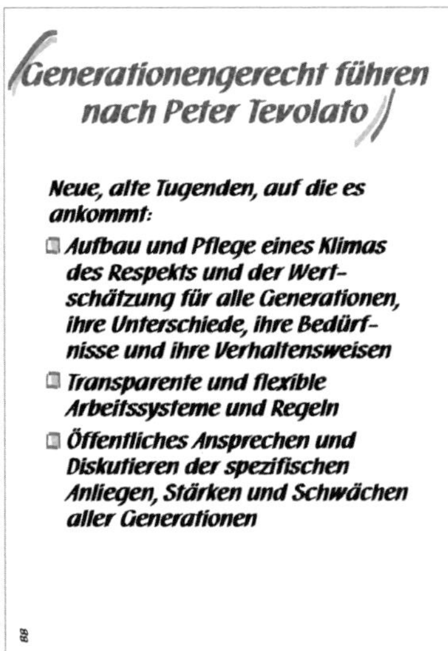

Flipchart 88

Dieser Input regt die Teilnehmer dazu an, den Aspekt des generationengerechten Führens mit in das Führungsverhalten einzubeziehen.

Übung: Reframing (Vertiefung)

12.00 bis 12.30 Uhr

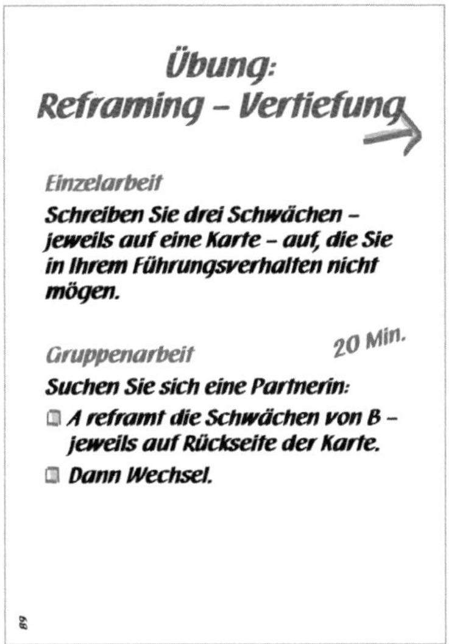

Flipchart 89

Bei dieser Übung wiederholen wir das Reframing (Seite 343) bewusst, um es sowohl zu üben als auch, um das Führungsverhalten der Teilnehmerinnen durch das Reframen zu reflektieren und in einen positiven Kontext zu setzen.

Diese Übung hinterlässt immer eine gute Atmosphäre, da an den eigenen Ressourcen gearbeitet wird und die Teilnehmerinnen wertschätzende Rückmeldungen erhalten.

Anschließend erfolgt ein kurzer Austausch im Plenum.

Mittagspause

12.30 bis 14.00 Uhr

Übung: Führung und Sprache

14.00 bis 15.00 Uhr

Mit der Sprache können Führungskräfte die Mitarbeiter fördern, gewinnen, überzeugen – oder demotivieren, plagen, verlieren. Den überwiegenden Teil dessen, was zum Job von Führungskräften gehört, vollziehen sie mit dem Medium der Sprache.

Diese Übung soll die Teilnehmer dafür sensibilisieren. Die Teilnehmerinnen können sich diesmal ihre Gruppen selbst zusammenstellen.

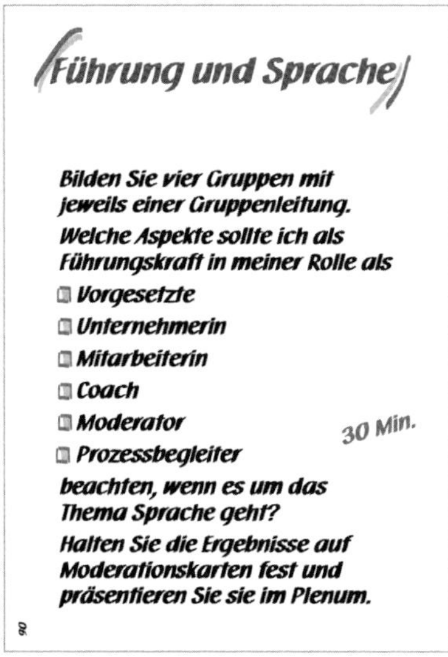

Flipchart 90

Nach der Präsentation erfolgen Rückmeldungen wieder auf den unterschiedlichen Ebenen.

15.00 bis 16.00 Uhr

Übung: Vierfaktoren-Modell

Der Wechsel vom Kollegen zur Führungskraft ist für einige Teilnehmerinnen ein wichtiges Thema. Mithilfe des Vierfaktoren-Modells (Seite 354) erarbeiten die Teilnehmer diesen Themenkomplex umfassend.

Für diese Übung legen wir mit mehreren Seilen einen Kreis, in dem sich ein Dreieck befindet, in den Raum. Und beschriften mit Moderationskarten die Spitzen des Dreiecks (Ich, Team, Aufgabe) sowie den Außenrand des Kreises (Globe).

Genauso gut funktioniert die Übung auf einer Pinnwand. Das Arbeiten auf dem Boden hat den Vorteil, dass das Ganze von oben und von allen Seiten aus betrachtet werden kann.

Die Teilnehmerinnen legen nach der Gruppenarbeit ihre Ergebnisse zu den entsprechenden Aspekten.

Es erfolgt ein Austausch darüber.

Flipchart 91

Pause

16.00 bis 16.15 Uhr

Hausaufgabe

16.15 bis 16.20 Uhr

Zum Abschluss erhalten die Teilnehmer ihre „Hausaufgabe". Sie sollen dadurch sensibilisiert werden, auf ihre Haltung bei Gesprächen zu achten und motiviert werden, systemische Tools zu verwenden.

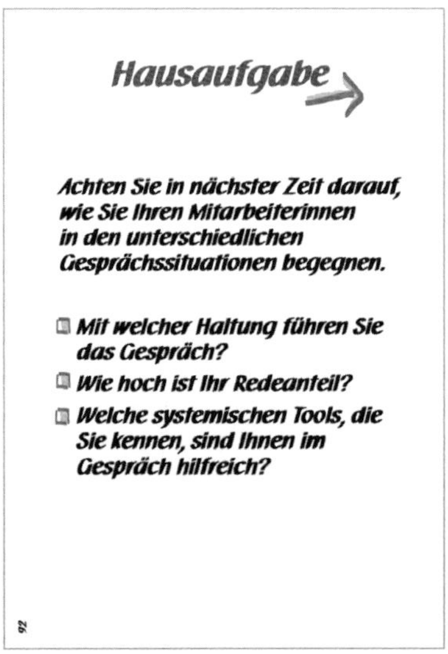

Flipchart 92

16.20 bis 17.00 Uhr

Auswertung Modul II

Flipchart 93

Zum Ende des Tages zeigen wir wieder unsere Agenda und fragen nach, welche für die Teilnehmenden gut bearbeitet wurden: An welche Themen können wir für heute einen Haken machen?

Abschlussfrage: „Was packen Sie heute in Ihren Führungs-Werkzeugkoffer?“

Beim Abschluss sind in der Regel wieder HR-Verantwortliche oder Führungskräfte zu Gast.

Diese Frage an die Gäste in der Runde könnte ein Gesprächseinstieg sein: „Was ist Ihnen bei einem Mitarbeitergespräch besonders wichtig?“

Quellenangaben für Modul II

- Jensen, Mary Ann C.: Stages of small group development revisited. In: Group and Organizational Studies, 2/1977, S. 419-427.
- Kellner, Hedwig (2000): Konflikte verstehen, verhindern, lösen. Konfliktmanagement für Führungskräfte. München/Wien.
- McDonald's: https://karriere.mcdonalds.de/docroot/jobboerse-mcd-career-blossom/assets/documents/McD_Ausbildungsstudie_2017.pdf (recherchiert am 03.09.2019).
- Morrell, Margot & Capparell, Stephanie (2003): Shackletons Führungskunst. Reinbek.
- Mörstedt, Antje-Britta: https://www.pfh.de/fileadmin/Content/PDF/forschungspapiere/vortrag-generation-z-moerstedt-ihk-goettingen.pdf (recherchiert am 19.06.2019).
- Schlegel, Leonhard (1993): Handwörterbuch der Transaktionsanalyse. Sämtliche Begriffe der TA praxisnah erklärt. Freiburg im Breisgau (2. Auflage).
- scrum-master: http://scrum-master.de/Scrum-Meetings/Daily_Scrum_Meeting (recherchiert am 17.07.2019).
- sys.team Institut für systemische Fort- und Weiterbildung, Fulda 2019 (aus den Schulungsunterlagen des Instituts).
- Tietze, Kim-Oliver (2003): Kollegiale Beratung. Reinbek.
- Tuckman, Bruce: Developmental sequences in small groups. In: Psychological Bulletin, 63/1965, S. 384-399.
- wiwo, 2015: https://www.wiwo.de/erfolg/management/chefs-ohne-fuehrungstalent-fuenf-millionen-deutsche-haben-innerlich-gekuendigt/11482592.html (recherchiert am 27.07.2019).

Modul III: Personale Kompetenzen – kommunizieren und sich selbst führen	
Tag 1	**Tag 2**
▶ Johari-Fenster ▶ Nein sagen ▶ Lerntagebuch ▶ Riemann-Thomann-Modell ▶ Zielgerichtet kommunizieren	▶ Souverän in allen Situationen ▶ Teamphasen ▶ Teamführung ▶ Kontrolle ▶ Hausaufgabe

Modul III

Personale Kompetenzen – kommunizieren und sich selbst führen

Modul III/Tag 1

Seite	Thema/Übung	Dauer	Uhrzeit
181	Vorbereitung	20 Min.	8.30 – 8.50 Uhr
182	Begrüßen	10 Min.	8.50 – 9.00 Uhr
182	Einstiegsrunde	45 Min.	9.00 – 9.45 Uhr
183	Agenda von Modul III/Tag 1	5 Min.	9.45 – 9.50 Uhr
183	Abfrage der Anliegen	5 Min.	9.50 – 9.55 Uhr
184	Thema: Johari-Fenster	20 Min.	9.55 – 10.15 Uhr
187	Thema: Riemann-Thomann-Modell	15 Min.	10.15 – 10.30 Uhr
	Pause	15 Min.	10.30 – 10.45 Uhr
196	Übung: Riemann-Thomann-Modell	90 Min.	10.45 – 12.15 Uhr
196	Lerntagebuch	15 Min.	12.15 – 12.30 Uhr
	Mittagspause	90 Min.	12.30 – 14.00 Uhr
197	Thema: Nein sagen	30 Min.	14.00 – 14.30 Uhr
203	Übung: Neinsagen lernen	30 Min.	14.30 – 15.00 Uhr
204	Übung: Aufarbeitung Hausaufgabe	15 Min.	15.00 – 15.15 Uhr
205	Thema: Zielgerichtet kommunizieren	15 Min.	15.15 – 15.30 Uhr
	Pause	15 Min.	15.30 – 15.45 Uhr
209	Übung: Kompetenzen einer Führungskraft im eigenen Unternehmen	55 Min.	15.45 – 16.40 Uhr
209	Abschluss	30 Min.	16.40 – 17.00 Uhr
	Ende des Tages		

Orientierung

Fokus

Sich selbst und andere besser verstehen lernen

Zeit

9.00 bis 17.00 Uhr, Mittagspause von 12.30 bis 14.00 Uhr, vormittags und nachmittags Kaffeepausen nach Vereinbarung

Vorbereitung

Flipcharts 94-112 (optional Flipchart 4, 5), Blumen, Lautsprecher-Box

Raum

Stuhlkreis, zweiter Raum für Gruppenarbeit

Material

2 Flipcharts, 3-4 Pinnwände, Moderationskarten, Moderationskoffer (gut gefüllt)

Skript

III/3, III/13 bis III/15

Vorbereitung

8.30 bis 8.50 Uhr

Kleine Checkliste:

- Materialien
- Flipcharts
- Namensschilder
- Karten, Stifte in der Mitte
- Anliegen auf Flipchart
- Frage eines Teilnehmers vom Vortag berücksichtigen, etwa Wunsch nach Buchempfehlung etc.
- Übriggebliebenes
- Aktuelle Infos, etwa vom Auftraggeber oder vom Veranstalter, auf Flipchart notieren

Flipchart 94

Begrüßen

8.50 bis 9.00 Uhr

Mittlerweile ist der Seminarraum schnell mit vielen anregenden Gesprächen erfüllt, da die Teilnehmerinnen vertraut und offen aufeinander zugehen.

Einstiegsrunde

9.00 bis 9.45 Uhr

Bei der Einstiegsrunde können sich die Teilnehmerinnen wieder im aktiven Zuhören üben und gleichzeitig lernen sie, das Gehörte zu priorisieren und jeweils in einem Wort zusammenzufassen.

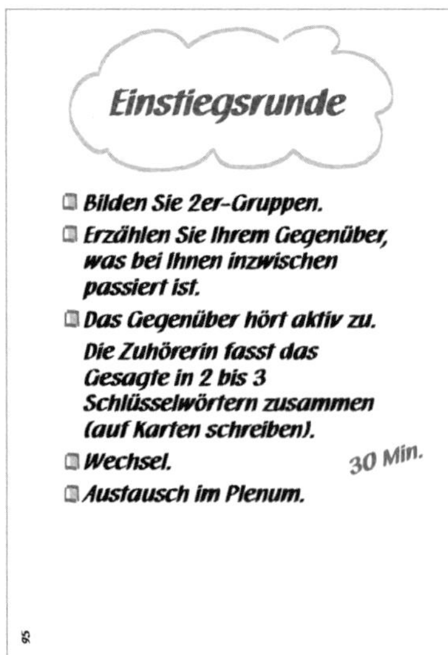

Flipchart 95

Wir fragen nach dem Erzählen und der Nennung der drei Begriffe immer nach, ob die Zusammenfassung den Inhalt angemessen wiedergegeben hat.

Eventuell auf Flipchart sammeln

Agenda von Modul III/Tag 1

9.45 bis 9.50 Uhr

Der rote Faden

Flipchart 96

Abfrage der Anliegen

9.50 bis 9.55 Uhr

Falls es keine Anliegen gibt oder Anliegen immer von denselben Personen eingebracht werden, laden wir noch mal ein, uns auch in den Pausen ansprechen zu können. Das bietet die Chance, gemeinsam zu entscheiden, wie man das Thema am besten bearbeitet.

9.55 bis 10.15 Uhr

III/15

97

Thema: Johari-Fenster

Das Johari-Fenster ist ein Fenster bewusster und unbewusster Persönlichkeits- und Verhaltensmerkmale zwischen einem Selbst und anderen oder einer Gruppe. Entwickelt wurde es 1955 von den amerikanischen Sozialpsychologen Joseph Luft und Harry Ingham. Wir nutzen dazu das Flipchart 97.

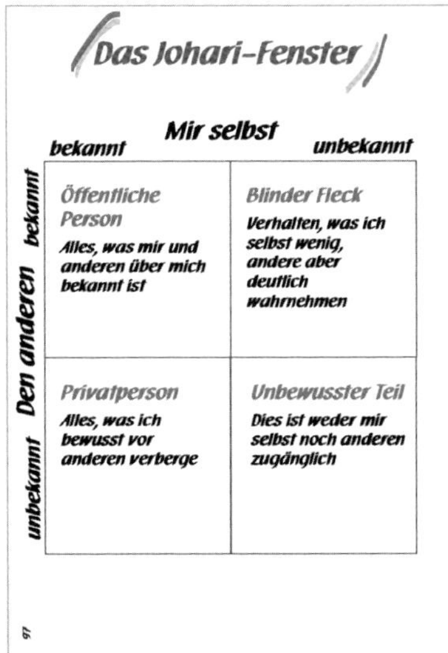

Flipchart 97

Skript-Auszug III/15:

Wer bin ich? – Fremdbild und Selbstbild

DARUM GEHT ES

Wer bin ich für mich, und wer bin ich für andere? Menschen haben viele Gesichter und werden von unterschiedlichen Menschen verschieden wahrgenommen.

Wenn Sie als Führungskraft erfolgreich sein wollen, ist es angebracht, wenn Sie ein realistisches Bild von sich selbst entwickeln, damit Sie die eigene Wirkung auf andere Menschen möglichst zuverlässig einschätzen können. Zudem hilft das Wissen um die Unterschiede von Fremd- und Selbstbild auch, Mitarbeiter besser zu verstehen. Eine gute Übersicht bietet hier das Johari-Fenster von den Sozialpsychologen Joseph Luft und Harry Ingham (1955).

Wie entsteht unser Selbstbild?

Unser Bild von uns selbst unterliegt verschiedenen psychologischen Mechanismen:

- Selektive Aufmerksamkeit: Unsere Aufnahmefähigkeit von Informationen ist begrenzt. Nicht beeinflussbare Wahrnehmungsfilter sorgen stets dafür, dass nur ein Teil der Reize aufgenommen und verarbeitet werden.
- Das Streben nach Selbstwerterhöhung und Selbstschutz bedingt, dass abweichende Informationen ausgeblendet oder umgedeutet werden. Misserfolge werden zum Beispiel dem Pech zugeschrieben.
- Ebenso reagieren wir, um unsere Selbstwahrnehmung zu stabilisieren. Selbstwahrnehmung bedeutet, dass wir aufgrund von Selbstbeobachtung Rückschlüsse auf unsere Eigenschaften und Gefühle ziehen. Ein Beispiel: Weil ich das getan habe, bin ich so.
- Selbstaufmerksamkeit: Wir beobachten uns, nehmen aber nur Teilaspekte wahr (Johari-Fenster).

Wie entsteht das Fremdbild?

- Aufgrund von äußeren Merkmalen oder beobachtetem Verhalten schließen wir auf Eigenschaften. Zum Beispiel: Brillenträger sind intelligenter oder Hundebesitzer sind ... Oder jemand verhält sich so, also ist er so und so.
- Welchen Eindruck wir bei jemand dauerhaft hinterlassen, wird ganz entscheidend vom ersten Eindruck geprägt. Spätere, zusätzliche Informationen haben hingegen weniger Einfluss, mit Ausnahme des letzten Eindrucks.
- Die Einschätzung eines anderen wird immer von den eigenen Werten und Einstellungen als Beobachter beeinflusst.
- Unsere Überzeugungen über Eigenschaften einer Persönlichkeit beeinflussen unsere Wahrnehmung. Zum Beispiel: Jemand glaubt, eine gesprächige Person sei auch gesellig.

Das Johari-Fenster

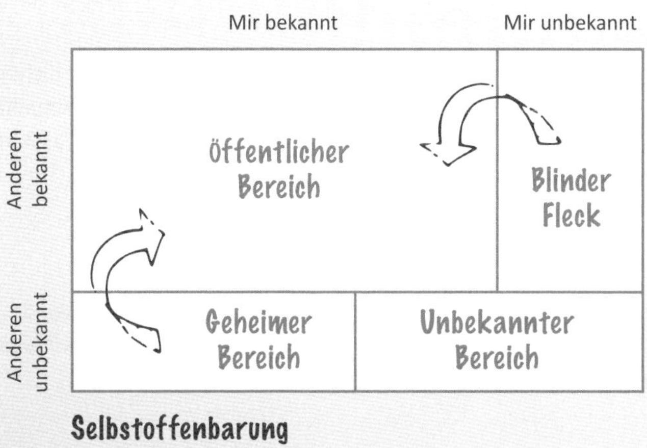

Abb. III/15: Das Johari-Fenster

Öffentlicher Bereich: Öffentlich ist alles, was wir von uns preisgeben, was also uns selbst und anderen bekannt ist, etwa:

- äußere Merkmale, Erscheinungsbild, Umgangsformen oder außen sichtbare körperliche Reaktionen,
- Eigenschaften wie Ängstlichkeit oder Mut,
- innere Haltungen und Einstellungen wie Religiosität.

Geheimer Bereich: Geheim ist alles, was ich selbst weiß und kenne, mir also bewusst ist. Anderen Menschen hingegen mache ich dies entweder unwissentlich oder auch bewusst nicht zugänglich.

Der blinde Fleck steht für alles, was ich „aussende" und von anderen wahrgenommen wird, ohne dass ich mir dessen bewusst bin. Andere erkennen zum Beispiel Verhaltensweisen und Merkmale, die ich bei mir selbst nicht wahrnehme.

Übrigens: Durch Feedback der anderen können „Inhalte" vom blinden Fleck in den öffentlichen Bereich verschoben werden.

Der unbekannte Bereich deckt alles ab, was weder mir noch anderen bekannt ist.

Wie erkenne ich mein Selbstbild?

- Fragen Sie nach Feedback – Mitarbeiterinnen, Kollegen, Freunde, Familienmitglieder. Übrigens: Kinder sind ein sehr deutlicher und unverfälschter Spiegel!
- Nützliche Fragen sind: Welchen Eindruck habe ich da auf Sie gemacht? Was ist Ihnen Besonderes an mir aufgefallen? Wie hat das auf Sie gewirkt? Was denken Sie, wie es auf andere wirkte?
- Achtung: Seien Sie nicht gleich beleidigt, wenn Ihnen eine Rückmeldung nicht gefällt! Fragen Sie, wie es genau gemeint ist. Zum Beispiel: Wenn Sie sagen, es hat abfällig gewirkt, welches Wort war es, das bei Ihnen diesen Eindruck hinterließ? Was hätte ich anders machen können, um den gewünschten Eindruck zu hinterlassen?

Jede Wahrnehmung ist subjektiv. Sie ist immer beeinflusst durch unsere Erfahrungen, Haltungen etc. Beschreiben Sie das Verhalten und dessen Wirkung. Trennen Sie das Verhalten von der Person. Also Vorsicht mit der Aussage: „Sie sind zurückhaltend." Besser: „Sie verhalten sich zurückhaltend."

Selbst- und Fremdbild in Einklang bringen

- Geben Sie Informationen über sich preis. Lassen Sie erkennen, wenn etwas bei Ihnen eine besondere Reaktion erzeugt. Zum Beispiel: „Was Sie gerade gesagt haben, trifft mich sehr, denn meine Sicht der Dinge war so und so ..."
- Teilen Sie sich mit, wenn die eigenen Grenzen erreicht sind.
- Zeigen Sie Ihre Bereitschaft, Feedback zu geben und zu empfangen.
- Wenn Sie feststellen, dass Sie die von Ihnen gewünschte Wirkung nicht erzielen: Fragen Sie, welches Verhalten diese Wirkung bei Ihrem Gegenüber erzielen würde.
- Gewöhnen Sie sich an, sich auch für eine kritische Äußerung zu bedanken.

ZUM WEITERDENKEN

Nutzen Sie regelmäßige Besprechungen, um im Anschluss in einer kurzen Fragerunde zu erfahren, wie Ihre Mitarbeiter die Sitzung erlebt haben (Metaebene erfassen).

Die Jahresgespräche sind eine gute Gelegenheit, mehr über die eigene Wirkung zu erfahren, sowohl von der eigenen Chefin als auch von den Mitarbeitern.

Wollen Sie noch mehr wissen über sich? Auch informelle Treffen wie Mittagessen oder Kaffeetrinken bieten Gelegenheit, mehr über die eigene Wirkung zu erfahren. Betrachten Sie Feedback als Geschenk. Es ist eine Chance für Ihre persönliche Entwicklung.

Thema: Riemann-Thomann-Modell

10.15 bis 10.30 Uhr

III/14

98

Diese vier Pole der Persönlichkeit stammen ursprünglich aus dem im Jahr 1961 erschienenen Werk „Grundformen der Angst" von Fritz Riemann. Diese Persönlichkeitstypisierung wurde von Christoph Thomann überarbeitet.

Wir erklären kurz die vier Tendenzen, die in der Regel jedem spontan einleuchten. Bereits zuvor haben wir auf dem Boden ein entsprechendes Kreuz aus zwei Seilen auf dem Boden ausgelegt.

Damit die Teilnehmer sich einem Quadranten zuordnen können, bitten wir sie, den Fragebogen auszufüllen (siehe folgenden Skript-Auszug und die folgende Übung).

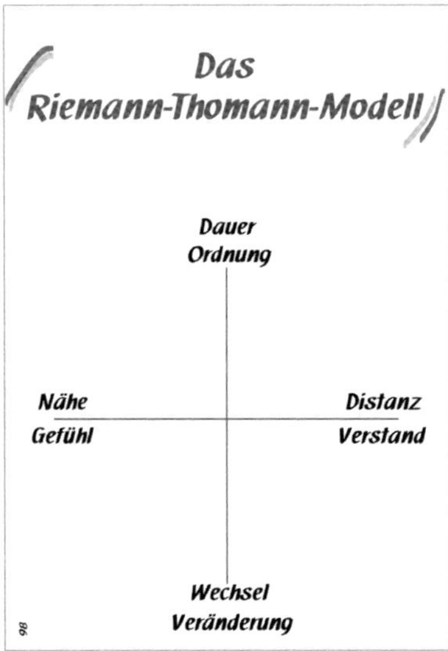

Flipchart 98

Skript-Auszug III/14:

Sich – und andere – besser verstehen: Das Riemann-Thomann-Modell

DARUM GEHT ES

Menschliches Verhalten orientiert sich an bestimmten Grundtendenzen. Der Psychoanalytiker Fritz Riemann hat 1961 hierzu vier Grundrichtungen menschlichen Verhaltens identifiziert: Nähe – Distanz, Dauer – Wechsel.

Diese vier Pole der Persönlichkeit stammen ursprünglich aus dem im Jahr 1961 erschienenen Werk „Grundformen der Angst" von Fritz Riemann. Christoph Thomann, ein Schweizer Psychologe, hat 1988 diese Persönlichkeitstypisierung aufgegriffen (Thomann 1998).

Die vier Grundtendenzen

Die vier Grundausrichtungen lassen sich in ein Koordinatenkreuz einbinden. Die Zeitachse ist die Senkrechte mit den beiden Extremen Dauer und Wechsel. Die Raumachse ist die Waagerechte mit den Extremen von Distanz und Nähe. Raum und Zeit sind also die Kriterien, in denen Menschen sich im Umgang miteinander unterscheiden.

Innerhalb dieses Koordinatensystems lassen sich nun beliebig viele Positionen bestimmen. Jeder Mensch hat dabei einen „bevorzugten" Platz in diesem System, an dem er sich am wohlsten fühlt. Dieses Modell dient sowohl zur Typisierung für Sie selbst als auch zur besseren Einordnung Ihrer Mitarbeiter und deren situativer Führung (in Verbindung mit den unterschiedlichen Führungsstilen).

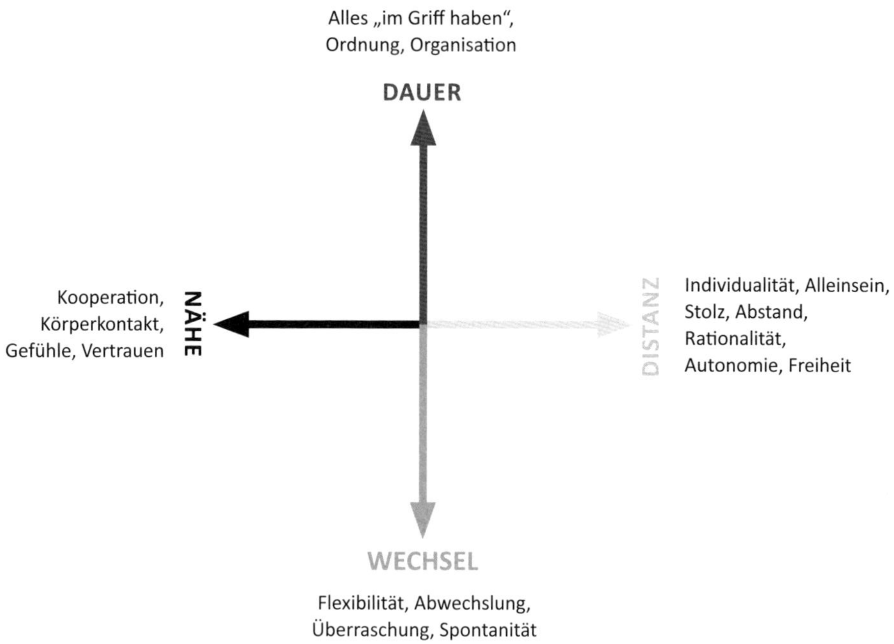

Abb. III/14a: Die vier Grundtendenzen

Die vier Grundtendenzen im Stenogramm

Dauer (Ordnung)	Wechsel (Veränderung)
Stärken: ■ zuverlässig ■ ausdauernd ■ ordnungsliebend ■ stabil ■ pflichtbewusst ■ genau ■ organisationsstark	**Stärken:** ■ spontan ■ risikofreudig ■ aufgeschlossen für Neues ■ unternehmungslustig ■ zukunftsoffen ■ improvisationsfreudig
Schwächen: ■ übervorsichtig ■ formalistisch ■ risikoscheu ■ uneinsichtig ■ machtorientiert ■ stur ■ kontrollierend	**Schwächen:** ■ unzuverlässig ■ unsystematisch ■ unberechenbar ■ sprunghaft ■ leicht kränkbar ■ wenig Ausdauer ■ chaotisch
Vermeidung: ■ Unvorhersehbares ■ Unruhe ■ Chaos ■ Veränderung ■ Risiko	**Vermeidung:** ■ Dauer ■ Ordnung ■ Verpflichtung ■ Bindung
Krisenverhalten: ■ ordnen der Innen- und Außenwelt ■ Tabellen und Schemen nutzen ■ Ablage machen ■ Schreibtisch aufräumen ■ Pläne erstellen	**Krisenverhalten:** ■ ablenken ■ flüchten ■ neue Menschen kennenlernen ■ Szenen und Dramen inszenieren

Nähe (Gefühl)	**Distanz (Verstand)**
Stärken: ■ verständnisvoll ■ anpassungsfähig ■ einfühlsam ■ partnerschaftlich ■ ausgleichend ■ zuwendungsbereit ■ Teamplayer-Qualitäten	**Stärken:** ■ logisch ■ eigenständig ■ sachlich ■ kann gut „Nein“ sagen ■ beobachtungsbegabt ■ leistungsorientiert ■ Einzelkämpferqualitäten
Schwächen: ■ konfliktscheu ■ Angst vorm Alleinsein ■ aggressionsgehemmt ■ überfürsorglich ■ Klagementalität ■ relativ unselbstständig ■ kann schlecht „Nein“ sagen	*Schwächen:* ■ kontaktscheu ■ misstrauisch ■ arrogante Wirkung ■ verständnislos ■ sich absondernd ■ rivalisierend-aggressiv ■ dominant-diktatorisch
Vermeidung: ■ Trennung ■ Eigenständigkeit	**Vermeidung:** ■ Nähe ■ Gefühl ■ Hingabe
Krisenverhalten: ■ Wärme suchen ■ anklagen ■ klönen ■ sich verkriechen ■ sich anlehnen und ausweinen	**Krisenverhalten:** ■ allein sein ■ alles wiederholend durchdenken ■ mit sich ins Reine kommen wollen durch Distanz ■ Selbsterforschung ■ Abstand von den Dingen bekommen

Riemann-Thomann-Schema – Fragen zur Bestimmung Ihrer Grundtendenzen

Lesen Sie die folgenden Aussagen und schätzen Sie subjektiv ein, inwieweit die jeweilige Aussage auf Sie zutrifft oder nicht. Vermerken Sie dies, indem Sie hinter jeder Aussage ein „J“ für Ja oder ein „N“ für Nein schreiben.

	Ja	Nein
1. Ich bin ein eher distanzierter Mensch.		
2. Ich lasse lieber alles beim Alten.		
3. Es fällt mir leichter, für andere da zu sein als für mich selbst.		
4. Ich bin kreativ und beweglich.		
5. Ich fühle mich leicht angegriffen.		
6. Ich denke lange nach, bevor ich entscheide.		
7. Ich habe immer ein offenes Ohr für andere.		
8. Ich bevorzuge intensive Gefühle.		
9. Häufig fühle ich mich erschöpft.		
10. Vertrauen ist gut, Kontrolle ist besser.		
11. Ich kann schlecht Nein sagen, aus Angst, andere zu verlieren.		
12. Ich mag keine Grenzen oder Einschränkungen.		
13. Vieles wird mir oft zu viel.		
14. Ich muss genau sein.		
15. Ich gebe eher nach, als dass ich mich durchsetze.		
16. Ich bin lebendig, charmant und attraktiv.		
17. Argumente sind wichtiger als Emotionen.		
18. Ich erfülle Aufgaben mit Gewissenhaftigkeit.		
19. Ich lasse mich leicht ausnutzen.		
20. Ich neige zu Unpünktlichkeit und Inkonsequenz.		
21. Ich bin oft leicht depressiv.		
22. Ich bin zuverlässig.		
23. Ich kann eine warme, vertrauensvolle Atmosphäre herstellen.		
24. Ich kann schlecht warten oder geduldig sein.		
25. Ich bekomme leicht Angst und fühle mich unsicher.		
26. Ich bereite mich gut auf neue Situationen vor.		
27. Ich brauche andere Menschen.		
28. Ich riskiere es selten, meine Meinung zu sagen.		
29. Ich habe oft ein Gefühl von Unsicherheit.		
30. Ich will einer Sache ganz sicher sein.		
31. Ohne Nähe fühle ich mich allein.		
32. Ich kann eine ganze Gesellschaft unterhalten.		
33. Ich kann Zusammenhänge leicht und tief analysieren.		

	Ja	Nein
34. Ich halte mich an Regeln und erwarte das auch von anderen.		
35. Ich fühle mich eher bedrückt und schwer als leicht und froh.		
36. Ich mag eine erotische Atmosphäre.		
37. Ich habe ein Ohr für Zwischentöne.		
38. Ich bin belastungsfähig.		
39. Manchmal kann ich schlecht unterscheiden, was meins und deins ist.		
40. Ich kann schlecht an einer Sache dranbleiben.		
41. Zu viel Kontakt bedeutet Stress für mich.		
42. Neues und Unklares kann mir Angst machen.		
43. Harmonie ist mir wichtig.		
44. Intensität und Neues ist mir wichtiger als Regelmäßigkeit.		
45. Ich fühle mich sicherer, wenn ich allein bin.		
46. Ordnung, Pünktlichkeit und Zuverlässigkeit sind mir wichtig.		
47. Konflikte versuche ich zu vermeiden.		
48. Innovationen geben mir mehr Sinn als Altes.		

Auswertung

1. Markieren Sie in der folgenden Tabelle in der ersten Zeile, welche der jeweils aufgeführten Fragen Sie mit Ja beantwortet haben.

2. Addieren Sie pro Spalte Ihre „Jas“ und schreiben Sie diese jeweils in die Anzahl-Zeile, zum Beispiel:

   - Spalte 1 (Distanz): 5
   - Spalte 2 (Dauer): 8
   - Spalte 3 (Nähe): 2
   - Spalte 4 (Wechsel): 4

3. Berechnen Sie nun die Prozentwerte für jede der vier Typen-Spalten jeweils nach der Formel: Anzahl Ihrer Ja-Antworten in der Spalte geteilt durch 12 mal 100. Sie erhalten so vier Prozentwerte.

	Spalte 1	Spalte 2	Spalte 3	Spalte 4
Fragen-Nummer	1, 5, 9, 13, 17, 21, 25, 29, 33, 37, 41, 45	2, 6, 10, 14, 18, 22, 26, 30, 34, 38, 42, 46	3, 7, 11, 15, 19, 23, 27, 31, 35, 39, 43, 47	4, 8, 12, 16, 20, 24, 28, 32, 36, 40, 44, 48
Anzahl	Bei unserem Beispiel: 5 (5:12x100)	Bei unserem Beispiel: 8 (8:12x100)	Bei unserem Beispiel: 2 (2:12x100)	Bei unserem Beispiel: 4 (4:12x100)
Berechnung (Anzahl Ihrer Ja-Antworten / 12)	41,6%	66,6%	16,6%	33,3%
Typ	Distanz	Dauer	Nähe	Wechsel

Stellen Sie Ihre Werte grafisch dar.

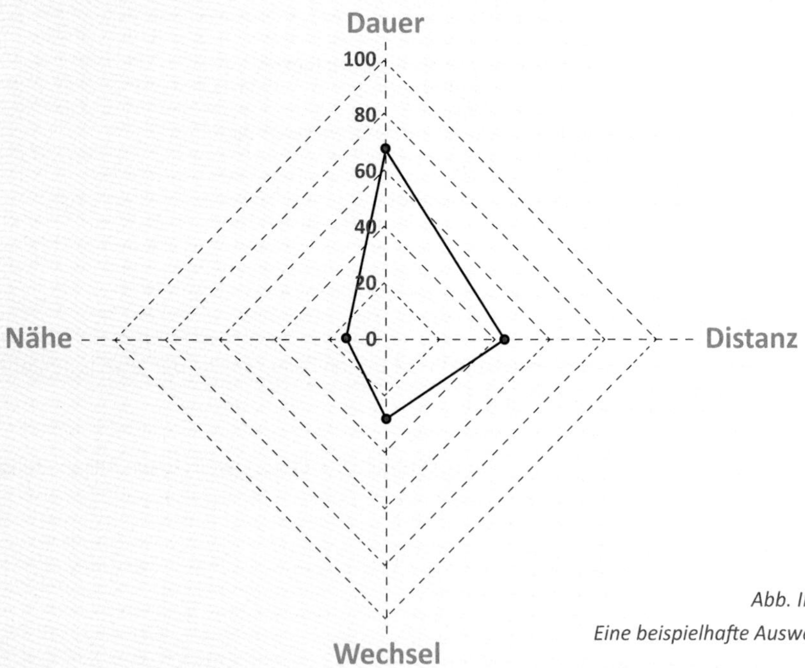

Abb. III/14b: Eine beispielhafte Auswertung

Sie stellen sicherlich fest, dass Sie unterschiedliche Ausprägungen in den jeweiligen Tendenzen besitzen. Da Verhalten jedoch auch immer kontextspezifisch ist, lassen sich dafür entsprechend eindeutige Positionierungen in einem der vier Felder finden. Für Führungssituationen könnten diese beispielhaft für folgende Verhaltensweisen sein.

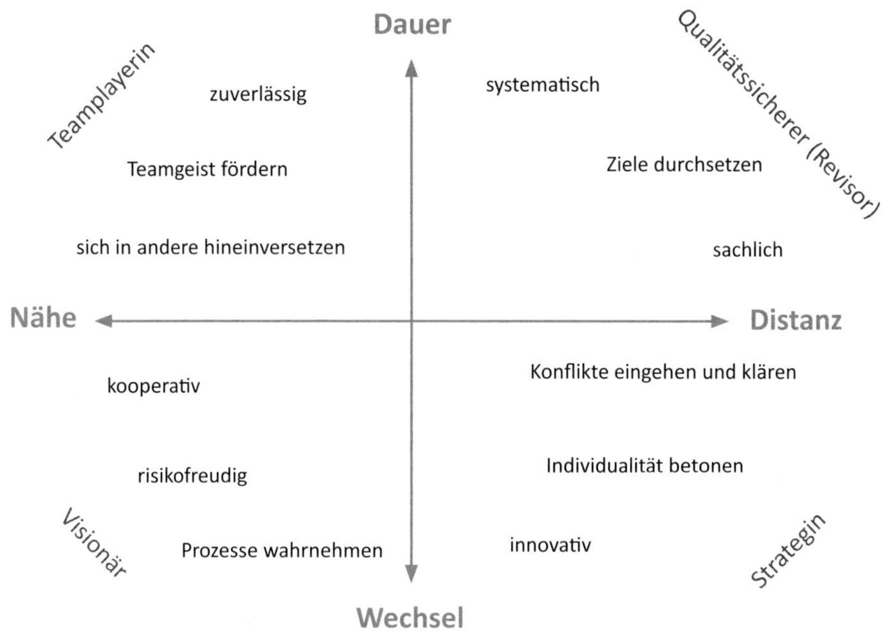

Abb. III/14c: Charakteristika im Überblick

ZUM WEITERDENKEN

Das Modell kann zum einen eine Hilfe für jede Führungskraft sein, sich selbst einzuschätzen. Zum anderen hilft es, sich auf die Mitarbeiterinnen gut einzustellen, ihre Bedürfnisse zu erfragen und somit auch etwas über ihre Interessen zu erfahren.

Gerade in herausfordernden Phasen des Miteinanders, zum Beispiel in Change-Prozessen, sind eine wertschätzende Kommunikation, ein gutes Einfühlungsvermögen sowie die Fähigkeit, die eigenen emotionalen Zustände und die der Mitarbeiter zu spüren, wichtige Ressourcen.

Pause

10.30 bis 10.45 Uhr

10.45 bis
12.15 Uhr

Übung: Riemann-Thomann-Modell

Zuerst bitten wir die Teilnehmer, den Fragebogen auszufüllen. Manchmal ist eine Erklärung nötig, wie die Faktoren berechnet werden. Näheres findet sich im Skript (siehe oben).

Für die Gruppenarbeit haben wir bereits vier Felder ausgelegt und mit den vier Begriffen aus dem Modell beschriftet.

Anschließend lassen wir die einzelnen Gruppen ihre Karten in das zugehörige Feld legen und über ihre Eigenschaften berichten. Wir fragen dazu nach und pointieren manche Verhaltensweisen, um die Wirkung noch deutlicher hervorzuheben.

Dabei achten wir darauf, nicht im Sinne von „Richtig" oder „Falsch" zu bewerten, sondern beschreiben ausschließlich die möglichen Wirkungen auf andere.

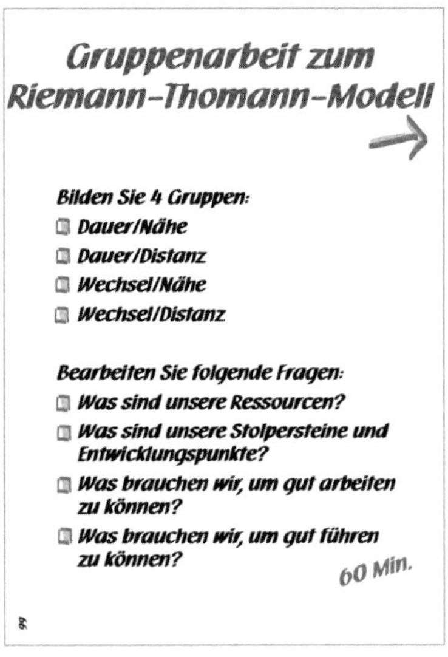

Dadurch gelingt es Teilnehmerinnen nicht selten, Verhalten von sich und anderen besser zu verstehen – und zu akzeptieren.

Bei dieser Übung kann häufig über die eigenen Unzulänglichkeiten gelacht werden und es entwickelt sich ein Verständnis über mögliche Auslöser von Unstimmigkeiten oder Konflikten.

Flipchart 99

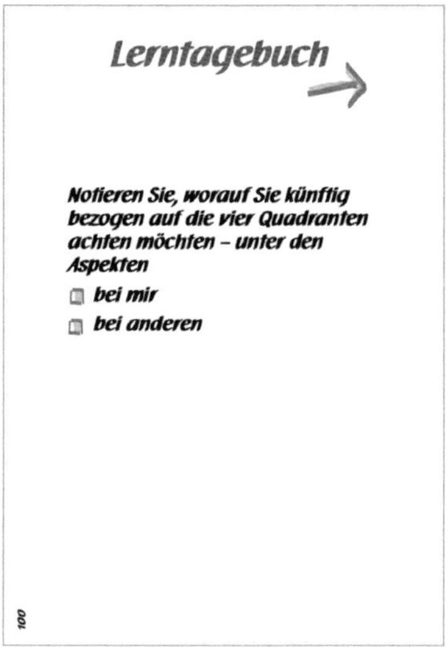

Lerntagebuch

12.15 bis 12.30 Uhr

Zur Vertiefung bietet es sich an, die gemachten Erfahrungen in Einzelarbeit schriftlich festzuhalten. Dieses Thema ist ein schönes Beispiel, das zeigt: Das Lerntagebuch bietet die ideale Gelegenheit, das Erlebte noch mal in Ruhe zu reflektieren.

Flipchart 100

Mittagspause

12.30 bis 14.00 Uhr

Thema: Nein sagen

14.00 bis 14.30 Uhr

III/13

101 bis 106

Gerade neue Führungskräfte erleben ihre Sandwich-Position als belastend. Sie möchten ihre Arbeit von Anfang an richtig machen. Da sind auf der einen Seite die Anforderungen ihres Chefs und auf der anderen Seite die Erwartungen ihrer Mitarbeiterinnen. Beiden Seiten möchten sie möglichst gerecht werden, was häufig dazu führt, dass sie sich schnell überfordert fühlen.

Wir haben im Laufe der Zeit festgestellt, dass die Fähigkeit, eine gute Auftragsklärung machen zu können, unerlässlich für eine erfolgreich agierende Führungskraft ist. Dabei spielt das Thema „Nein sagen" eine entscheidende Rolle.

Skript-Auszug III/13:

Fünf Tipps, um „Nein“ zu sagen

DARUM GEHT ES

Zu viel zu tun, zu wenig Zeit. Alle wollen was von einem, und am Ende des Tages hat man oft das Gefühl, die To-do-Liste wäre länger geworden. Häufig liegt es daran, dass wir zu schnell Ja sagen, wenn uns jemand um etwas bittet oder eine Aufgabe an uns heranträgt.

Die folgenden Tipps können Ihnen helfen, Prioritäten zu setzen (Konnerth 2017).

Bedenkzeit nehmen

Sie müssen nicht auf der Stelle „Ja“ oder „Nein“ sagen, auch wenn der andere das gerne möchte. Sagen Sie etwas wie: „Ich muss einen Moment darüber nachdenken. Ich gebe Ihnen gleich Bescheid.“

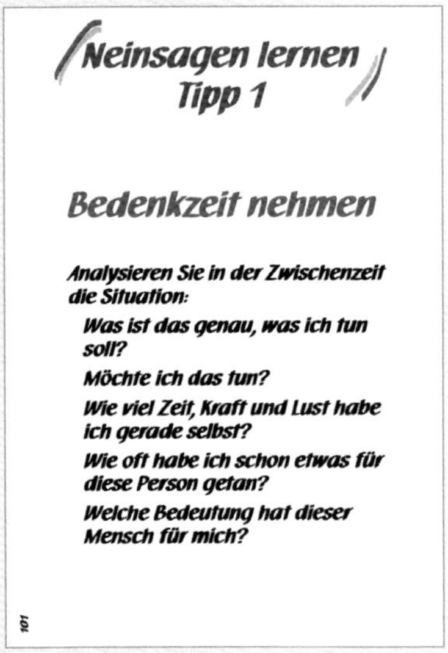

Flipchart 101

Analysieren Sie die Situation:

- Was ist es genau, was ich tun soll?
- Möchte ich das tun oder geben – oder ist es mir vielleicht sogar zuwider?
- Wie viel Zeit, Kraft und Lust habe ich gerade selbst?
- Wer ist es, der mich um einen Gefallen bittet? Welche Bedeutung hat dieser Mensch für mich? In welchem Verhältnis stehen wir zueinander?
- Wie oft habe ich schon etwas für diese Person getan?

Finden Sie heraus, warum es Ihnen so schwerfällt, Nein zu sagen

Es gibt viele Gründe, warum es schwerfällt, nein zu sagen. Werden Sie sich klar darüber, was Sie hindert. Das hilft, die Ängste und Bedenken zu überwinden.

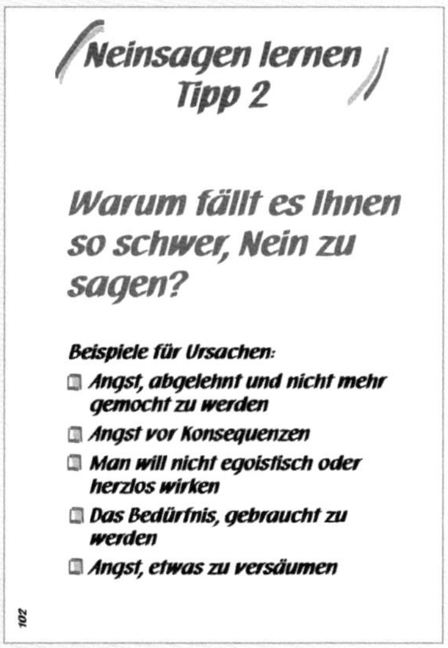

Flipchart 102

Beispiele für mögliche Ursachen dafür, dass Sie häufig Ja sagen:

- Die Angst, abgelehnt und weniger oder nicht mehr gemocht zu werden.
- Angst vor Konsequenzen.
- Man will nicht egoistisch oder herzlos wirken.
- Das Bedürfnis, gebraucht zu werden.
- Angst, etwas zu versäumen.

Machen Sie sich klar, welchen Preis Sie zahlen, wenn Sie Ja sagen

Flipchart 103

Kosten für ein vorschnelles Ja sagen sind:

- Weniger Zeit und Energie für eigene Vorhaben und Projekte oder für Menschen, für die Sie viel lieber etwas tun würden.
- Sehr oft Stress, weil die zusätzlichen Aufgaben zu denen hinzukommen, die Sie eh schon erledigen müssen.
- Häufiger Ärger darüber, doch wieder nachgegeben zu haben.
- Nach einer gewissen Zeit eventuell das nagende Gefühl, ausgenutzt zu werden.

Erlauben Sie sich, Nein zu sagen

Warten Sie nicht darauf, dass andere Menschen Ihnen die Absolution dazu erteilen.

- Denn, wenn Sie sich klargemacht haben, dass Sie für jedes „Nein“, das Sie nicht sagen, auch einen Preis zahlen, fällt es Ihnen vielleicht leichter, sich selbst die Erlaubnis dafür zu geben, irgendwann auch einmal an sich selbst und nicht nur an andere zu denken.
- Sie sind kein schlechter Mensch, wenn Sie eine Bitte ablehnen. Niemand kann ständig für alle bereitstehen. Der Vorwurf, egoistisch zu sein, kommt schnell – aber gut für sich zu sorgen, ist kein Egoismus, das ist notwendige Selbsterhaltung. Sie sind nur dann in der Lage, anderen wirklich etwas zu geben, wenn Sie selbst genug Kraft und Energie haben – und vor allem dann, wenn Sie es gerne tun, worum man Sie bittet.

Flipchart 104

Erst wenn man sich selbst erlaubt, nicht immer alles selbst bewältigen zu wollen und nicht länger zu allem und zu jedem Ja zu sagen, kann man seinen eigenen Beitrag leisten, zu den Dingen, die wirklich wichtig sind.

Lernen Sie, respektvoll Nein zu sagen

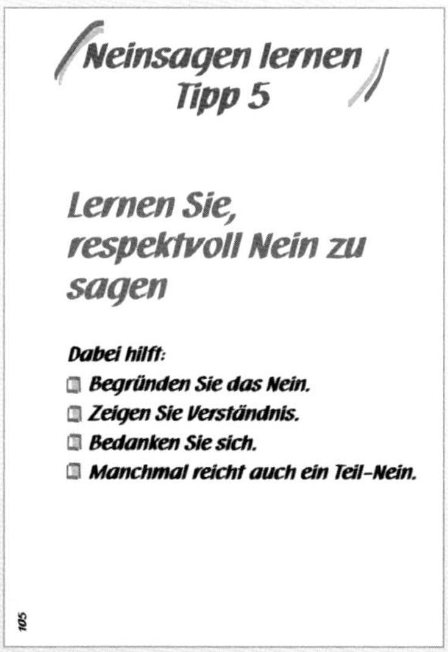

Wichtig beim Nein sagen ist vor allem, klar zu sein. Wenn Sie etwas nicht tun wollen, dann sollten Sie das so deutlich sagen, dass der andere es nicht missinterpretieren kann. Tun Sie dies behutsam und freundlich, sodass das Nein nicht verletzt.

Flipchart 105

Begründen Sie das Nein

Sie brauchen sich zwar nicht zu rechtfertigen, aber Sie können ein Nein begründen. Das macht es dem anderen leichter, es anzunehmen. Wenn sich z.B. eine Kollegin zu Ihnen setzen will, Sie aber gerade in ein wichtiges Gespräch vertieft sind, bei dem Sie keinen anderen dabeihaben möchten, dann können Sie genau das sagen: „Oh, ansonsten jederzeit gerne – nur jetzt besprechen wir gerade etwas Persönliches." Hier bitten Sie selbst um Rücksichtnahme. Auf diese Weise wird deutlich, dass sich das Nein nicht gegen die Person richtet, sondern andere Ursachen hat.

Zeigen Sie Verständnis

Indem Sie Verständnis für die Bitte des anderen zeigen, wirkt jedes Nein schon viel weicher. Sagen Sie etwas wie: „Dass du so im Zeitstress bist, tut mir sehr leid – aber ich kann dir leider heute trotzdem nicht aushelfen." Oder: „Ihr Team steht da wirklich stark unter Druck. Leider ist es trotzdem nicht möglich, dass eine Arbeitskraft von uns zu Ihnen wechselt."

Bedanken Sie sich

Eine schöne Geste ist, sich dafür zu bedanken, dass der andere einem die Aufgabe zutraut oder das Vertrauen in uns hat: „Ich fühle mich geehrt, dass Sie da an mich denken, aber mein Terminkalender ist leider komplett voll." Oder: „Das ist ein wundervolles Kompliment, dass Sie mir das zutrauen, aber ich kann leider nicht."

Manchmal reicht auch ein Teil-Nein

Häufig muss man gar kein striktes „Nein" sagen. Wenn Sie zum Beispiel nur heute keine Zeit haben, es Ihnen aber nichts ausmachen würde, die Aufgabe morgen zu übernehmen, dann können Sie das genau so sagen. Oder vielleicht sind Sie bereit, einen Teil der Bitte zu erfüllen, dann bieten Sie das an.

Es ist auch möglich, einen Gegenvorschlag zu machen – also vielleicht eine andere Idee anzuregen, wie derjenige sein Anliegen lösen kann. Sie zeigen damit, dass Ihnen der andere nicht egal ist, machen aber auch klar, dass Sie nicht zur Verfügung stehen.

ZUM WEITERDENKEN

Achten Sie mal darauf, wie Sie selbst damit umgehen, wenn Sie ein „Nein" bekommen. Können Sie das Nein akzeptieren oder neigen Sie dazu, den anderen umstimmen zu wollen? Wenn Sie sich diese Fragen ehrlich beantworten und hier gegebenenfalls im Sinne des „Rechts zum Neinsagen für alle" etwas an sich arbeiten, wird es Ihnen auch leichter fallen, sich dieses Recht selbst zu nehmen.

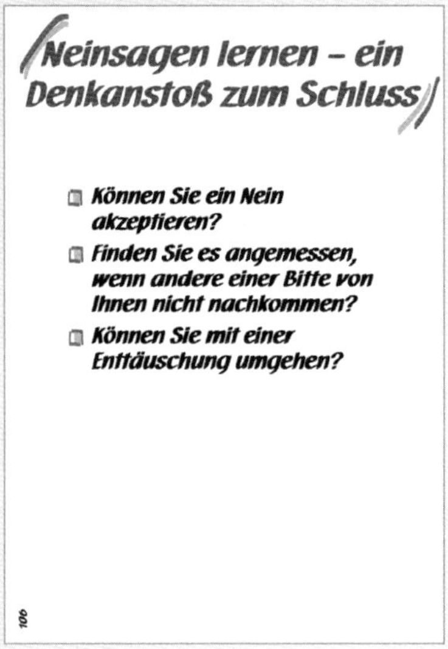

Auch Neinsagen will gelernt sein. Es lohnt sich, sich bewusst zu machen, wie man selbst mit einem Nein umgeht. Wenn Sie ein Nein von Ihrem Gegenüber akzeptieren können, fällt es Ihnen auch leichter, selbst Nein zu sagen. Denn auch wenn Sie „Nein" sagen, sind Sie ein liebevoller Mensch.

Flipchart 106

Übung: Neinsagen lernen

14.30 bis 15.00 Uhr

Diese Reflexionsübung zur persönlichen Kompetenz zum Neinsagen ermuntert die Teilnehmerinnen, künftig bewusster mit dem Thema umzugehen.

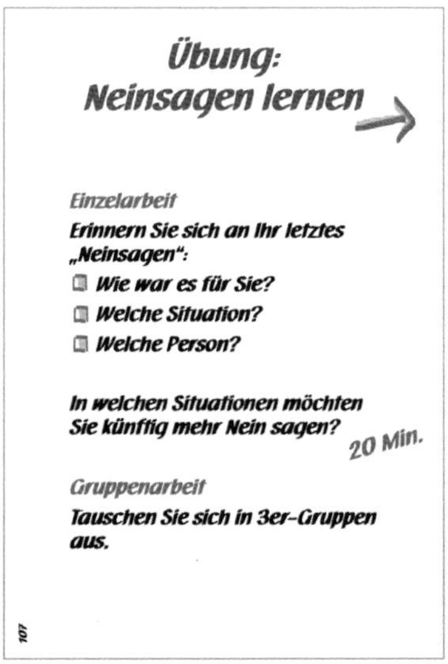

Flipchart 107

Im Anschluss an die Übung findet ein kurzer Austausch im Plenum statt.

15.00 bis
15.15 Uhr

Übung: Aufarbeitung Hausaufgabe

Anschließend führen wir ein Gespräch im Plenum über die „Hausaufgabe“ aus Modul II:

- Mit welcher Haltung haben Sie das Gespräch geführt?
- Wie hoch war Ihr Redeanteil?
- Welche systemischen Tools haben Sie bei Ihren Gesprächen verwendet?

Bei diesen Rückmeldungen erleben wir immer wieder, dass davon berichtet wird, dass es einen Unterschied zu den bisherigen Erfahrungen gibt. Diese Unterschiede werden aber häufig erst durch das Erzählen der anderen und durch unsere ressourcenorientierten Nachfragen bewusst.

Beispiele von Rückmeldungen:

- „Ich achte darauf, weniger Tür-und-Angel-Gespräche zu führen und ich merke, dass ich mich dadurch nicht mehr so gestresst fühle.“
- „Ich habe beim letzten Mitarbeitergespräch mehr zugehört und habe dadurch viele interessante Informationen erhalten. Ich kann im Nachhinein jetzt auch meine Mitarbeiterin besser verstehen.“
- „Ich habe mehr auf die Ressourcen meiner Mitarbeiterinnen geachtet und sie auch manchmal thematisiert. Ein Mitarbeiter hat mir gesagt, dass es ihm richtig gut getan hat.“

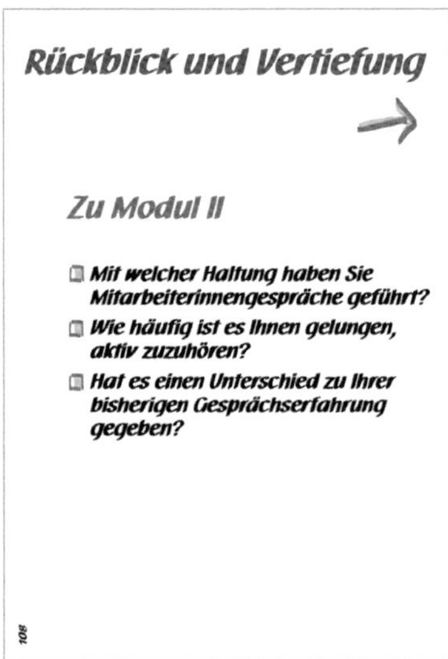

Flipchart 108

Thema: Zielgerichtet kommunizieren

15.15 bis
15.30 Uhr

III/3

109

Mit diesem Input bekommen die Teilnehmer hilfreiche Informationen, die sie darin unterstützen, ihre Präsentationen zielgerichtet und gewinnbringend aufzubauen.

Präsentationen sollten „anschlussfähig" sein. Nur so erzielen sie Resonanz und Wirkung. Anschlussfähig sind sie, wenn zum Beispiel die Kernbotschaft klar ist.

Skript-Auszug III/3:

Neun Punkte: Was will ich wem wie sagen?

DARUM GEHT ES

Die folgenden neun Punkte sollten Sie unbedingt klären, bevor Sie sich an das Entwerfen und Ausformulieren einer Präsentation oder einer Rede (oder entsprechend eines anderen Textes) setzen. Wenn Sie die Präsentation für jemand anderes entwickeln, sind dazu wahrscheinlich noch Rückfragen oder ein genaueres Re-Briefing bei Ihrem „Auftraggeber" notwendig. Die Arbeit, die Sie hier investieren, zahlt sich später mehr als doppelt aus.

Das Thema

Worum geht es in Ihrer Präsentation?

- Fassen Sie in groben Zügen das Thema zusammen – auch in Abgrenzung zu anderen Rednern auf derselben Veranstaltung.

Die Bedeutung der Präsentation

- Welche Bedeutung, welches Gewicht hat die Präsentation?
- Welche für das Unternehmen oder die Organisation?

Das Ziel

Generell sollte Ihr Kommunikationsziel realistisch, konkret und für Ihre Hörer interessant sein. Deshalb sollten Sie sich immer ein – nüchternes – Minimalziel setzen. Dies beugt Enttäuschungen vor und stellt sicher, dass Sie Ihren Beitrag nicht „überfordern". Planen Sie also Standing Ovations nicht fest ein, der Gewinn nach Punkten reicht völlig aus als Ziel.

Fünf Beispiele sind:

Informieren

Beim Präsentieren von Informationen müssen Sie in erster Linie Inhalte verständlich machen. Ihre Zuhörer sollen eine neue Idee oder einen neuen Sachverhalt aufnehmen, verstehen und behalten.

Überzeugen

Hier geht es für Sie darum, Ihre Zuhörerinnen zum Handeln zu bewegen oder deren Einstellung zu beeinflussen.

Entscheidungshilfe bieten

Dabei gilt es, die Basis für eine Entscheidung zu präsentieren.

Verkaufen

Neben Informieren und Überzeugen kommt hier der Verkauf hinzu.

Gemeinschaft schaffen und motivieren

Hierzu zählen Anlässe wie zum Beispiel Jubiläen oder Kick-offs.

Ihr Thema sagt noch nichts über das Ziel Ihrer Präsentation.
Und nur wer sein Ziel kennt, kann es auch treffen.

Die Kernbotschaft

Im Mittelpunkt eines Beitrags steht Ihre These. Formulieren Sie hierzu Ihre Kernbotschaft,

- und zwar kurz und knapp. Schließlich hat ein Werbespot auch selten mehr als 30 Sekunden, um seine Botschaft zu vermitteln.
- Um vollendeten Stil brauchen Sie sich erst einmal nicht zu kümmern. Am Ende sollten Sie Ihre Kernbotschaft aber am besten mithilfe rhetorischer Stilmittel formulieren. Sie muss für Ihre Hörer verständlich sein, damit sie bei ihnen Erfolg hat.
- Können Sie Ihre Kernbotschaft in ein, zwei Sätzen, also in wenigen Sekunden zusammenfassen?

Das Publikum (die Zielgruppe)

Vor Ihrer Präsentation müssen Sie die Teilnehmenden genau analysieren:

- Besteht Ihre Zielgruppe eher aus Kaufleuten mit Bewertungsmaßstäben wie Preis, Umsatz, Kosten, Gewinn, Wirtschaftlichkeit bis hin zu Themen wie Marktchancen oder Unternehmensstrategie?
- Setzt sich die Zielgruppe aus Technikern zusammen, die Leistungsmerkmale, Machbarkeit, aber auch Kategorien wie „Stand der Technik" interessieren?
- Sind hauptsächlich Kunden Ihr Publikum? Welcher Art genau?
- Besteht die Zielgruppe aus Geschäftspartnerinnen oder Mitarbeitern?
- Oder sprechen Sie vor Journalisten oder etwa Anwohnerinnen?
- Wie viele Teilnehmer sind bereits mit dem Thema vertraut?
- Wenn ja, in welcher Form?
- Welche Einstellungen bringen die Zuhörer (zustimmend, ablehnend, skeptisch etc.) mit?
- Wo gibt es eventuell „Empfindlichkeiten"?

Der „Wert" für das Publikum

Das Publikum bezahlt zwar keinen Eintritt, aber es schenkt Ihnen ein wenig Zeit und Aufmerksamkeit. Dafür will es etwas von Ihnen bekommen. Dazu können Sie sechs unterschiedliche „Köder" auslegen:

- Aktualität: Zeigen Sie aktuelle Bezüge auf.
- Neuigkeit: Bieten Sie eine neue Sichtweise des Problems.
- Nutzen: Liefern Sie die Lösung eines Problems (Vorschlag, Plan, Produkt etc.).
- Vorteil: Erklären Sie die Vorzüge Ihrer Lösung, Ihrer Sichtweise, von denen der Zuhörer profitieren kann.
- Beweis: Statistiken und andere Quellen bekräftigen Ihre Argumente.
- Unterhaltung: Die Zuhörerinnen wollen unterhalten werden! Die Bedeutung dieses Köders kann man nie hoch genug einschätzen.

Der Präsentationstyp

Es gibt verschiedene Präsentationstypen. Beispiele sind

- Motivation
- Information
- Wiederholte Präsentation zum gleichen Thema
- Einzel-Präsentation
- Aufeinanderfolgende Reihe von Teil-Präsentationen.

Der Tenor

- Sobald Sie die ersten grundlegenden Aspekte geklärt haben, legen Sie den Tenor Ihrer Präsentation fest, vergleichbar der Tonart bei einem Musikstück.
- Damit ist gemeint, ob der Text zum Beispiel ernst, humorvoll, ungezwungen, festlich, feierlich, witzig, appellierend, tröstend, besinnlich, kritisch, selbstkritisch, frech, zufrieden, sachlich, informativ, einfühlsam, überzeugend, betroffen, argumentierend, optimistisch, loyal, souverän, Autorität ausstrahlend, herzlich, nachdenklich ... sein soll. Auch Kombinationen sind möglich.

Der Zeitrahmen

- Sofern Ihnen der Veranstalter keine Zeitdauer vorgibt, hat sich folgende Faustregel bewährt: Rechnen Sie mit einer Vortragslänge von 20 bis 30 Minuten. Dabei sollten Einleitung und Schluss nicht mehr als ein Fünftel der Gesamtzeit betragen.

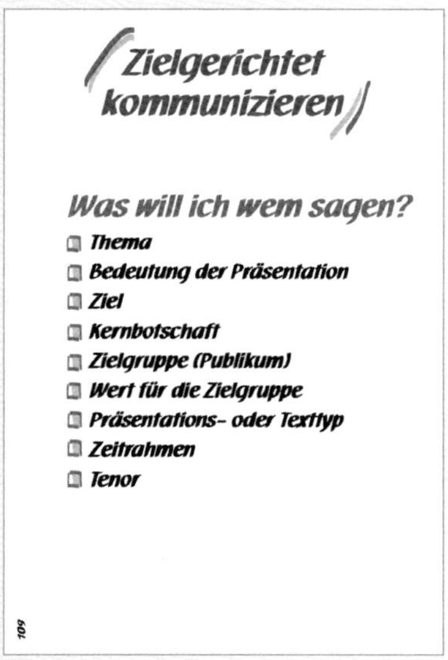

Flipchart 109

ZUM WEITERDENKEN
„Um eine gute Stegreifrede zu halten, brauche ich drei Tage Vorbereitungszeit." Das Zitat von Mark Twain beschreibt treffend, wie wichtig die Vorbereitung für eine gute Präsentation oder Rede ist.

Achten Sie darauf, dass die Präsentation, Rede oder allgemein: Ihr Beitrag „anschlussfähig" ist. Nur so erzielen Sie Resonanz und Wirkung. Anschlussfähig sind Inhalte, Geschichten und Wirklichkeitsbeschreibungen, die von Zuhörern als möglich bzw. als sinnvoll akzeptiert werden. Dies ist meistens dann der Fall, wenn diese Beschreibungen in das Weltbild und das Denken des Publikums passen (siehe auch III/7).

15.30 bis 15.45 Uhr

Pause

Übung: Kompetenzen einer Führungskraft im eigenen Unternehmen

15.45 bis 16.40 Uhr

Diese Übung dient zur Vorbereitung auf das Kolloquium, deshalb arbeiten bei dieser Übung die Peergroups miteinander. Zur Unterstützung erhalten die Teilnehmer die Kriterien für eine gelungene Präsentation, die ihnen als roter Faden hilfreich sein können.

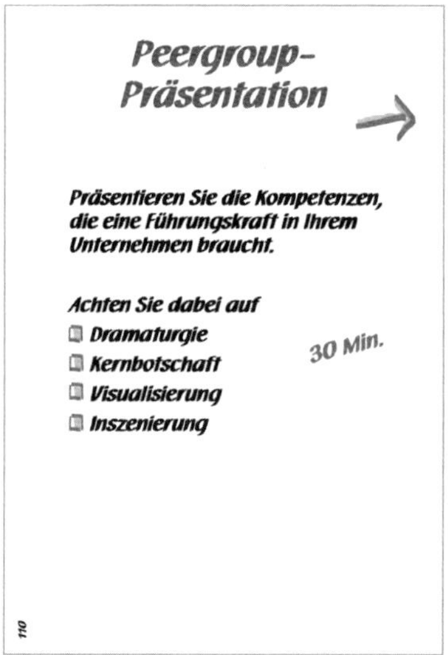

Flipchart 110

Flipchart 111

Bei den 360-Grad-Rückmeldungen (Seite 330) werden erstmals die vorgestellten Kriterien mit in das Feedback einbezogen.

Abschluss

16.40 bis 17.00 Uhr

Wir fragen wieder anhand der Agenda nach, ob die Themen für die Teilnehmerinnen adäquat bearbeitet wurden.

In der Abschlussrunde werden die Teilnehmerinnen gebeten, in nur ein oder zwei Begriffen den Tag zu beschreiben.

Flipchart 112

Modul III/Tag 2

Seite	Thema/Übung	Dauer	Uhrzeit
211	Vorbereitung	20 Min.	8.30 – 8.50 Uhr
212	Begrüßen	10 Min.	8.50 – 9.00 Uhr
212	Einstiegsrunde	45 Min.	9.00 – 9.45 Uhr
212	Thema und neue Hausaufgabe: Auftragsklärung	15 Min.	9.45 – 10.00 Uhr
213	Agenda von Modul III/Tag 2	5 Min.	10.00 – 10.05 Uhr
213	Abfrage der Anliegen	5 Min.	10.05 – 10.10 Uhr
213	Übung: Souverän in allen Situationen	60 Min.	10.10 – 11.10 Uhr
	Pause	15 Min.	11.10 – 11.25 Uhr
214	Übung: Vorführung	20 Min.	11.25 – 11.45 Uhr
214	Thema: Vorstellung der Teamphasen	5 Min.	11.45 – 11.50 Uhr
218	Übung: Teamphasen	70 Min.	11.50 – 12.30 Uhr
	Mittagspause	90 Min.	12.30 – 14.00 Uhr
218	Übung: Präsentation und Auswertung	30 Min.	14.00 – 14.30 Uhr
219	Thema: Faktoren zur erfolgreichen Teamführung	5 Min.	14.30 – 14.35 Uhr
222	Übung: Kontrolle	30 Min.	14.35 – 15.05 Uhr
222	Thema: So wirkt Kontrolle positiv	15 Min.	15.05 – 15.45 Uhr
	Pause	15 Min.	15.45 – 16.00 Uhr
227	Triaden-Arbeit	30 Min.	16.00 – 16.30 Uhr
228	Abschluss	30 Min.	16.30 – 17.00 Uhr
	Ende des Tages		

Orientierung

Fokus

Aus der Praxis: Souverän in allen Situationen und Kontrolle, Grundlegendes zu Teamphasen und Teamführung

Zeit

9.00 bis 17.00 Uhr, Mittagspause von 12.30 bis 14.00 Uhr, vormittags und nachmittags Kaffeepausen nach Vereinbarung

Vorbereitung

Flipcharts 113-125 (optional Flipchart 4, 5), Blumen, Lautsprecher-Box

Raum

Stuhlkreis, zweiter Raum für Gruppenarbeit

Material

2 Flipcharts, 3-4 Pinnwände, Moderationskarten, Moderationskoffer (gut gefüllt)

Skript

II/2, II/3, II/9

Vorbereitung

8.30 bis 8.50 Uhr

Kleine Checkliste:

- Materialien
- Flipcharts
- Namensschilder
- Karten, Stifte in der Mitte
- Anliegen auf Flipchart
- Frage eines Teilnehmers vom Vortag berücksichtigen, etwa Wunsch nach Buchempfehlung etc.
- Übriggebliebenes
- Aktuelle Infos, etwa vom Auftraggeber oder vom Veranstalter auf Flipchart notieren

8.50 bis
9.00 Uhr

Begrüßen

Als Trainer haben wir immer die einzelnen Teilnehmerinnen im Blick. Die Zeit zwischen dem Ankommen der Teilnehmer und dem Beginn des Seminars nutzen wir immer wieder, um auf einzelne zuzugehen und mit ihnen ins Gespräch zu kommen.

9.00 bis
9.45 Uhr

Einstiegsrunde

Erste Runde: Im Innenkreis liegen eine große Vielzahl Fotos oder Postkarten mit möglichst vielen unterschiedlichen Motiven und Stimmungen. Die Teilnehmer werden gebeten, sich ein Bild herauszusuchen, das für sie beispielhaft das Thema Führung widerspiegelt.

Zweite Runde: Wie geht es Ihnen heute? Gibt es Reste/Nachklang (Fragen, Unklarheiten, Besonderheiten) von gestern?

9.45 bis
10.00 Uhr

Thema und neue Hausaufgabe: Auftragsklärung

Die Teilnehmer bekommen diesmal schon an dieser Stelle ihre Hausaufgabe. Dazu erhalten sie noch einen kurzen Input zum Thema Auftragsklärung.

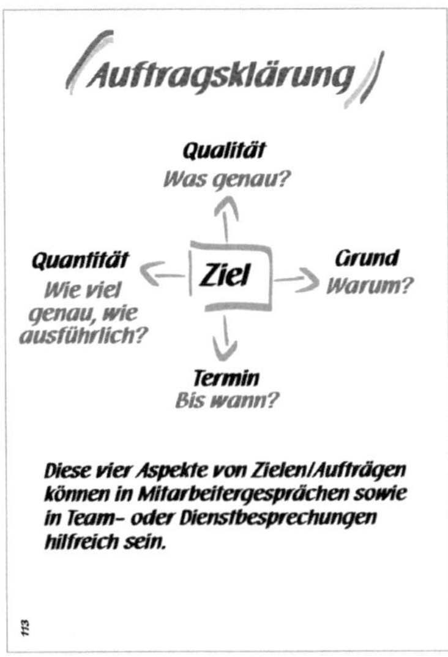

Flipchart 113

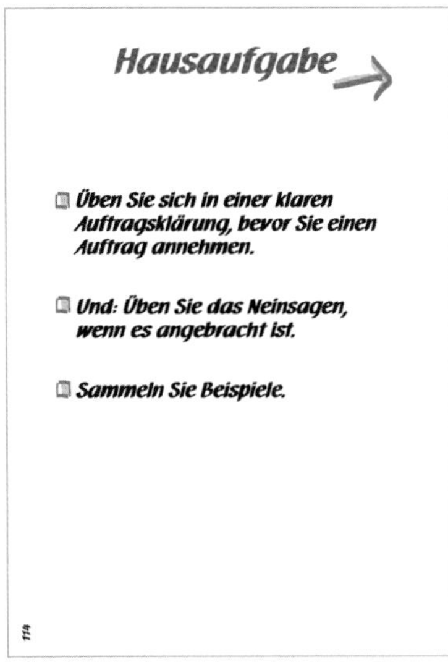

Flipchart 114

Agenda von Modul III/Tag 2

10.00 bis 10.05 Uhr

Der rote Faden

Flipchart 115

Abfrage der Anliegen

10.05 bis 10.10 Uhr

In diesem Modul trauen sich unserer Erfahrung nach auch die eher zurückhaltenden Teilnehmer, ein Anliegen oder eine Frage einzubringen.

Übung: Souverän in allen Situationen

10.10 bis 11.10 Uhr

Gerade für junge Führungskräfte ist die Frage, wie sie souverän und sicher auftreten, ein wichtiges Thema. Durch diese Übung bekommen sie ein Gefühl dafür, was es dafür braucht.

Flipchart 116

11.10 bis 11.25 Uhr

Pause

11.25 bis 11.45 Uhr

Übung: Vorführung

Bei der Präsentation wird für viele deutlich, was souveränes Verhalten ausmacht, besonders durch die Darstellung der nicht souveränen Verhaltensweisen. Die Übung macht den Teilnehmern immer viel Spaß.

11.45 bis 11.50 Uhr

II/2

117

Thema: Vorstellung der Teamphasen

Bevor eine Gruppe zum Team wird, durchläuft sie vier deutlich voneinander abgrenzbare Phasen. Jede dieser Entwicklungsphasen hat ihre eigene Gesetzmäßigkeit. Das Modell stammt von Bruce Tuckman.

Das Wissen um diese Phasen hilft, die jeweilige Situation richtig einzuschätzen und adäquat darauf zu reagieren. Ein situationsgerechtes Verhalten ist die Voraussetzung für die Bildung eines erfolgreichen Teams.

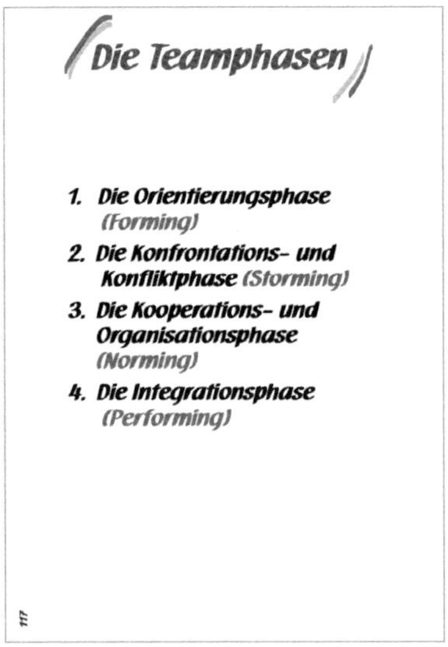

Flipchart 117

Skript-Auszug II/2:

Teams führen

DARUM GEHT ES

Die Führung von Teams erfordert besondere Kenntnisse. Teams als komplexe Systeme können eine effiziente Zusammenarbeit und damit wertvolle Synergien nur dann wirkungsvoll entfalten, wenn entsprechende Rahmenbedingungen gegeben sind. Die Balance zwischen Individualität und Gruppe sowie zwischen Freiraum und Struktur muss kompetent gesteuert werden. Von Führungskräften verlangt Teamarbeit daher die gezielte und moderierende Regulierung und Entwicklung der Teamprozesse, Fähigkeiten bei Analyse und Entscheidungen, eine differenzierte Selbstwahrnehmung und dazu eine hohe Flexibilität im Verhalten.

Entwicklung eines Teams

Bevor eine Gruppe zum Team wird, durchläuft sie vier deutlich voneinander abgrenzbare Phasen. Jede dieser Entwicklungsphasen hat ihre eigene Gesetzmäßigkeit. Das Modell stammt von Bruce Tuckman (1965). Er hat übrigens auch eine fünfte Phasenbeschreibung: Die Adjourning-Phase beschreibt Auflösungsprozesse. Auf sie gehen wir hier nicht ein.

Das Wissen um diese Phasen hilft Ihnen, die jeweilige Situation richtig einzuschätzen und adäquat darauf zu reagieren. Ein situationsgerechtes Verhalten ist die Voraussetzung für die Bildung eines erfolgreichen Teams.

Die vier Phasen:

1 Die Orientierungsphase (Forming)
2. Die Konfrontations- und Konfliktphase (Storming)
3. Die Kooperations- und Organisationsphase (Norming)
4. Die Integrationsphase (Performing)

Die Phasen im Uhrzeigersinn genauer betrachtet:

IV. Integration (Performing) **Aufgaben:** Suche nach mehr Effizienz, Verfeinerung der Arbeitsteilung **Beziehungen:** Wir-Gefühl, Feedback, Reflexion über die Zusammenarbeit	**I. Orientierung (Forming)** **Aufgaben:** Sammeln von Informationen, Ziele verstehen, Definition der Aufgaben **Beziehungen:** Suchen nach eigener Rolle und akzeptiertem Verhalten; Gefühle werden kaum gezeigt.
III. Kooperation/Organisation (Norming) **Aufgaben:** Suche nach Alternativen, Kooperation **Beziehungen:** Entspannung, Zugehörigkeitsgefühl, offene, authentische Kommunikation	**II. Konfrontation/Konflikt (Storming)** **Aufgaben:** Entweder-oder-Diskussion, Abgrenzung von Zuständigkeiten, Spielregeln erarbeiten **Beziehungen:** Polarisierung, Politik, Cliqenbildung, Profilierungsversuche

Abb. II/2: Vier Phasen der Team-Entwicklung

In jedem Teamentwicklungsprozess gibt es kritische Situationen wie zum Beispiel die Anfangssituation oder die Übergänge in die jeweils nächste Entwicklungsphase. In jeder Entwicklungsphase gibt es bestimmte Bedürfnisse, die befriedigt werden wollen. Bleiben diese Bedürfnisse unbefriedigt, gerät die Entwicklung ins Stocken.

Die Grundregel zur Bewältigung aller Situationen lautet:
Betreiben Sie aktiv die Entwicklung, um den Entwicklungsprozess in Gang zu halten!

Lassen Sie Ihren Mitarbeiterinnen die nötige Zeit, die einzelnen Phasen zu durchleben. Planen Sie Zeit ein, um gemeinsam mit Ihrem Team die Phasen zu reflektieren.

Klären Sie auch alle Detailfragen. Und geben Sie Diskussionen Raum.

Bei der Kooperations- und Organisationsphase besteht die Gefahr, dass Sie sich zu früh mit dem Erreichten zufriedengeben und dabei versäumen, weitere wichtige Entwicklungsschritte zu tun.

In der Integrationsphase kommt Ihnen die wichtige Aufgabe zu, sich nicht von dem langsam um sich greifenden Hochgefühl der Gruppe vereinnahmen zu lassen. Bewahren Sie einen klaren Blick für noch ungelöste Probleme und Konflikte.

Hilfreiche Grundsätze

In der Orientierungsphase haben Führungskräfte eine besondere Aufgabe, da die Teammitglieder darauf angewiesen sind, Orientierung über die neue Situation zu erhalten (strategische Aufgaben, Ziele, Rollen etc.).

Die Konfrontations- und Konfliktphase ist die einzige Phase, die immer von allein kommt. Versuchen Sie nicht, dieser Phase auszuweichen, und akzeptieren Sie diese Phase als einen natürlichen Vorgang. Fördern Sie Partnerschaften innerhalb des Teams.

Teamerfolge sollten Sie anerkennen, bekanntgeben und feiern.

Machen Sie sich bewusst, dass jedes Team diese vier Phasen immer durchläuft. Es lohnt sich, einmal jährlich in einen eintägigen Teamentwicklungsworkshop zu investieren.

- Lehnen Sie niemals eine Idee oder einen Vorschlag ohne Begründung ab.
- Fördern Sie den Informationsfluss unter den Kolleginnen.
- Sorgen Sie dafür, dass das ganze Team von Problemlösungen lernt.
- Reden Sie schlechte Nachrichten nie klein.
- Denken Sie daran, dass Beziehungen sich verändern.
- Fördern Sie Konfliktlösungsverhalten.

Jede größere Veränderung im Team bewirkt, dass wieder bei der Orientierungsphase begonnen werden muss.

ZUM WEITERDENKEN

Teams durchlaufen unterschiedliche Phasen. Die Kenntnis darüber erleichtert es, Teamprozesse zu gestalten und hilfreiche Interventionen vorzunehmen. So kann es zum Beispiel in der Konfrontationsphase notwendig sein, mehr Zeit für die Teamentwicklung einzuplanen oder einen externen Moderator hinzuzuziehen (siehe auch II/3).

11.50 bis 12.30 Uhr

Übung: Teamphasen

Die Gruppenbildung wird folgendermaßen ausgelost:

- Ansichtskarten sind jeweils in vier Teile geschnitten.
- Bei 20 Teilnehmerinnen braucht es zum Beispiel fünf Ansichtskarten. Bei 23 Teilnehmern benötigt man beispielsweise zusätzlich eine Postkarte, die nur in drei Teile zerschnitten ist.

Jede Gruppe benötigt eine Gruppenleitung.

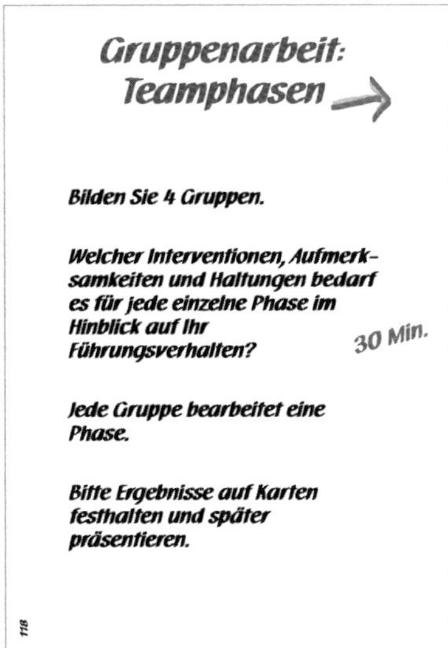

Flipchart 118

12.30 bis 14.00 Uhr

Mittagspause

14.00 bis 14.30 Uhr

Übung: Präsentation und Auswertung

Die Präsentation erfolgt wieder im Modus der 360-Grad-Rückmeldung (Seite 330). Und da die Teilnehmerinnen mittlerweile einige Übung im Präsentieren haben, fordern wir sie auf, ein detailliertes Feedback nach den erarbeiteten Kriterien zu geben.

Thema: Faktoren zur erfolgreichen Teamführung

14.30 bis
14.35 Uhr

II/3

119

Dieser Input gibt zusätzliche Hinweise für eine erfolgreiche Teamführung.

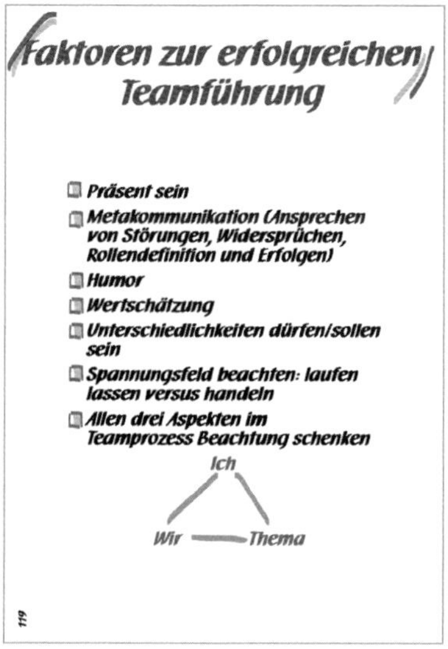

Flipchart 119

Skript-Auszug II/3:

Teams entwickeln

DARUM GEHT ES

Eine erfolgreiche Führungskraft ist nur so gut – und erfolgreich – wie das Team, das hinter ihr steht. Deshalb ist der guten Zusammenarbeit von Teams große Beachtung zu schenken. Ein gutes Team, in das jedes Mitglied seine Stärke einbringt, ist ein Gewinn für jede Organisation. Mit einer effektiven Teamorganisation werden wichtige Informationen schneller weitergegeben, die Kommunikation erfolgt direkter, Entscheidungswege werden verkürzt und das eigenverantwortliche Handeln vergrößert sich.

Drei Aspekte zur Ist-Analyse

Auf dem Weg zur Teamarbeit liegen aber in der Praxis häufig so manche Stolpersteine. Viele Arbeitsgruppen sind sehr heterogen besetzt. Oft fehlt die Ausrichtung auf ein gemeinsames Ziel. Die Führungskraft ist bei dem Prozess der Teamentwicklung besonders gefordert. An erster Stelle sollte die Ausgangssituation analysiert werden.

Dabei haben sich drei Aspekte zur Betrachtung bewährt:

- Aufgabe
- Beziehungsstrukturen
- Einzelpersonen

Die Aufgabenebene

Bei der Aufgabeneben geht es um folgende Fragestellungen:

- Was erwarte ich von meinem Team?
- Sind die Ziele und Aufgaben des Teams für jeden geklärt?
- Ist die richtige Aufbau- und Ablaufsituation gewählt?
- Welche finanziellen Mittel stehen zur Verfügung?
- Welche Kundenanforderungen (interne/externe) bestehen?
- Welche Qualitätsstandards werden daraus entwickelt?
- Welche fachlichen Qualifikationen haben die Mitarbeiterinnen?
- Wie sind die Arbeitsweise und der Grad der Selbstorganisation der Mitarbeiter?
- Welchen Weiterbildungsbedarf haben die Mitarbeiterinnen?
- Werden neue Hilfsmittel benötigt? Was ist bereits vorhanden?
- Was muss noch beschafft werden?

Last but not least diese beiden wichtigen Fragen:

- Was hat sich bewährt?
- Was möchten die Mitarbeiter gerne beibehalten?

Auch wenn Sie nicht allen Wünschen der Mitarbeiterinnen gerecht werden können, zeigen diese Fragen Wertschätzung für das bisher Gültige.

Die Beziehungsebene

Sie werden die Themen, die die Aufgabenebene betreffen, nur konstruktiv bearbeiten können, wenn Sie die Beziehungsebene berücksichtigen.

Folgende Fragen können Ihnen dabei hilfreich sein:

- Wie kommunizieren die Mitarbeiter untereinander? (Teamfähigkeit)
- Verhalten sie sich kooperativ? (Soziale Kompetenz)
- Wer steht mit wem in Beziehung?

- Haben Mitarbeiterinnen schon erfolgreich zusammengearbeitet?
- Gibt es Beziehungsstörungen?
- Gibt es „Altlasten", wie zum Beispiel schwelende Konflikte oder negative Erfahrungen?
- Wie funktioniert der Informationsfluss?
- Gibt es eine heimliche Leitung?
- Wer hat bisher welche Rolle im Team?
- Gibt es Resonanz auf Ihr eigenes Führungsverhalten?

Zur Klärung der Beziehungseben kann es Sinn machen, einen externen Moderator hinzuziehen, der unbefangen auch heikle Themen ansprechen kann.

Die Ebene der Einzelpersonen

Neben der Aufgabenebene und der Beziehungsebene gilt es auch, den einzelnen Mitarbeiter mit seinen persönlichen Anliegen im Blick zu behalten (siehe auch III/14).

Folgende Punkte können hier von Bedeutung sein:

- Wie geht es der Mitarbeiterin mit dem Wechsel der Führungskraft?
- Was ist dem Mitarbeiter an seinem Arbeitsplatz besonders wichtig?
- Welche Erwartungen hat die Mitarbeiterin an Sie?
- Gibt es Besonderheiten, die zu berücksichtigen sind?

Bei einem persönlichen Gespräch in angenehmer und ungestörter Atmosphäre geben Sie der Mitarbeiterin die Möglichkeit, etwas von sich zu erzählen. Damit schaffen Sie eine Grundlage für weitere gute Mitarbeitergespräche.

ZUM WEITERDENKEN

Wenn Sie als Führungskraft ein neues Team übernehmen, gilt es als Erstes, das Bisherige zu würdigen. Denn wer hat schon gerne das Gefühl, bisher nur schlecht gearbeitet zu haben. Als zweiten Schritt machen Sie sich ein Bild über die Aufgaben, über die Beziehungen im Team sowie über jede Mitarbeiterin.

Behalten Sie auch im Laufe Ihrer Tätigkeit diese drei Aspekte im Blick. Sie gilt es in Balance zu halten. Falls es zum Beispiel zu schlechter Stimmung im Team oder zu häufigen Krankheitsfällen kommt, ist in der Regel mindestens ein Aspekt zu wenig beachtet worden.

14.35 bis 15.05 Uhr

Übung: Kontrolle

Wie viel sollte man, wie viel muss man kontrollieren? Das ist gar nicht so einfach.

Mit Kontrolle verbinden die Teilnehmer in der Regel Negatives und Unangenehmes. Aber eigentlich ist Kontrolle etwas ganz anderes: Wer nicht kontrolliert, kann Erfolge seiner Mitarbeiterinnen nicht feststellen. Und Kontrolle kann auch Interesse signalisieren und Hilfe bedeuten. Mit dieser Übung steigen die Teilnehmerinnen gleich ganz praktisch in das Thema ein.

Dafür bereiten wir Pinnwände mit folgenden Überschriften vor:

- Was sollte kontrolliert werden?
- Wann sollte kontrolliert werden?
- Wie und womit sollte kontrolliert werden?
- Wo sollte kontrolliert werden?

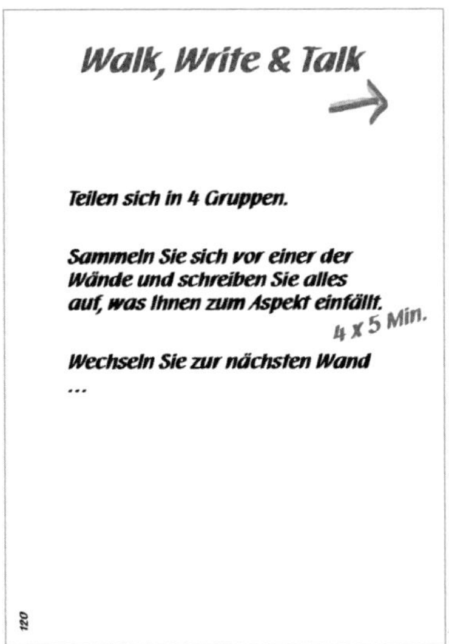

Die Auswertung erfolgt jeweils vor den Pinnwänden in einem kurzen Austausch, beispielsweise unter nach der Methode Write, Walk & Talk (Seite 356).

Flipchart 120

15.05 bis 15.45 Uhr

II/9

121 bis 123

Thema: So wirkt Kontrolle positiv

Nachdem die Teilnehmer sich ausführlich mit den unterschiedlichen Aspekten von Kontrolle auseinandergesetzt haben, folgt ein Input darüber, was benötigt wird, um zielführend zu kontrollieren. Wir nutzen dazu die Flipcharts 121 bis 123 (So wirkt Kontrolle positiv I-III).

Skript-Auszug II/9:

Keine Angst vor Kontrolle

DARUM GEHT ES

Möchten Sie gerne ständig kontrolliert werden? Wohl nicht. Und genauso sehen dies Ihre Mitarbeitenden. Unsere Erfahrung hat gezeigt, dass Sie besser fahren, wenn Sie die Zügel locker lassen und Ihren Mitarbeitern nicht permanent über die Schulter schauen:

- Wie kann eine sinnvolle Kontrolle aussehen?
- Wie viel ist angebracht?
- Welche Wirkung haben Kontrollen?
- Wann ist Selbstkontrolle besser?

Vertrauen vs. Misstrauen

Welche Art von Kultur wollen Sie in Ihrem Unternehmen leben?

Das macht eine Vertrauenskultur aus	So sieht eine Misstrauenskultur aus
Grundsätzlich bekommen alle Mitarbeiter einen Vertrauensvorschuss. Dahinter steht ein positives Menschenbild, wie zum Beispiel: Alle Mitarbeiterinnen strengen sich an und tun ihr Bestes.	Die Führung geht von einem negativen Menschenbild aus, zum Beispiel: Mitarbeiterinnen neigen dazu, bequem und egoistisch und nur auf ihren Vorteil bedacht zu sein. Angst ist verbreitet.

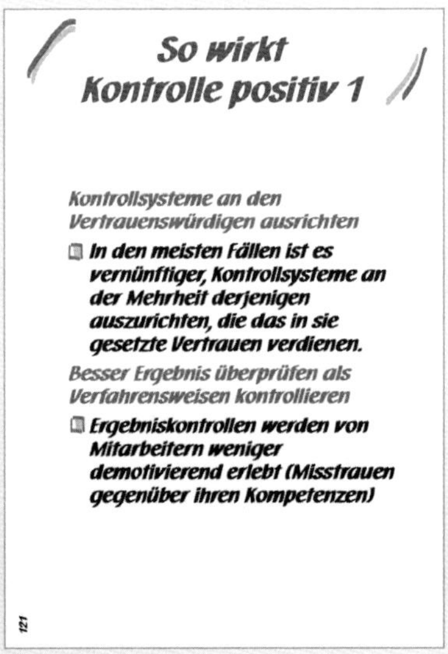

Flipchart 121

Mit Ihrer Einstellung und Ihrem Verhalten bestimmen Sie wesentlich die Kultur. Also entscheiden Sie, welche Kultur Sie wollen!

Was gemessen wird, wird gemacht!

Überlegen Sie, worauf Sie Ihre Aufmerksamkeit (Kontrolle) lenken wollen. Damit bestimmen Sie, worauf Ihre Mitarbeiter ihre Aufmerksamkeit lenken.

Umfang und Intensität der Kontrolle

Umfang und Intensität der Kontrolle richten sich nach folgenden Kriterien:

- Kompetenz und Erfahrung der Mitarbeiterin für die jeweilige Aufgabe
- Die Sorgfalt, wie der Mitarbeiter bisher seine Aufgaben erledigt hat
- Ihre bisherige Integrität und Loyalität
- Die Bedeutung der jeweiligen Aufgabe für das Unternehmen

Es ist also sinnvoll und nötig, unterschiedliche Mitarbeitende verschieden intensiv zu kontrollieren. Bei einem unerfahrenen Mitarbeiter haben Sie nicht nur das Recht, sondern sogar die Pflicht, genauer hinzuschauen.

Genauso müssen Sie bei einer unzuverlässigen Mitarbeiterin mehr Kontrolle ausüben als bei einer äußerst zuverlässigen. Und schließlich müssen Sie, sobald ein Mitarbeiter Ihnen Anlass zur Besorgnis gibt, dass er sich allzu sehr an seinen eigenen Interessen orientiert, genauer hinsehen.

Eine Frage der Kultur

Leben Sie eine Vertrauenskultur.

Menschen, die diese Kultur nicht mittragen wollen und Vertrauen auf grobe Weise missbrauchen, sollten gezielt zur Verantwortung gezogen werden.

Aber Achtung: Stellen Sie in Zweifelsfällen sicher, dass es sich nicht nur um ein Missverständnis handelt.

Vertrauen Sie Ihrem Gefühl: Wenn Sie bei jemandem oder einer Sache ein ungutes Gefühl haben, fragen Sie so lange nach, bis es verschwindet.

Bleiben Sie mit Ihren Mitarbeiterinnen im Gespräch. Je nach Funktionsstufe ist der tägliche, wöchentliche oder ein noch größerer Abstand passend.

Das Vertrauenskonto

Vertrauen kann nicht eingefordert werden, es muss wachsen. Es wächst, indem man Zeit zusammen verbringt, bei Konflikten klar und offen Stellung nimmt, auch unangenehme Dinge anspricht und nur Dinge sagt, die auch wirklich gemeint sind, also auf den „Schmusekurs" verzichtet.

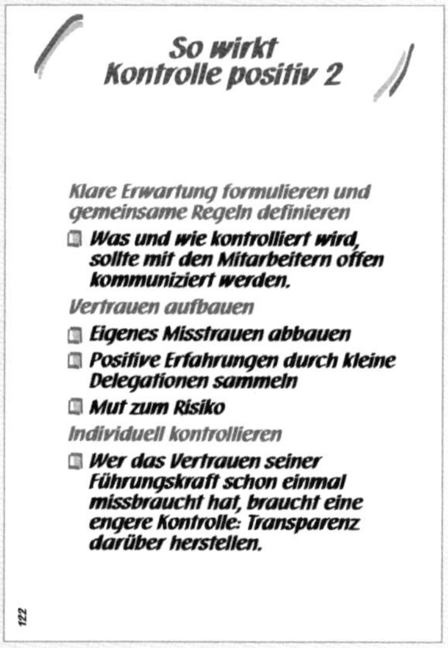

Flipchart 122

Dazu gehört, sich berechenbar zu verhalten und nicht über andere zu reden, sondern die Themen direkt mit der betroffenen Person zu besprechen.

Überlegen Sie, wer in Ihrem Vertrauenskonto das höchste Guthaben besitzt? Wer ist im Minus? Und wie ist es umgekehrt: Bei welchen Mitarbeitern haben Sie ein hohes Vertrauenskonto? Bei wem sollten Sie dringend „einzahlen", um wieder ins „Plus" zu kommen?

Stärken der Eigenverantwortung

Besprechen Sie mit Ihren Mitarbeiterinnen, was sie selbst kontrollieren und wo Sie als Chef kontrollieren wollen. Fragen Sie, welche Themen der Mitarbeiter wie kontrolliert haben möchte? Begründen Sie Ihre Hintergründe für die Kontrolle. Vereinbaren Sie transparente Kriterien, nach welchen die Beurteilung erfolgt. Wann ist es gut gelöst?

Vereinbaren Sie, in welchen Fällen Sie aktiv informiert werden möchten und welche Informationen Sie benötigen, damit Sie sich sicher fühlen. Das entlastet Sie und Ihre Mitarbeiterin von unangenehmen und zeitaufwendigen Kontrollen.

Die Kunst, im Gespräch zu bleiben

Formelle Kontrollen

Vereinbaren Sie Haltepunkte bei Projekten oder/und regelmäßige Treffen, um über den Stand zu sprechen. Hilfreiche Fragen hierzu:

- Was ist gut gelaufen?
- Wo gab es Schwierigkeiten und wie wurden diese gelöst?
- Wie läuft es mit der Zusammenarbeit?
- Wo benötigen Sie noch Unterstützung?
- Wer kann diese leisten?
- Welche Risiken sehen Sie?
- Wann ist es sinnvoll, dass wir wieder darüber sprechen?

Informelle Kontrollen

Machen Sie eine Begrüßungsrunde am Morgen oder nutzen Sie die Kaffee-Ecke, um zum Beispiel zu fragen:

- Wie war die Besprechung?
- Wie ist der Kundenbesuch gelaufen?
- Gab es Probleme bei der Montage?

! *Zeigen Sie Ihr Interesse an der Person und der Sache.*

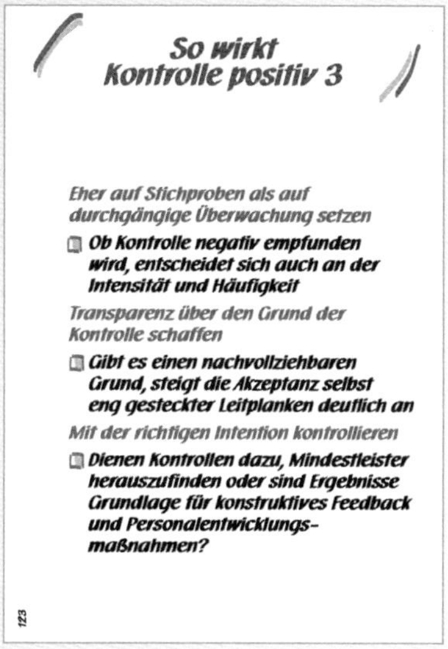

Flipchart 123

ZUM WEITERDENKEN

Kontrolle ist eine wichtige Aufgabe in der Qualitätssicherung in Ihrem Führungsalltag (siehe auch I/5). Werden Mitarbeiterinnen nicht in der Absicht kontrolliert, sie bei Fehlern zu erwischen, sondern weil Sie Ihre Mitarbeiter bei einer guten Leistung ertappen wollen, wird Kontrolle nicht als negativ empfunden. Wenn Sie dann in jedem Fall ein Feedback (Lob oder Kritik) geben, wird sie als Interesse oder Hilfe verstanden.

Pause

15.45 bis 16.00 Uhr

Triaden-Arbeit

16.00 bis 16.30 Uhr

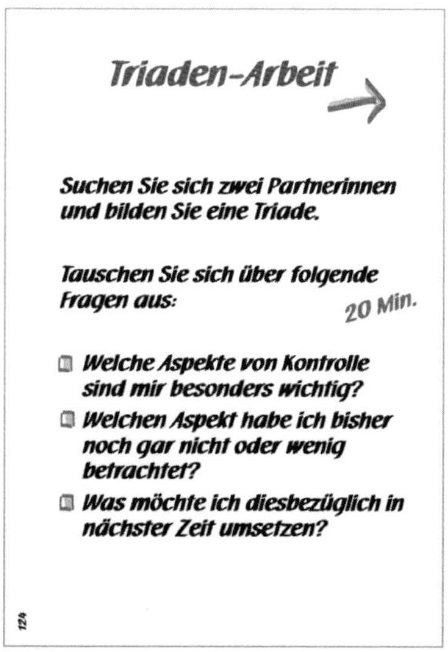

Am Ende des Moduls bekommen die Teilnehmerinnen die Aufgabe, Triaden (Seite 352) zu bilden.

Wir bitten die Teilnehmer, bei der Triaden-Bildung Personen auszuwählen, mit denen sie noch wenig zusammengearbeitet haben.

Flipchart 124

16.30 bis
17.00 Uhr

Abschluss

Nachdem wir noch mal einen Blick auf die Themen des Tages geworfen haben, bitten wir die Teilnehmer um Feedback für den Tag und das gesamte Modul 2.

Beim Abschluss sind in der Regel wieder HR-Verantwortliche oder Führungskräfte dabei.

Folgende Frage an sie könnte ein Gesprächseinstieg sein: Welche Bedeutung hat das Thema Kontrolle in Ihrem Führungsalltag?

Flipchart 125

Quellenangaben für Modul III

- Konnerth, Tania: www.zeitzuleben.de unter dem Titel „5 Tipps, wie du „nein" sagen kannst" (recherchiert am 05.05.2017).
- Luft, Joseph & Ingham, Harry: The Johari window, a graphic model of interpersonal awareness. In: Proceedings of the western training laboratory in group development, Los Angeles 1955.
- Pfläging, Niels & Hermann, Silke (2006): Komplexithoden. Clevere Wege zur (Wieder)Belebung von Unternehmen und Arbeit in Komplexität. München (3. Auflage).
- Schlegel, Leonhard (2002): Handwörterbuch der Transaktionsanalyse. Sämtliche Begriffe der TA praxisnah erklärt. Freiburg im Breisgau (2. Auflage).
- Senftleben, Ralf: www.zeitzuleben.de unter dem Titel: „Das Leben in die Hand nehmen" (recherchiert am 12.05.2018).
- Thomann, Christoph (1998): Klärungshilfe im Beruf. Reinbek.
- Schulz von Thun, Friedemann: Verständlichkeit von Informationstexten: Messung, Verbesserung und Validierung. In: Zeitschrift für Sozialpsychologie. Band 5, Nr. 5, 1974, S. 124-132.

Modul IV: Agiler führen	
Tag 1	**Tag 2**
▶ VUCA-Welt ▶ Führen mit Zielen ▶ Einstieg ins Agile ▶ Die Rolle des Prozessbegleiters ▶ Scrum-Techniken für alle	▶ Vertiefung: • Personas • Nutzerwunsch • Wunschkarte ▶ Prototypen ▶ „Wie agil bin ich schon?“ ▶ Hausaufgabe

Modul IV

Agiler führen

Modul IV/Tag 1

Seite	Thema/Übung	Dauer	Uhrzeit
233	Vorbereitung	20 Min.	8.30 – 8.50 Uhr
234	Begrüßen	10 Min.	8.50 – 9.00 Uhr
234	Einstiegsrunde	30 Min.	9.00 – 9.30 Uhr
235	Agenda von Modul IV/Tag 1	5 Min.	9.30 – 9.35 Uhr
235	Abfrage der Anliegen	5 Min.	9.35 – 9.40 Uhr
235	Thema: Willkommen in der VUCA-Welt	50 Min.	9.40 – 10.30 Uhr
	Pause	15 Min.	10.30 – 10.45 Uhr
248	Übung: Führung und Arbeiten mit Zielen	60 Min.	10.45 – 11.45 Uhr
249	Thema: Einstieg ins Agile	45 Min.	11.45 – 12.30 Uhr
	Mittagspause	90 Min.	12.30 – 14.00 Uhr
259	Thema: Einstieg ins Agile (Forts.)	30 Min.	14.00 – 14.30 Uhr
265	Übung: Bild des Prozessbegleiters	45 Min.	14.30 – 15.15 Uhr
	Pause	15 Min.	15.15 – 15.30 Uhr
266	Thema: Einstieg ins Agile (Forts.)	30 Min.	15.30 – 16.00 Uhr
274	Übung: Personas	45 Min.	16.00 – 16.45 Uhr
275	Agiler Abschluss	15 Min.	16.45 – 17.00 Uhr
	Ende des Tages		

Orientierung

Fokus

VUCA-Welt und andere Aspekte als Gründe für Notwendigkeit von Agilität aufzeigen, Grundlegendes zum agilen Führen

Zeit

9.00 bis 17.00 Uhr, Mittagspause von 12.30 bis 14.00 Uhr, vormittags und nachmittags Kaffeepausen nach Vereinbarung

Vorbereitung

Flipcharts 126-150 (optional Flipchart 4, 5), Blumen, Lautsprecher-Box

Raum

Stuhlkreis, zweiter Raum für Gruppenarbeit

Material

2 Flipcharts, 3-4 Pinnwände, Moderationskarten, Moderationskoffer (gut gefüllt)

Skript

IV/1 bis IV/5, IV/8

Vorbereitung

8.30 bis 8.50 Uhr

Kleine Checkliste:

- Materialien
- Flipcharts
- Namensschilder
- Karten, Stifte in der Mitte
- Anliegen auf Flipchart
- Frage eines Teilnehmers vom Vortag berücksichtigen, etwa Wunsch nach Buchempfehlung etc.
- Übriggebliebenes
- Aktuelle Infos, etwa vom Auftraggeber oder vom Veranstalter auf Flipchart notieren

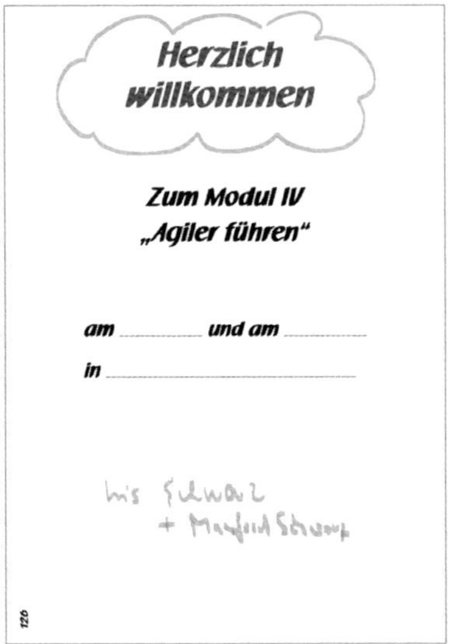

Flipchart 126

8.50 bis 9.00 Uhr

Begrüßen

Mittlerweile ist es spannend zu beobachten, wie sich unterschiedliche Konstellationen bilden und wie sich die einzelnen Teilnehmerinnen in ihrem Auftreten verändern.

9.00 bis 9.30 Uhr

Einstiegsrunde

Erste Runde: Wie ist es Ihnen mit dem Thema „Auftragsklärung“ und dem Thema „Nein sagen“ ergangen? Wer kann von Erfolgen berichten? Zweite Runde: Wie geht es Ihnen heute?

Eventuell auf Flipchart sammeln.

Agenda von Modul IV/Tag 1

9.30 bis
9.35 Uhr

Der rote Faden

Flipchart 127

Abfrage der Anliegen

9.35 bis
9.40Uhr

In der Regel ist es von da an kein Problem mehr, Anliegen zu finden. Alle sind mit der Methode vertraut und haben sie schätzen gelernt.

Thema: Willkommen in der VUCA-Welt

9.40 bis
10.30 Uhr

IV/1

128 bis 136

Die Welt um uns verändert sich kontinuierlich. Das betrifft auch unsere Arbeitswelt.

Um sich kompetent und wirksam in dieser veränderten Arbeitswelt zu bewegen, braucht es neue Ansätze. Mit dem Begriff VUCA-Welt wird die neue Arbeitswelt beschrieben. Die Taylor-Wanne erklärt anschaulich die Veränderungen in den Produktionsprozessen im Laufe der letzten Jahrhunderte. Die Unterscheidung zwischen komplizierten und komplexen Sachverhalten zeigt auf, wo welche Maßnahmen Sinn machen. Das „polynesische Segeln" nach den Effectuation-Prinzipien, bietet für die Teilnehmer eine wirksame alternative Strategie zum Erreichen von Zielen.

Wir arbeiten an diesem Thema mit den Flipcharts 128 bis 136 mit den Themen VUCA-Welt, Taylor-Wanne, SMART und Polynesisch segeln.

Skript-Auszug IV/1:

Willkommen in der VUCA-Welt

DARUM GEHT ES

Die Welt um uns verändert sich kontinuierlich. Das betrifft auch unsere Arbeitswelt.

Um sich kompetent und wirksam in dieser veränderten Arbeitswelt zu bewegen, braucht es neue Ansätze. Mit dem Begriff VUCA-Welt wird die neue Arbeitswelt beschrieben. Die Taylor-Wanne erklärt anschaulich die Veränderungen in den Produktionsprozessen im Laufe der letzten Jahrhunderte. Die Unterscheidung zwischen komplizierten und komplexen Sachverhalten zeigt auf, wo welche Maßnahmen Sinn machen. Das „polynesische Segeln" nach den Effectuation-Prinzipien bietet eine wirksame alternative Strategie zum Erreichen von Zielen.

VUCA – mehr als ein Schlagwort

Das US Army War College prägte den Begriff der VUCA-Welt.

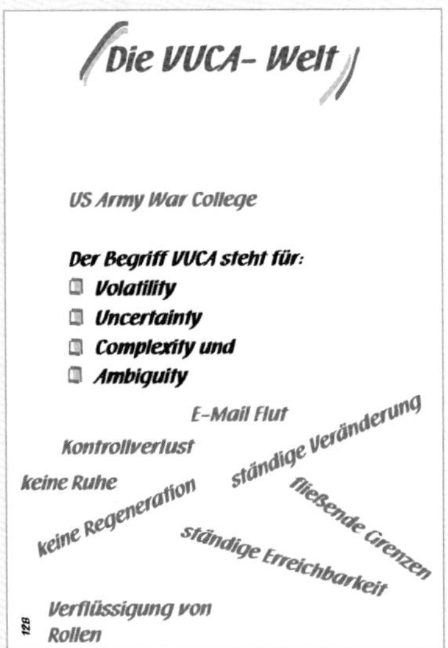

Dieser Begriff ist ein Akronym – was Sie zum Beispiel auch von dem Begriff UNO für die United Nations Organization kennen: eine Abkürzung, die selbst wieder wie ein Wort gesprochen werden kann.

Flipchart 128

Der Begriff VUCA steht für:

- Volatility (Volatilität)
- Uncertainty (Unsicherheit)
- Complexity (Komplexität)
- Ambiguity (Ambiguität)

Was bedeutet das für die Arbeitswelt?

Volatilität bezeichnet Unberechenbarkeit und Unbeständigkeit. Das Umfeld zeigt sich nur wenig stabil. Große und kleine Veränderungen treten ein, ohne berechenbar zu sein. Nehmen Sie als Beispiel das Votum 2016 für den Brexit, den Austritt Großbritanniens aus der EU. Noch vor ein paar Jahren hätte wohl niemand damit gerechnet, dass sich ein Land aus der EU verabschieden will.

Uncertainty bedeutet Unsicherheit. Um den Aspekt Unsicherheit und Ungewissheit zu verstehen, schauen wir einmal auf den Arbeitsmarkt: Bis vor wenigen Jahren konnten sich Arbeitgeber die besten Mitarbeiterinnen aus einem Bewerber-Pool aussuchen. Heute ist es umgekehrt. Wir befinden uns in vielen Bereichen heute in einem Arbeitnehmermarkt. Insbesondere mittelständische Unternehmen finden sich in dem unsicheren Gefühl wieder, ob ihre Attraktivität als Arbeitgeber ausreicht, dringend benötigte Fachkräfte und Talente an sich zu binden. Ob das gelingt, lässt sich kaum absehen oder berechnen: Es ist ungewiss und unvorhersehbar (siehe auch II/18).

Der Begriff Complexity steht für Komplexität und meint Folgendes: Nehmen wir ein IT-Netzwerk eines Unternehmens als Beispiel. Selbst als die Firma jung und übersichtlich war, war schon die Inbetriebnahme eine Herausforderung – zwar kompliziert, aber mit dem richtigen Know-how machbar. Als das Unternehmen wuchs, viele Mitarbeiter, neue Standorte und immer neue Anforderungen hinzukamen, wurde das System zunehmend komplexer. Nun droht der Verlust der Übersicht. Die schiere Menge und die vielen Wechselwirkungen und Abhängigkeiten machen es beinahe unmöglich, alle Informationen zu gewichten und miteinander ins Verhältnis zu setzen. Das ist typisch für komplexe Systeme. Das Denken in Ursache-Wirkungs-Beziehungen wird dieser Komplexität nicht gerecht. Insbesondere hier ist es wichtig, systemisch und funktional zu denken.

Ambiguität bezieht sich auf die Mehrdeutigkeit bei der Bewertung einer Situation. Soll sich eine Großstadt wie Stuttgart inmitten eines bedeutenden Industriestandorts einen komplett neuen Hauptbahnhof leisten? Oder muss sie das vielleicht sogar? Auf der einen Seite stehen Chancen wie Mobilität und Attraktivität, auf der anderen Seite Risiken und Widerstände. Zumal die Kosten nicht klar abzuschätzen sind. Was ist richtig? So genau lässt sich das nicht sagen. Die Sache ist mehrdeutig, die innere Einstellung dazu ambivalent.

Ob wir wollen oder nicht – wir leben heute in der „VUCA-Welt". Auf absehbare Zeit gibt es auch kein Zurück mehr in die Welt der einfachen Dinge, Bezüge und Lösungen. Eine Möglichkeit, damit umzugehen, bieten die Haltungen und Sichtweisen des systemischen Denkens.

Die Taylor-Wanne

Der Begriff der VUCA-Welt ist der eine Begriff, der den derzeitigen Wandel beschreibt. Der zweite Begriff heißt Taylor-Wanne (Pfläging 2016).

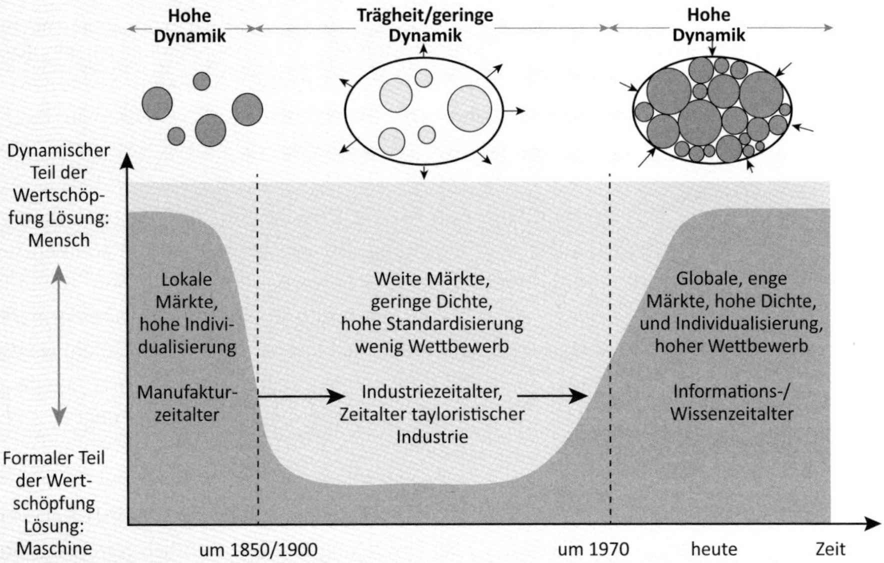

Abb. IV/1: Die Taylor-Wanne

Sie ist nach dem US-amerikanische Ingenieur Frederick Winslow Taylor benannt. Er gilt als ein Begründer der Arbeitswissenschaft. Die Taylor-Wanne zeigt das Marktumfeld, wie es sich über die letzten Jahrhunderte verändert hat.

Bis etwa 1850, im Manufaktur-Zeitalter, hatte man viele Handwerker, die ganz individuell und dynamisch Produkte für die Menschen herstellten. Durch ihre hohe Komplexität war die Manufaktur gut an die lokal begrenzten, aber dynamischen Märkte angepasst. Auf diesen lokalen Märkten gab es kaum Konkurrenz.

Dann kam die Industrialisierung. Sie ermöglichte mit Arbeitsteilung und hierarchischen Unternehmensstrukturen die maschinelle und massenhafte Produktion. Durch billige Transportmöglichkeiten konnten zwischen 1850 und 1900 große, aber träge Massenmärkte entstehen. Somit konnte ein Vielfaches an Stückzahlen produziert und sehr viele Kunden erreicht werden.

Für diese Märkte waren die Manufakturen unnötig komplex. Die Dynamik der Produktveränderung und der Grad der Individualisierung blieb in der Industrialisierung eher gering und langsam, damit man günstig herstellen konnte. Die Kreativität der Unternehmen wendete sich nach innen auf Prozesse und Kosten. Taylor entwickelte den theoretischen Hintergrund und Henry Ford war einer der Ersten, der dies eindrucksvoll praktisch nutzte. Er perfektionierte konsequent die Fließbandarbeit im Automobilbau.

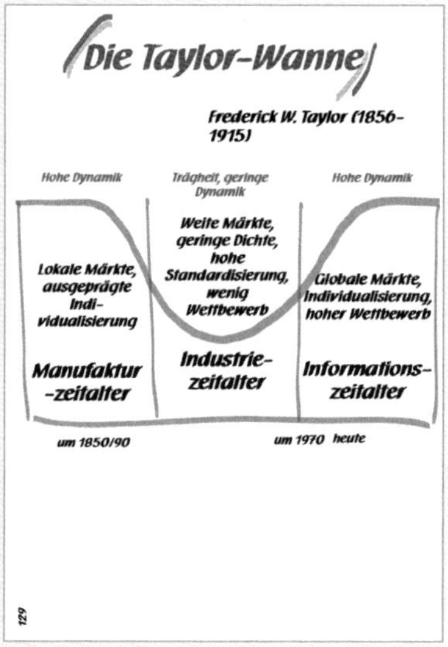

Flipchart 129

Die industrielle Produktivität stieg in kurzer Zeit ums Fünfzig- bis Hundertfache. Effizienzsteigerung und Kostenreduktion war das wirtschaftliche Mantra dieser Epoche: schneller und billiger werden, um noch mehr zu verdienen.

Heute operieren quasi alle global, egal, ob groß oder klein. Ein weiteres Wachstum in der Fläche ist kaum möglich. Die Märkte sind an Grenzen gestoßen.

Was ändert sich dadurch? Die Unternehmen müssen in den meisten Fällen weiterhin sehr effizient arbeiten, um wettbewerbsfähig zu bleiben. Aber dies reicht nicht mehr aus. Inzwischen sind wir auf dem Weg ins sogenannte „Wissenszeitalter“.

Durch die zusätzliche extrem hohe Vernetzung sind die heutigen globalen Märkte sehr dynamisch. In der Globalisierung ist Dynamik für Unternehmen wichtiger als andere Faktoren wie Kosten, Größe und so weiter.

Die Kunden verlangen immer neue und verbesserte Produkte, am besten individualisiert. Und Trends und Vorlieben wandeln sich schnell. Genauso gilt dies auch in der Arbeitswelt. Mitarbeiterinnen haben heute ganz andere Wünsche und Vorstellungen als zum Beispiel noch vor 20 Jahren.

Die hierarchischen Strukturen in Unternehmen machen Entscheidungen langsam. Zu langsam, um schnell genug auf die sich verändernden Märkte reagieren zu können. Genauso steht es um die über Jahre etablierten Prozesse, die dem Wandel des Marktes nicht entsprechen und folgen können.

Der Wettbewerb findet immer mehr über Ideen und Kreativität statt, die nicht nur zu neuen innovativen Produkten, sondern zunehmend auch zu neuen Geschäftsmodellen führen.

Kompliziert versus komplex

Ein System ist ein aus mehreren Teilen zusammengesetztes und gegliedertes Ganzes. So weit der Duden.

Heute nehmen wir Systeme wie Teams oder ganze Organisationen als zunehmend komplex wahr. Aber was meint „komplex“ eigentlich? Der Unternehmensberater Niels Pfläging (2016) hat den Unterschied zwischen kompliziert und komplex anschaulich herausgearbeitet. Zwei Begriffe, die oft durcheinandergebracht werden.

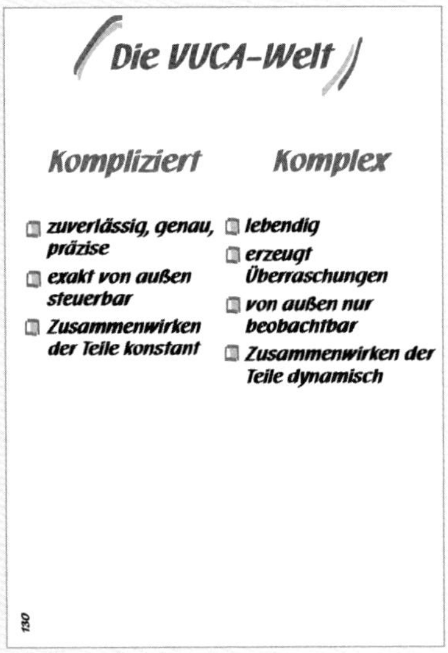

Flipchart 130

Er sagt: „Die wichtigste Unterscheidung zum wirksamen Umgang mit Dynamik in Arbeit und Unternehmen ist die zwischen kompliziert und komplex."

Kompliziertheit ist nun für ihn das Maß unserer Unwissenheit und unseres Nichtverstehens. Ganz einfach, weil es uns an Wissen und an Übung fehlt. Das lässt sich durch Lernen oder den Zukauf von Wissen beheben.

Sie erinnern sich sicherlich an Ihre erste Fahrstunde. Das Auto starten, die Kupplung treten, den ersten Gang einlegen, gefühlvoll Gas geben, auf den Verkehr achten und dann noch wissen, was die einzelnen Verkehrsschilder bedeuten. Eine damals – gefühlt – schier unlösbare und äußerst komplizierte Aufgabe. Nachdem wir allerdings das Kupplung-Treten und das Schalten lange genug geübt und uns Wissen über die Verkehrsregeln angeeignet hatten, wurde das komplizierte Autofahren für uns von Mal zu Mal einfacher. Wenn wir also wissen, wie etwas funktioniert, wird das Komplizierte einfach – oder sogar trivial.

Dagegen entsteht Komplexität durch Überraschungen, mit denen man immer rechnen muss. Etwa durch einen neuen „Mitspieler" im System oder neue Wechselwirkungen.

Denken Sie zum Beispiel an die Arbeit in einem Projekt: Sie kennen als Projektleiterin vielleicht alle Teammitglieder – aber wie gut eigentlich? Vor allem wissen Sie oft genug nicht, wie alle miteinander zusammenarbeiten. Wie sieht die Motivation der einzelnen „Mitspieler" aus? Wie deren Qualitätsvorstellungen? Und vor allem: Welche Abhängigkeiten haben die Teammitglieder außerhalb Ihres Projekts? Auch im weiteren Verlauf des Projekts. Das sind nur einige Aspekte, die solch ein Projekt sehr komplex machen.

Während wir komplizierten Sachverhalten durch Wissen und Übung begegnen können, ist es sinnvoll, komplexen Herausforderungen mit guter Vorbereitung gegenüberzutreten. Aus Gewohnheit versuchen die meisten Organisationen, komplexe Probleme so zu bearbeiten, als wären sie kompliziert.

Pfläging unterscheidet in diesem Zusammenhang Planung und Vorbereitung. Planung, für die in vielen Unternehmen eine Menge Zeit verwendet wird, ist hilfreich in stabilen Zeiten, in denen wenige Überraschungen passieren und alle Einflussgrößen bekannt sind.

Wenn Sie an Ihren Führungsalltag denken, werden Sie mir zustimmen, dass dies eben allzu oft gerade nicht der Fall ist. Sie erleben vielmehr in Ihrem Alltag genau das Gegenteil. Häufig haben Sie das Gefühl, dass Unvorhergesehenes auf Sie zukommt und von Ihnen schnelle und kompetente Lösungen erwartet werden.

Um diese Herausforderung zu meistern, bedarf es – laut Pfläging – einer guten Vorbereitung. Er bezeichnet sie als „Fitnessprogramm" für das erfolgreiche Überleben der Organisation in der komplexen Zukunft.

Zusammengefasst heißt das:

Kompliziert	Komplex
■ ist zuverlässig, genau, präzise, exakt von außen steuerbar ■ das Zusammenwirken der Teile ist konstant	■ ist lebendig, erzeugt Überraschungen, von außen nur beobachtbar ■ das Zusammenwirken der Teile ist dynamisch

Das Gefühl von vielen Menschen, unserer Umwelt und den damit verbundenen Anforderungen nicht mehr gerecht werden zu können, speist sich unter anderem daraus, dass wir versuchen, die Herausforderungen wie komplizierte Sachverhalte zu behandeln.

Die Mobile-Metapher

Die Unternehmensberaterin Alexandra Graßler (2008) beschreibt den Unterschied von kompliziert und komplex anhand eines Mobiles:

„Ein Mobile ist im aufgehängten Zustand eine 3-D-Angelegenheit. Hier sind die einzelnen Teile miteinander vernetzt und wenn ich eins davon bewege, entferne oder ein weiteres dazufüge, kommt die bestehende Ordnung erst mal durcheinander und das gesamte Gebilde muss sich neu ausrichten. Liegen die einzelnen Teile dagegen unverbunden auf einem Tisch, kann ich mit jedem der Einzelteile etwas machen, ohne dass es die anderen tangiert. Der 3-D-Effekt, die Vernetzung, fehlt – und damit sind die Teile einzeln quasi nur noch eindimensional wie ein Foto."

Diese Bild kann noch durch zwei weitere Aspekte ergänzt werden. Denn der Ausgangspunkt ist die Eindimensionalität. Um daraus ein Mobile zu machen, muss ich die einzelnen Teile in die richtige Reihenfolge bringen, sie auffädeln. Das kann eine komplizierte Aufgabe sein und stellt den Schritt von der Ein- zur Zweidimensionalität dar. Und erst wenn ich die nun aneinandergereihten Teile aufhänge, kommt das System in seiner Komplexität zur Geltung, es ist plötzlich mehr als die Summe seiner Teile. Es wird komplex.

Und mehr noch: Denken wir uns die Mobile-Elemente als Menschen mit eigenen Werten, eigenem Willen, kommt gewissermaßen eine vierte Dimension hinzu. Denn dann wirken nicht nur die – physikalischen – Wechselwirkungen durch die Fäden, sondern auch noch die inneren Impulse der Elemente.

Anders gesagt: Komplexität bezieht sich immer auf das System als Ganzes, Kompliziertheit auf die einzelnen Teile des Systems beziehungsweise deren logische Verknüpfung.

Um herauszufinden, wie die einzelnen Teile des Systems verbunden sind, reduzieren wir die Komplexität des Systems, weil wir dann leichter erkennen, welche Teile miteinander verbunden sind.

Polynesisch segeln oder eine Strategie, sich in komplexen Systemen zu bewegen

In einer ARD-Dokumentation haben wir einmal eine erstaunliche Aussage über die Polynesier gehört:

Die Polynesier gelten als die größten Seefahrer aller Zeiten. Bereits vor 5.000 Jahren haben sie in einfachen Segelkanus von Asien aus die Südsee erkundet. Sie durchkreuzten mit ihren kleinen Booten ein Areal, das etwa einem Drittel der Erdoberfläche entspricht.

Aber wie konnten diese frühen Seefahrer navigieren? Sie hatten ja keinen Kompass und schon gar kein „Navi". Forschern zufolge orientierten sie sich nach Sternen, Wellenmustern, Strömungen und anderen Naturphänomenen auf dem Meer. Vor allem beruhte die Navigationskunst der Polynesier auf einer genauen Beobachtung der Natur. Sie wussten Bescheid über den Sternenhimmel und nutzten Sonne und Mond als Richtungsweiser. Sie konnten aus dem Muster der Wellen und der Form der Dünung auf nahe liegende Inseln oder Land schließen, genauso wie aus dem Eintreffen von Vögeln und bestimmten Wolkenformationen.

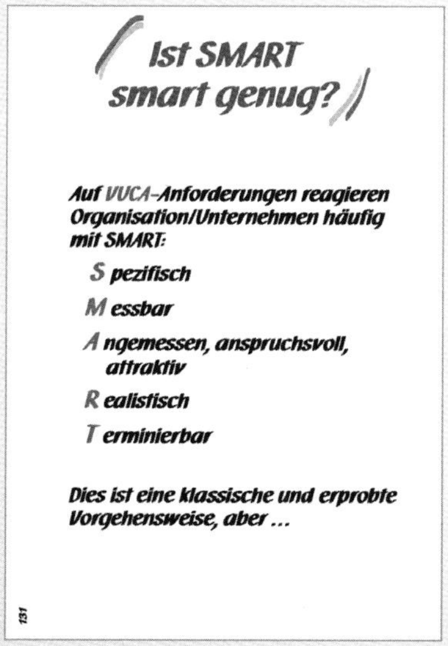

Flipchart 131

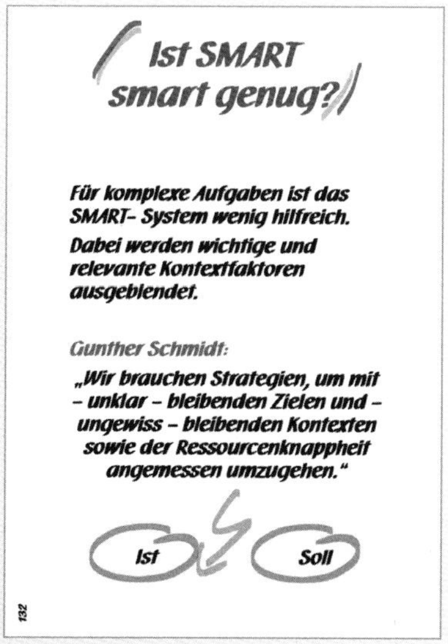

Flipchart 132

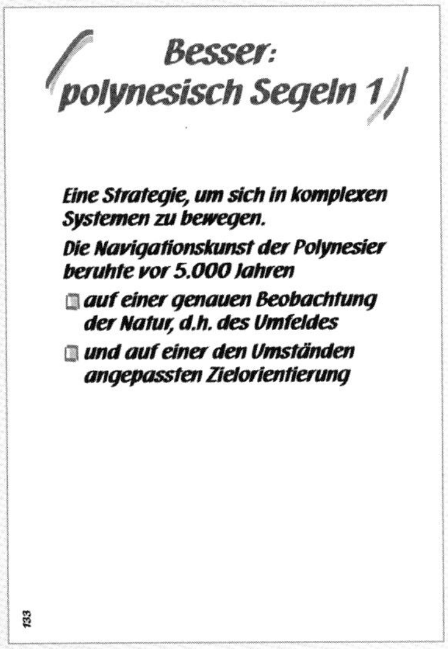

Vielleicht hat der Heidelberger Systemiker Gunther Schmidt (2014) dieselbe Dokumentation wie wir gesehen. In jedem Fall empfiehlt er das „polynesische Segeln" als wirksame Strategie zum Erreichen von Zielen.

Flipchart 133

Schauen wir uns seine Empfehlungen genauer an (sie basieren auf den Effectuation-Prinzipien von Saras D. Sarasvathy (2008), einer unternehmerischen Entscheidungslogik, die in ungewissen Situationen hilfreich sein kann). Da ist zum einen:

Das Prinzip der Mittelorientierung (statt der Ziel-Fixiertheit)

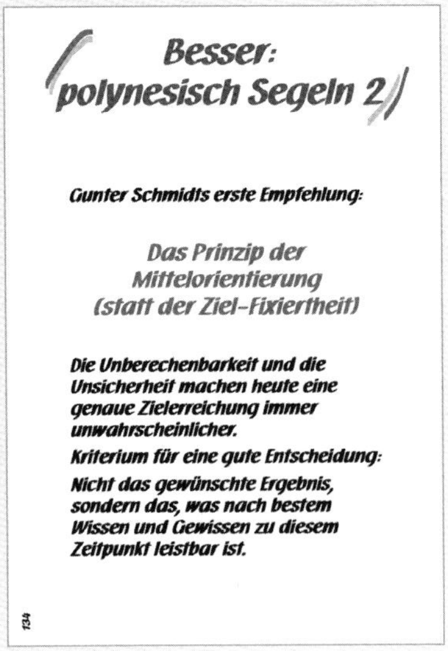

Flipchart 134

In unserer komplexen Welt machen die Unberechenbarkeit und die Unsicherheit eine genaue Zielerreichung immer unwahrscheinlicher. Machen wir es also wie die Polynesier: Sie wollten Land erreichen und folgten dazu den Strömungen und Wetterverhältnissen, ohne auf eine bestimmte Richtung fixiert zu sein.

Für Schmidt ist ein Kriterium für eine „gute" Entscheidung nicht das gewünschte Ergebnis, sondern das, was man nach bestem Wissen und Gewissen zum Zeitpunkt der Entscheidung erreichen kann.

Schmidts zweite Empfehlung:

Das Prinzip des leistbaren Verlusts

Wir leben in einer Welt, in der sich unsere Möglichkeiten vervielfachen. Das betrifft zum Beispiel unsere Arten der Informationsgewinnung, unsere Handlungsmöglichkeiten oder auch die Entscheidungsvielfalt, vor der wir stehen.

Flipchart 135

Ein Beispiel: Schon, wenn Sie nur vor der Entscheidung stehen, sich ein neues Smartphone zu kaufen und dabei gleichzeitig den Anbieter wechseln zu wollen, wird Ihnen schnell deutlich, dass es die eine richtige Entscheidung meist nicht mehr gibt.

Wenn Sie sich für ein Gerät und einen Vertrag entscheiden, werden Sie gleichzeitig feststellen, dass Sie auf bestimmte Vorzüge verzichten müssen – etwa die SMS-Flatrate oder die hohe Download-Geschwindigkeit.

Das heißt,

- es ist sinnvoll, Verluste immer mit einzukalkulieren
- und es ist sinnvoll, sich Gedanken darüber zu machen, was für Sie persönlich ein leistbarer, das heißt verschmerzbarer Verlust ist.

Der dritte Tipp von Gunther Schmidt lautet:

Streben Sie die zweitbeste Lösung an

Die Idee dahinter: Sie können sich als Führungskraft selten ein Team Ihrer Wahl zusammenstellen. Sie werden immer auch Menschen in Ihrem Team haben, die nicht Ihren Ansprüchen genügen. Es demotiviert nun aber auf Dauer und macht letztlich unglücklich, wenn Sie immer nur nach nicht Erreichbaren schielen.

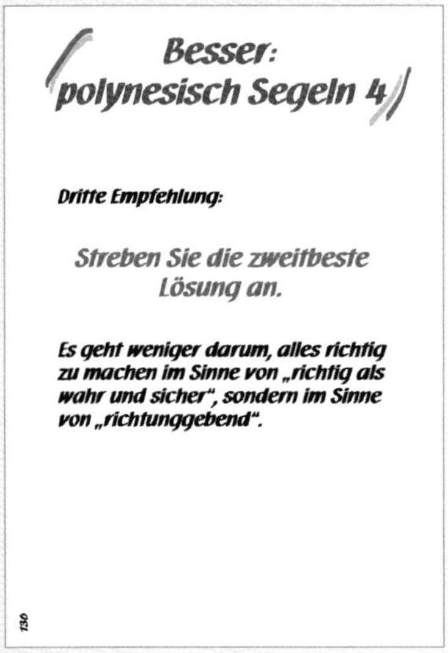

Flipchart 136

Deshalb sollten Sie nach Schmidt Erreichbares in erlebter Eigenkompetenz anstreben. Diese Fragen helfen Ihnen dabei:

- Was kann ich?
- Was weiß ich?
- Was kann ich in meinem Einflussbereich erreichen?

Das sind Fragen, die beschreiben, was mit dem Erreichbarem in erlebter Eigenkompetenz gemeint ist. Dabei geht es nicht darum, alles richtig zu machen im Sinne von „richtig als wahr und sicher effektiv", sondern im Sinne von „Richtung gebend".

So führen auch kleine Schritte wirksam zum Reaktivieren von Kompetenzerleben. Für Ihre Aufgaben als Führungskraft heißt das zum Beispiel, sich ein nahes Ziel zu suchen, wenn die Ressourcen wie Zeit, Geld und Personal knapp bemessen sind. Große Ziele, die mit den vorhandenen Mitteln schwer zu erreichen sind, verstärken bei Ihren Mitarbeitern das Erleben von Inkompetenz, Verzweiflung, Ängsten und Resignation.

Für Sie als Führungskraft gehört auch die passende Einschätzung bei Zielvorgaben dazu: Investieren Sie nur in eine „Reise", die Sie und Ihre Mannschaft mit den verfügbaren Ressourcen bewältigen können.

Ziele verhandelbar halten

Gunther Schmidt ermuntert jeden Einzelnen von uns, im Umgang mit den eigenen Zielen mit sich selbst immer in Verhandlung zu bleiben. Andererseits sollten wir aber auch anderen gegenüber die Bereitschaft haben, die eigenen Ziele durch kontinuierliches Feedback ständig änderbar und verhandelbar zu halten.

Was heißt das konkret? Sie haben sicherlich schon oft gehört, dass es wichtig ist, eigene Ziele klar und zielorientiert zu verfolgen. Schwäche ich mich nun bei meiner Zielverfolgung nicht, indem ich meine Ziele verhandelbar halte?

Nun, SMART-Ziele sind bei komplizierten Sachverhalten hilfreich. In unserer komplexen Welt, die von Ungewissheiten und Ambivalenzen geprägt ist, sind sie manchmal geradezu kontraproduktiv.

Um in dieser Welt sicher zu navigieren, benötige ich die anderen, die mir kontinuierlich Rückmeldungen über ihre Ansichten und Perspektiven geben.

Etwa:
- Was denken Ihre Mitarbeiter darüber?
- Was Ihre Kunden?
- Was denken Ihre Lieferanten?
- Oder auch: Was denkt Ihr Freund darüber?

Haben wir das Feedback dann von möglichst unterschiedlichen Menschen eingeholt, sollte der vielleicht schwierigste Schritt erfolgen: Mein bisheriges Ziel verhandelbar halten.

Da wir uns gerne mit unseren Zielen identifizieren und auch gute Gründe hatten, dieses Ziel anzustreben, heißt es eventuell nun, das Feedback unseres Netzwerkes zu berücksichtigen.

Und das kann unter Umständen bedeuten, das Ziel zu verändern. Also einen anderen Kurs einzuschlagen.

Das ist unserer Meinung nach eine große und eine sinnvolle Herausforderung. Dennoch haben wir doch bisher gerne klare Ziele vor uns, die uns Motivation und Halt geben.

ZUM WEITERDENKEN

In stabilen Situationen, in denen fixe Ziele erreicht werden sollen, eignet sich die kausale, klassische Logik am besten. Das Arbeiten mit SMART-Zielen macht hier und bei komplizierten Sachverhalten Sinn. Für die von großen Veränderungen betroffenen Unternehmen und Organisationen und für komplexe Herausforderungen ist es notwendig, mehr selbst zu gestalten und unternehmerische Ansätze wie das polynesische Segeln oder das Effectuation-Modell auszuprobieren. Um unternehmerische Ansätze erfolgreich zu etablieren, bedarf es Motivation, Mut und Freiräume. Feste Strukturen und starre, arbeitsteilige Prozesse verhindern unternehmerisches Denken und Handeln.

10.30 bis 10.45 Uhr

Pause

10.45 bis 11.45 Uhr

Übung: Führen und Arbeiten mit Zielen

Nach dem etwas längerem Input bietet sich folgende Übung an, bei der die Teilnehmer das Gehörte in ihren Alltag übersetzen können.

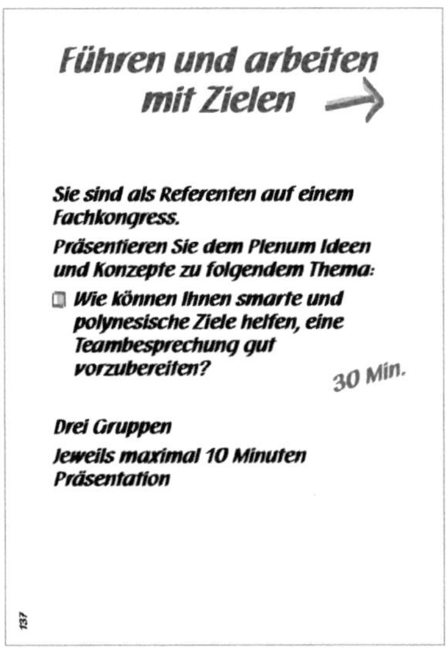

Flipchart 137

Bei der Präsentation gibt es wieder ein 360-Grad-Feedback (Seite 330).

Thema: Einstieg ins Agile

11.45 bis 12.30 Uhr

IV/2 und IV/3

138 bis 140

Manch einer sagt vielleicht: „Agilität – das ist nicht mehr als eine Modeerscheinung." Oder: „Das ist alter Wein in neuen Schläuchen."

Wir sind fest davon überzeugt: Dem ist nicht so.

Das agile Arbeiten und Führen bietet für uns eine gute Alternative bzw. Ergänzung zu „klassischen" Ansätzen. Und zwar eine Alternative, die heute viele – oft jüngere – Mitarbeiterinnen einfordern. Mehr Einbindung und Beteiligung sind da nur zwei Stichworte.

Wir haben gelernt, dass agiles Arbeiten und Führen sehr viel mit Haltung, mit Werten – und dem konkreten Tun zu tun haben.

Wir geben in diesem Modul einen kurzen Einblick inklusive der Möglichkeit, agiles Arbeiten selbst auszuprobieren.

Flipchart 138

Und es hat sehr viel mit dem systemischen Arbeiten, Denken und Führen gemein.

Wir beginnen mit dem Agile Manifesto, dessen Thesen und unserer „Übersetzung" für den Nicht-IT-Einsatz. Wir nutzen dazu die Flipcharts 138 bis 140.

Skript-Auszug IV/2:

Das agile Manifest und unsere Thesen

DARUM GEHT ES

Manifest und agil widerspricht sich auf den ersten Blick vielleicht ein wenig: Hier das Starre, dort das Bewegliche. Doch so, wie ein Tisch ein Standbein braucht, kommt Agilität nicht ohne eine feste Grundlage aus.

Die feste Grundlage für alles rund um das Thema Agilität schafften sich projekterfahrene Softwareentwickler 2001 mit einem Manifest.

Die Erstunterzeichner, darunter die beiden Scrum-Begründer und der Erfinder der freien Wiki-Software WikiWeb, formulierten mit dem Agile Manifesto wohl erstmals die zentralen Werte agiler Softwareentwicklung. (Quelle: Video-Training „Agiler führen" und Hofert 2016)

Was bedeutet überhaupt „agil"? – Eine Einschätzung

Der Duden sagt: „von großer Beweglichkeit zeugend; regsam und wendig". Jeder hat wahrscheinlich sofort ein Bild vor Augen.

Wenn es um agiles Führen und Arbeiten geht, ist damit jedoch in erster Linie das agile Arbeiten in IT-Projekten gemeint. Viele haben wahrscheinlich schon von Design Thinking oder auch Scrum gehört. Scrum ist ein Vorgehensmodell des Projekt- und Produktmanagements, insbesondere in der Softwareentwicklung. Doch Scrum wird inzwischen in vielen anderen Bereichen eingesetzt – und entsprechend unterschiedlich interpretiert.

Wir sehen „Agilität" als mehr als ein aktuelles Schlagwort, ein Modewort an. Wir denken, es ist weit mehr als „alter Wein in neuen Schläuchen", wofür es viele halten. Deshalb zeigen wir hier im Folgenden einige grundlegende Aspekte und ausgewählte konkrete Ideen fürs agile Führen und Arbeiten auf. Letztlich sollen diese Inhalte Sie auch neugierig machen. Und Ihnen das agile Führen als spannende und zielführende Ergänzung Ihrer „klassischen" Führungsfähigkeiten ans Herz legen.

Greifen wir dazu den Begriff Scrum auf. Er bezeichnet eine Vorgehensweise bei Entwicklungsprojekten. Der Begriff stammt aus dem Rugby. Dort meint Scrum ein Gedränge von Spielern, die sich um den Ball scharen. Dieses Bild wurde auf das Projektmanagement übertragen. Es soll ausdrücken, worum es dabei vor allem gehen soll: Flexibilität, Dynamik und kurz getaktete Abstimmungen der Spieler untereinander – ganz ohne Coach.

Scrum fußt auf der Erkenntnis, dass es wesentlich einfacher ist, einen kleinen Bissen zu verdauen als einen großen. Übertragen auf Führung und Projektentwicklung bedeutet das: Es macht Sinn, ein großes Projekt, einen großen Prozess in mehreren Teilen zu entwickeln. Dabei fängt man am besten mit den wichtigen Teilen an und erledigt die weniger wichtigen später.

Und auf dem Weg dahin, ist es wichtig, Hindernisse erst zu akzeptieren und dann aus dem Weg zu räumen. Anders gesagt: Veränderungen jederzeit willkommen zu heißen. Von Scrum kann man auch lernen, klar in Rollen zu agieren – gerade, wenn alles darum herum in Bewegung und im Wandel ist.

Denn wir leben in einer Zeit des durchgreifenden Wandels. Nur ein Beispiel: Im Juni 2019 erklärte Christa Koenen, Geschäftsführerin der DB Systel: „Wir schaffen die klassischen Führungskräfte ab." Die Herausforderungen der Digitalisierung seien mit hergebrachten hierarchischen, klassischen Strukturen nicht zu meistern.

Wir möchten ergänzen: Nicht nur die Digitalisierung erfordert neue Herangehensweisen, auch Aspekte wie die zunehmende Verdichtung, die „Verflüssigung" tradierter Rollen, der Fachkräftemangel, die Globalisierung und nicht zuletzt das Arbeiten mit immer diverseren Generationen (siehe II/19) erfordern neuen Wege jenseits der klassischen Ansätze.

Um für all dies (und mehr) besser gewappnet zu sein, empfiehlt sich ein Blick auf agile Ideen, Konzepte und Methoden für jede Führungskraft.

Für uns als Systemiker ist der agile Ansatz auch deshalb besonders spannend, weil er im Grunde eine Erweiterung des systemischen Ansatzes mit seinen Werkzeugen wie der systemischen Schleife ist – mit einem klaren Fokus auf Kundenwünsche. Wir sind davon überzeugt, dass in Zukunft alle Bereiche und Organisationen „hybrid" arbeiten werden: je nach Anforderung, Situation und Rahmenbedingung mal klassisch, mal agil.

Flipchart 139

Die vier Aspekte des Agile Manifesto für die IT-Branche

Die Autoren des Manifests haben vier Aspekte aufgegriffen: „Wir erschließen bessere Wege, Software zu entwickeln, indem wir es selbst tun und anderen dabei helfen." Durch diese Tätigkeit haben sie diese Werte als besonders wichtig und entscheidend identifiziert:

Individuen und Interaktionen	sind wichtiger als	Prozesse und Werkzeuge
Funktionierende Software	ist wichtiger als	umfassende Dokumentation
Zusammenarbeit mit dem Kunden	ist wichtiger als	Vertragsverhandlung
Reagieren auf Veränderung	ist wichtiger als	das Befolgen eines Plans

Sie betonten weiter: „Das heißt, obwohl wir die Werte auf der rechten Seite wichtig finden, schätzen wir die Werte auf der linken Seite höher ein."

Die Werte auf der rechten Seite lassen sich vereinfachend mit „klassisch führen" übersetzen. Die linke Seite steht dann für „agil führen".

Nicht jeder arbeitet in der Software- oder Computerindustrie. Deshalb haben wir uns die vier Thesen des Manifesto zu eigen gemacht und auf die Situation von Führungskräften „übersetzt".

Vier Thesen für alle Branchen

In der IT-Welt ist wahrscheinlich schon jeder in den vergangenen Jahren irgendwie mit dem Aspekt „Agilität" in Berührung gekommen. Anders in allen anderen Unternehmen und Organisationen. Hier geht es in der Regel eher darum, „agiler zu führen". Denn in der Regel müssen wir uns agile Kompetenzen erst neu erwerben oder ausbauen. Und da heißt es erst einmal, Schritt für Schritt Neuland zu betreten.

Deshalb haben wir die Reihenfolge der vier Thesen und deren Formulierungen auf die Anforderungen von Nicht-IT-Unternehmen hin abgeändert.

Das sind unsere vier Thesen oder Leitgedanken, von denen wir denken, dass sie Richtschnur für Sie sein können, um agiler zu führen als bisher:

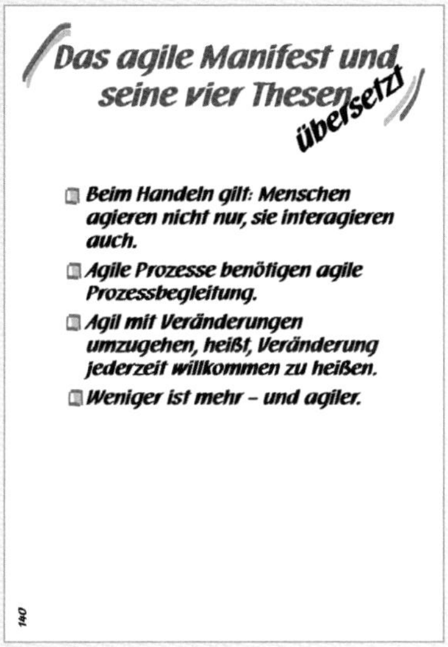

Flipchart 140

Beim Handeln gilt: Menschen agieren nicht nur, sie interagieren auch

Anders gesagt: Jede unserer Handlungen ist auch immer in Wechselbeziehungen und Wechselwirkungen mit anderen.

Agile Prozesse benötigen agile Prozessbegleiter

Hier ist für Führungskräfte eine neue Rollenkompetenz gefragt (siehe I/5 und IV/7).
Agil mit Veränderungen umzugehen, heißt Veränderungen jederzeit willkommen zu heißen
Das erfordert bei vielen sicher einiges an Umdenken.

Weniger ist mehr – und agiler

Stichwort ist hier die Idee des Prototypings. Beim agilen Arbeiten geht es nicht darum, dem Kunden erst das perfekte endgültige Produkt zu liefern, sondern ihn Schritt für Schritt in den Entwicklungsprozess einzubinden – und ihm eben auch Zwischenlösungen bzw. Prototypen zu zeigen.

ZUM WEITERDENKEN

Agilität ist vor allem eine Frage der Haltung. Das zeigt sich zum Beispiel beim bewussten Votieren gegen den Perfektionismus – Stichwort Prototyping – und beim teilweise völlig neuen Rollenverständnis aller Führungskräfte.

Skript-Auszug IV/3:

Acht agile Werte

DARUM GEHT ES

Agile Werte sind die Basis für das agile Führen. Wer allerdings agiler führen will, sollte zuerst seine eigenen Werte überprüfen.

Agile Ideen lassen sich nicht auf Werten aufbauen, die den eigenen zuwiderlaufen. Sie sind die Grundlage für die darauf basierenden Prinzipien, aus denen sich Handlungen ableiten.

Was verstehen wir unter dem Begriff „Werte"?

Werte sind bewusste oder unbewusste Orientierungen für das menschliche Handeln. Sie sind für den handelnden Menschen eine bestimmende Grundlage seiner Lebensgestaltung. Sie geben dem menschlichen Dasein Sinn und Richtung. Das Wissen um seine eigenen Werte hilft jedem bei der Orientierung und dabei, persönliche Ziele und die richtigen Verbündeten zu finden. Also Menschen, die gleiche oder ähnliche Wertvorstellungen besitzen.

Die gute Nachricht: Werte sind nicht angeboren, sondern sie ändern sich im Laufe des Lebens durch die Einflüsse, denen wir im Leben begegnen.

Das ist eine wichtige Gegebenheit. Denn erst das macht es möglich, sich in Teams und Organisationen auf gemeinsame Werte zu einigen – da sie ja veränderbar sind. Und gemeinsame Werte bilden die Grundlage für das agile Führen. Dazu zählt auch, mehr auf seine Mitarbeiter zu achten – und deren Wechselbeziehungen und Interkationen besser zu verstehen.

Lassen Sie uns im Folgenden einen kurzen Blick auf die wichtigsten agilen Werte werfen, wie Sie unter anderem die Autorin Svenja Hofert (2016) auflistet: Selbstverpflichtung, Einfachheit, Feedback beziehungsweise Rückmeldung, Fokus, Kommunikation, Mut, Offenheit und Respekt.

Der Wert Selbstverpflichtung

Beim ersten Wert geht es um Selbstverpflichtung oder Commitment. Agiles Arbeiten setzt ein hohes selbstverantwortliches Handeln jedes Einzelnen voraus. Dies wiederum braucht Führungskräfte, die Vertrauen in ihre Mitarbeiter haben. Selbstverpflichtung fordert, sich einem Ziel zu verpflichten.

Agile Methoden geben den Teammitgliedern alle Autorität, um ihre Zusagen umzusetzen und zu erreichen. In agilen Teams werden die Aufgaben und die zugehörigen Termine konkret festgelegt. Jeder bestimmt selbst, was er bis wann leisten kann. Sollte etwa ein Zwischenziel nicht erreicht werden, dann sind alle Beteiligten gefordert, nach Lösungen zu suchen.

In der Praxis könnte das folgendermaßen aussehen: Treten zum Beispiel bei einer Projektarbeit zwischenzeitlich Probleme auf, wie Mehrarbeit in anderen Projekten oder Fehlzeiten von Kollegen, dann wird dies im täglichen Meeting angesprochen.

Die Teamleiterin sorgt für eine rasche Behebung. Und das Team arbeitet an einer Lösung tatkräftig mit. Die Termineinhaltung im Team und gegenüber dem Kunden hat höchste Priorität. Wenn wegen eines Fehlers länger gearbeitet werden muss, dann bleiben alle Teammitglieder am Arbeitsplatz, bis es eine Lösung gibt – auch wenn es nach 21.00 Uhr ist.

Durch die weitreichende Selbstbestimmung entsteht eine starke Identifikation mit der Aufgabe, dem Team und dem Projekt.

Der Wert Einfachheit

Der zweite Wert Einfachheit meint Folgendes: „Einfachheit – die Kunst, die Menge nicht getaner Arbeit zu maximieren – ist essenziell."

Was bedeutet das? Welchen Einfluss hat das auf Ihre tägliche Arbeit? Ganz einfach:

- Denken Sie stets über unnötige Aufgaben in Ihrer To-do-Liste nach.
- Denken Sie an Anforderungen, die niemand wirklich braucht, um seine Arbeit zu erledigen.
- Und wählen Sie jeweils die einfachste Lösung, um den größtmöglichen Nutzen für Ihren „Kunden" zu erbringen.

Sie werden immer Dinge finden, die einfach weggelassen werden können.

Der Wert Feedback

Der dritte Wert Rückmeldung oder Feedback dreht sich zum Beispiel um die frühzeitige und kontinuierliche Einbindung aller Beteiligten in einem Projekt.

Es geht darum, sich möglichst zeitnah und regelmäßig Rückmeldungen einzuholen, um dann die weitere Vorgehensweise darauf abzustimmen.

Feedback ist keine einfache Angelegenheit (siehe auch II/15). Weder Feedback zu geben ist einfach noch Feedback anzunehmen. Es kann manchmal weh tun, peinlich sein, Abwehr auslösen oder neue Schwierigkeiten heraufbeschwören. Denn niemand akzeptiert leichten Herzens, in seinem Selbstbild korrigiert zu werden. Auch muss der offene Umgang mit Gefühlen, um die es beim Feedback meist geht, häufig erst erlernt werden.

Deshalb sollte ein Feedback möglichst beschreibend, nicht wertend sein. Und konkret auf ein begrenztes Verhalten und nicht allgemein auf die ganze Person bezogen sein.

Der Wert Fokus

Der Wert Fokus meint: Erledige nichts außer deiner Arbeit. Fokussiere all deine Bemühungen und Fähigkeiten darauf, an deinen Zusagen zu arbeiten. Kümmere dich um nichts anderes.

Im agilen Team ist es wichtig, den Fokus auf das Wesentliche zu richten und Störungen von den Teammitgliedern möglichst fernzuhalten. Dadurch wird ein konzentrierteres und effektiveres Arbeiten möglich.

Dies verlangt von jedem einzelnen Teammitglied, dass es sich selbst nicht ablenkt und lernt, hoch konzentriert an seinen Aufgaben und am Erreichen des Zieles zu arbeiten.

Dies erfordert eine große Impulskontrolle, Selbstdisziplin und die Fähigkeit, sich auf das Hier und Jetzt zu konzentrieren. Das fängt ja schon im Kleinen an. Zum Beispiel: Gelingt es in der Regel konzentriert an einer Arbeit zu bleiben, ohne zwischendurch Ihre Mails zu checken oder auf Ihr Handy zu schauen?

Der Wert Kommunikation

Kommunikation ist das A und O in einer gelungenen Teamarbeit und der nächste agile Wert. Alle im agilen Team kommunizieren täglich miteinander und arbeiten zusammen, um die beste Lösung für ein Problem zu finden. Hierarchische Schranken sollten abgebaut werden, um die Kommunikation in alle Richtungen zu öffnen.

In regelmäßigen Abständen reflektiert das Team, wie es effektiver werden kann und passt sein Verhalten entsprechend an. Wenn Mitarbeiter sich häufiger austauschen, werden Probleme schneller sichtbar. Und Lösungen können – im Sinne agilen Arbeitens – sofort angegangen werden.

Der Wert Mut

Was ist mit Mut in diesem Zusammenhang gemeint? Alle Mitarbeiterinnen sind aufgefordert, die Wahrheit über den Projekt- oder Prozessfortschritt auszusprechen. Genauso sollen sie ihre Einschätzung über den realistischen Verlauf des Projekts geben.

Gerade Spezialisten neigen manchmal dazu, in die Detailtiefe vorzudringen. Aber wie oft ändern sich nochmals die Rahmendaten? Und die bereits geleistete Arbeit war dann teilweise umsonst. Hier ist der Mut gefordert, den neuen Tatsachen ins Auge zu sehen und neu zu planen.

Mut gedeiht nur, wo es offenes Feedback und Respekt gibt. Hier geht es auch um den Mut, seine ehrliche Meinung zu sagen und kontrovers zu diskutieren sowie Fehler zu riskieren und auch mal unbequeme Wege zu gehen.

Der Wert Offenheit

Alle Informationen und Einschätzungen zeitnah und transparent zu liefern, das meint der Wert Offenheit.

Stellen Sie ein Umfeld her, in dem den Sichtweisen jedes Einzelnen und der Ehrlichkeit ein sicherer Raum gegeben wird. Offenheit ist ein grundlegendes Element des Vertrauens. Fehler oder Versäumnisse können offen angesprochen werden, da es keine Bestrafungsmechanismen im Team oder Umfeld gibt. Konstruktive Kritik ist erwünscht und es gibt viele Feedback-Schleifen.

So entsteht eine Vertrauenskultur. Wenn wir keine Angst haben müssen, an den Pranger gestellt zu werden, falls wir eigene Fehler eingestehen oder Kritik äußern, ist es möglich, tief in ein Thema vorzudringen und Neues zu schaffen.

Der Wert Offenheit im Zusammenhang mit Agilität geht noch einen Schritt weiter: „Heiße Anforderungsänderungen selbst spät in der Entwicklung willkommen."

Das hört sich ja fast wie eine Zumutung an. Wir kennen doch alle das gute Gefühl, endlich kurz vor dem Abschluss eines Projekts oder einer Aufgabe zu stehen. Wenn dann neue Aspekte und Anforderungen an uns herangetragen werden, kommt leicht das Gefühl der Entmutigung auf. Hier fordert der Wert Offenheit von uns, sogar Änderungswünsche willkommen zu heißen. Wir denken, dass ist eine Lernaufgabe für uns alle.

Der Wert Respekt

Menschen werden durch ihren Hintergrund und ihre Lebenserfahrungen geformt. Das bedeutet, dass auch jeder Mensch mit eigenen Sichtweisen und Meinungen durchs Leben geht.

Dieser Tatsache gilt es Rechnung zu tragen. Das heißt, die unterschiedlichen Menschen mit ihren jeweiligen Persönlichkeiten zu respektieren. Und von der Tatsache auszugehen, dass jeder Mensch wertvoll und ein Individuum ist.

Es gibt eine positive Grundannahme: Jeder Mensch hat positive Absichten, solange er uns nicht vom Gegenteil überzeugt. Diese Einstellung schafft Motivation und Energie, Neues und Herausforderndes zu wagen. Respekt schließt konstruktive Kritik und Feedback mit ein. Wertschätzung ist die wichtigste Form der Anerkennung.

Konkret bedeutet das: Jeder im Team wird respektvoll behandelt, eine Herabwürdigung Einzelner darf es nicht geben – weder im Team noch durch die Führung.

Menschen streben nach Erfolg und Bestätigung. In einem Team, dessen Mitglieder sich Wertschätzung entgegenbringen und die sich untereinander respektieren, steigt auch der Mut und offene Kommunikation untereinander wird zur Selbstverständlichkeit.

Es empfiehlt sich – auch bereits im Vorfeld – zu klären, wie viel Interesse und Vorwissen rund um das „Agile“ im Teilnehmerkreis vorhanden sind: damit Sie Ihre Teilnehmer nicht überfordern. Passen Sie Tempo und Tiefe sowie Beispiele gegebenenfalls immer wieder neu an.

ZUM WEITERDENKEN

Wenn wir Teams beraten und es dabei darum geht, das Führen und Arbeiten agiler zu machen, fangen wir grundsätzlich mit einer Bestandsaufnahme rund um die acht agilen Werte an. Wie weit ist das Team bereits? Wo gibt es Stolpersteine? Wo Entwicklungsbedarf?

Nur wenn das offen, respektvoll und mutig besprochen und geklärt wird, können wir mit einer Entwicklung hin zu mehr Agilität beginnen.

12.30 bis 14.00 Uhr

Mittagspause

Thema: Einstieg ins Agile (Forts.)

14.00 bis 14.30 Uhr

IV/4 und IV/5

141 bis 143

Nach der Mittagspause stellen wir die acht Werte des agilen Arbeitens vor (Flipchart 141).

Flipchart 141

Zum Abschluss dieses Aspekts fragen wir in die Runde, wie die Teilnehmenden es denn mit den acht Werten halten.

Mit der Gegenüberstellung des klassischen und des agilen Führens werden den Teilnehmern die Unterschiede verdeutlicht (Flipchart 142 und 143).

Flipchart 142

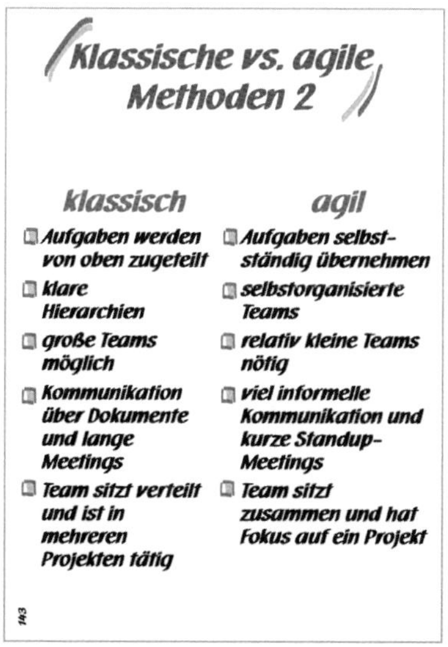

Flipchart 143

Skript-Auszug IV/4:

Der agile Prozess und seine Herausforderungen

DARUM GEHT ES

Bevor wir einen Blick auf den Prozessbegleiter werfen, wollen wir erst einmal klären, was einen Prozess zu einem agilen Prozess macht.

Wie schon erwähnt, hat das agile Arbeiten seinen Ursprung in der Entwicklung von Computer-Software. Dabei geht es vereinfacht gesagt darum, komplexe, sich immer wieder verändernde Anforderungen zu erfüllen.

Bürokratie-Abbau

Das Konzept „Agilität“ zielte von Anfang an darauf ab, „Bürokratie“ abzubauen und den Menschen in den Vordergrund zu rücken – Stichwort: Interagieren. So sollte zum Beispiel die Entwurfsphase auf ein Mindestmaß reduziert werden und die Entwicklung frühestmöglich zu Produkten oder Lösungen führen. Diese können dann mit den Kunden jederzeit und flexibel abgestimmt werden.

Zur Erinnerung: Für Sie als Führungskraft sind gewissermaßen Ihre Mitarbeiterinnen die Kunden.

Allen agilen Prozessen ist gemeinsam, dass sie sich vieler Methoden bedienen, um die Aufwandskurve möglichst flach zu halten. Inzwischen gibt es eine Vielzahl von agilen Prozess-Frameworks, also Rahmenstrukturen. Auch über den Softwarebereich hinaus bekannt ist Scrum. Scrum besteht aus nur wenigen Regeln. Um agiler zu führen, um also agile Prozesse anzustoßen und erfolgreich zu Ende zu führen, gilt es, einige Herausforderungen anzunehmen.

Um dies zu veranschaulichen, sollen hier drei Vorgehensweisen gegenübergestellt werden:

So sind Ihnen beispielsweise beim klassischen Führen alle Anforderungen in der Regel zu Beginn bekannt. Beim agilen Führen und beim agilen Projektmanagement sind die Anforderungen dagegen zu Beginn eher unscharf, bisweilen sogar ungewiss.

Sobald sich Anforderungen während des Projektverlaufs verändern, führt dies in der klassischen Welt oft zu Schwierigkeiten. Ganz anders beim agilen Führen: Hier sind Änderungen geradezu eingeplant. Und die Kundinnen? In der klassischen Vorgehensweise bekommt der Kunde in der Regel nur das Endergebnis zu sehen. Beim agilen Führen und Agieren ist die Kundin immer mit an Bord: Sie bewertet Zwischenergebnisse und gibt Feedback.

Diese kurze Gegenüberstellung macht den Unterschied zwischen klassischer Führung und agiler Führung – und dem Verständnis, das dahintersteckt – besonders klar: In der klassischen Welt werden Aufgaben von oben, also von der Führungskraft, verteilt. In der agilen Welt übernehmen die Mitglieder eines Teams die Aufgaben selbstständig. Ein Aspekt, der ganz sicher für einen tief greifenden Kulturwandel steht.

Klassische vs. agile Methoden: Unterschiede im Überblick

Klassisch	Agil
Anforderungen zu Beginn bekannt	Anforderungen zu Beginn unscharf
Änderungen von Anforderungen während Projektverlauf schwierig	Änderungen an Anforderungen während Projektverlauf eingeplant
Kunde sieht nur Endergebnis	Kunde bewertet Zwischenergebnisse
Aufgaben von oben zuteilen	Aufgaben selbstständig übernehmen
Hohe Kosten für späte Anforderungsänderungen	Mäßige Kosten für späte Anforderungsänderungen
Anforderungsbeschreibung aus technischer Sicht (Features)	Anforderungsbeschreibung aus Kundensicht (Anwendungsfälle)
Sequenzieller Entwicklungsprozess	Iterativer Entwicklungsprozess
Starrer Projektmanagementprozess	Fortlaufende Prozessverbesserungen
Wenn es eng wird, eher Meilensteine schieben	Wenn es eng wird, eher Aufwand verringern
Große Teams möglich	Relativ kleine Teams nötig
Klare Hierarchie	Selbstorganisierte Teams
Viele Spezialisten im Team	Viel gemeinsame Verantwortung
Team sitzt verteilt und ist in mehreren Projekten tätig	Team sitzt zusammen und hat Fokus auf ein Projekt
Viel Kommunikation über Dokumente und lange Meetings	Viel informelle Kommunikation und Stand-up-Meetings
Aufwandsschätzung durch Projektleiter oder Experten	Aufwandsschätzung gemeinsam im Team

(Quelle: www.haufe.de)

ZUM WEITERDENKEN

Die Gegenüberstellung zeigt klar und überdeutlich: Agiles Führen ist etwas komplett anderes, als klassisch zu führen. Und damit auch mehr als eine alte Idee in neuer Verpackung. Besonders für Führungskräfte gilt es, Kontrolle abzugeben. Das muss man wollen – und können.

Zum agilen Führen gehört auch die Rolle des Prozessbegleiters, die die Teilnehmenden schon bei den acht Rollen einer Führungskraft kennengelernt haben. An dieser Stelle wird diese Rolle vertiefend dargestellt.

Skript-Auszug IV/5:

Die achte Rolle einer Führungskraft: der Prozessbegleiter

DARUM GEHT ES

Die agilen Werte und Prinzipien sind recht anspruchsvoll. Wahrscheinlich sind Sie in der einen oder anderen Disziplin schon sattelfest. In der einen oder anderen sehen Sie vielleicht noch Nachholbedarf.

In jedem Fall agieren Sie aber bereits erfolgreich als Führungskraft – wahrscheinlich in einem eher klassisch orientierten Führungsumfeld. Also in einem Umfeld, in dem es zum Beispiel klare Hierarchien gibt, ein Team aus Spezialisten und recht viel Kommunikation über Dokumente und lange Meetings.

Wie können Sie nun Ihre Führungskompetenzen im agilen Umfeld einsetzen? Oder anders gefragt: Reichen Ihre klassischen Kompetenzen bereits aus, um agil zu führen?

Klassische Führungskonzepte reichen nicht mehr

Eins gleich vorweg: Wir denken, klassische Führungskonzepte wie unser Modell der sechs Rollen einer Führungskraft reichen nicht mehr hundertprozentig für das agile Zeitalter.

Deshalb haben wir unser Modell mit den sechs Rollen zu einem Modell mit sieben Rollen agil weiterentwickelt. Die achte Rolle einer Führungskraft nennen wir Prozessbegleiter.

Diese neue Rolle ist übrigens eine direkte Folge einer User Story, eines „Nutzerwunsches" (siehe IV/8):

Als (Rolle) ...	Als Führungskraft ...
möchte ich ...,	... möchte ich alle Rollen kennenlernen, die ich als Führungskraft ausfüllen muss,
um ...	um agiler führen zu können.

Abb. IV/5a: Beispiel einer User Story, eines Nutzerwunsches

Denn gleich mehrere Führungskräfte fragten uns, welche Rollen einer Führungskraft fürs agile Führen nötig sind.

Schauen Sie sich diese achte Rolle einer Führungskraft genau an, bevor Sie anfangen, agiler zu führen und Prozesse agil zu begleiten.

Was muss der Prozessbegleiter können?

Agile Prozesse zeichnen sich durch eine hohe Dynamik aus. Damit der Prozess zielgerichtet verläuft und aus Dynamik nicht Chaos wird, sind Führungskräfte als Prozessbegleiter gefragt. Sie sind sozusagen Seelen und Hüter des Prozesses:

- Sie sorgen dafür, dass agile Prinzipien und Regeln eingehalten werden.
- Sie tragen Verantwortung für den Prozess und dessen korrekte Umsetzung und Implementation.
- Sie sind Vermittler und Unterstützer – gewissermaßen Facilitatoren.
- Sie streben maximalen Nutzen und ständige Optimierung an.
- Sie beseitigen organisatorische Hindernisse.
- Sie sorgen für Kommunikationsfluss und Interaktionen zwischen allen Beteiligten.
- Sie moderieren Meetings.
- Sie schützen das Team vor unberechtigten Einmischungen in den Prozess.

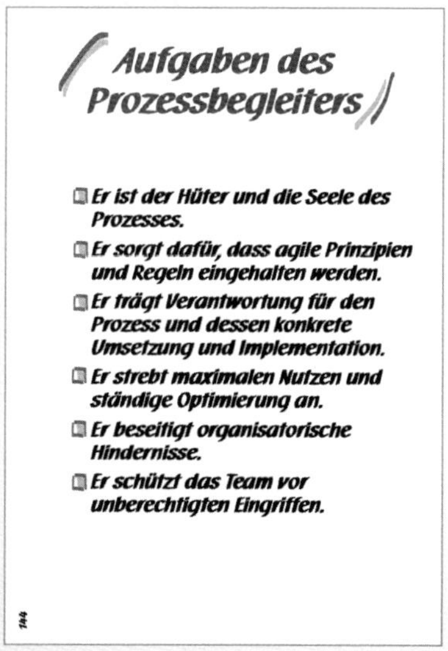

Flipchart 144

Das liest sich übrigens wie die Job-Beschreibung eines Scrum Masters.

Sie sehen, der Prozessbegleiter ist ab und an auch Coach und Moderatorin, aber eben immer bezogen auf den Prozess – mit all seinen Veränderungen und Überraschungen.
Was der Prozessbegleiter aber nicht ist: Chef des Teams. Er ist nicht derjenige, der sagt, wo es langgeht. Denn das macht ja das Team.

Wir haben ganz bewusst den Begriff Prozessbegleiter gewählt – und nicht etwa Projektmanager oder Projektbegleiter: Damit wollen wir betonen, dass wir ihn – nicht nur bei agilen Themen – immer auch als Facilitator, Coach und Moderator sehen, aber eben immer bezogen auf den Prozess mit all seinen Veränderungen und Überraschungen. Letztlich geht es darum, kompetent eine lernende Organisation zu führen.

Und das sind alle acht Rollen einer Führungskraft noch einmal auf einen Blick:

Abb. IV/5b: Alle acht Rollen einer Führungskraft

ZUM WEITERDENKEN
Die Fähigkeiten, die eine Prozessbegleiterin braucht, sind für die meisten wohl eher neu. Deshalb ist es keine schlechte Idee, sich dabei zumindest zu Beginn beim Agieren in der achten Rolle coachen zu lassen.

Übung: Bild des Prozessbegleiters

14.30 bis 15.15 Uhr

Als kurzen Vorweg-Input stellen wir Flipchart 144 mit kurzen Erläuterungen voran.

Die Übung von Flipchart 145 selbst soll die Auseinandersetzung der einzelnen Teilnehmer mit der Rolle des Prozessbegleiters fördern.

Die Gruppen können sich nach Vorlieben bilden. Zu den Präsentationen gibt es keine gesonderten Rückmeldungen.

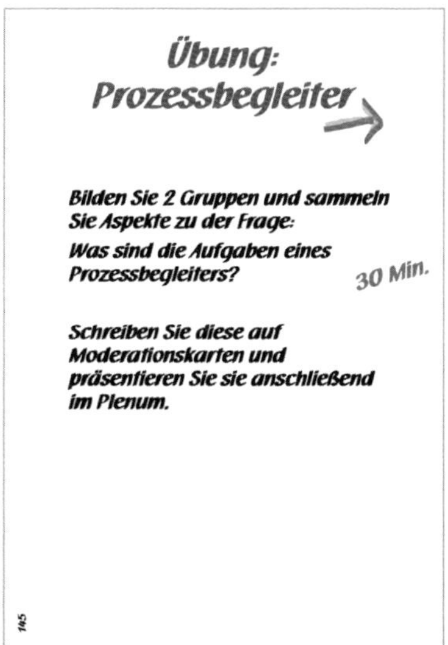

Flipchart 145

Anschließend zeigen wir zur Ergänzung – und zum Abgleich – noch einmal das Flipchart 142.

Pause

15.15 bis 15.30 Uhr

15.30 bis
16.00 Uhr

IV/8

146 bis 148

Thema: Einstieg ins Agile (Forts.)

Jetzt wird es konkreter. Wir stellen agile Techniken vor, die jeder, nicht nur der IT-Fachmann, im Scrum-Umfeld nutzen kann.

Dazu zählen das „Kanban Board", „Daily Standup-Meetings" sowie „User Stories".

Mittlerweile werden die agilen Konzepte auch auf Projekte außerhalb der Softwareentwicklung übertragen – was in den meisten Fällen machbar, wenn auch nicht immer ganz leicht ist.

Wir haben in unseren Workshops, Curricula und Trainings teilweise eigene Begriffe vorgeschlagen, das hat sich bewährt.

Wir stellen hier nur einige davon kurz vor. Uns geht es um Methoden und Werkzeuge, die Teilnehmende leicht anwenden können. Wir nutzen hierbei die Flipcharts 146 bis 148 für den Überblick und um zwei Beispiele etwas näher aufzuzeigen: Kanban-Board und Persona.

Auf Personas gehen wir am nächsten Tag näher ein, genauso wie auf die Aspekte Nutzerwunsch und Wunschkarte. Durch die Aufteilung der Inputs auf zwei Tage haben es die Inhalte „leichter", bei den Teilnehmenden anzudocken.

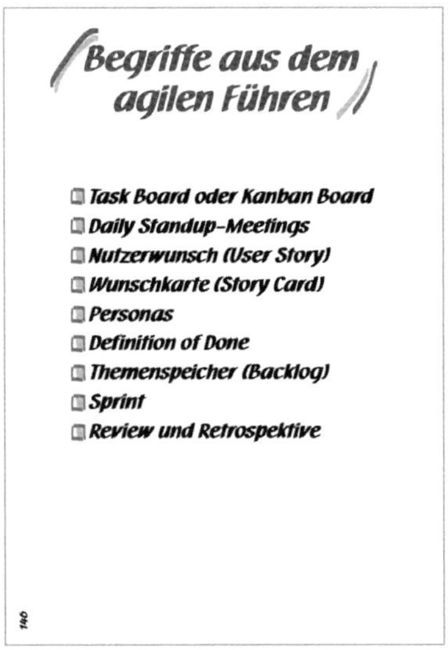

Flipchart 146

Skript-Auszug IV/8:

Grundlegende agile Methoden und Werkzeuge

DARUM GEHT ES

VUCA-Welt, Taylor-Wanne und die Begriffe kompliziert und komplex sind Schlagworte, die für einen weitgreifenden Wandel stehen. Wie können Sie den sich daraus ergebenden Anforderungen erfolgreich begegnen?

Hierzu braucht es agile Werkzeuge.

Scrum-Techniken für alle

Nach und nach haben sich verschiedene Techniken herauskristallisiert, um die recht abstrakten Werte und Prinzipien des Manifests in die Praxis umzusetzen. Dazu zählen beispielsweise „Task Boards", „Daily Standup-Meetings" und „User Stories", um nur einige zu nennen.

Mittlerweile werden die agilen Konzepte auch auf Projekte außerhalb der Softwareentwicklung übertragen – was in den meisten Fällen machbar, wenn auch nicht immer ganz leicht ist. Wir wollen Ihnen hier nur einige davon kurz vorstellen. Uns geht es um Methoden und Werkzeuge, die Sie leicht anwenden können.

Dazu zählen

- Task Board oder Kanban Board
- Daily Standup-Meetings
- Nutzerwunsch (User Story)
- Wunschkarte (Story Card)
- Personas
- Definition of Done
- Themenspeicher (Backlog)
- Sprint
- Review und Retrospektive

Task Board

Ein Task Board oder ein Kanban Board gibt Übersicht über aktuelle Aufgaben. Dadurch wird die Transparenz im Team erhöht und parallele Arbeit begrenzt. Zudem werden so Engpässe sichtbar gemacht. Eine Aufgabe wandert von links nach rechts, von Spalte zu Spalte. Jede Spalte symbolisiert eine Bearbeitungsphase, in der sich die jeweilige Aufgabe befindet. Dadurch entsteht ein transparenter Fluss, der den Arbeitsprozess des Teams visualisiert.

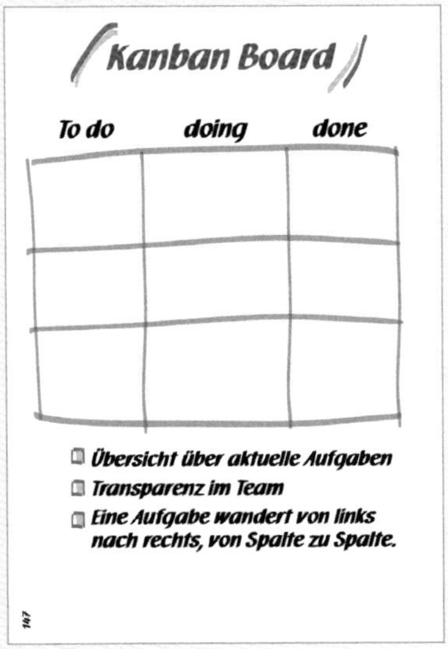

Flipchart 147

Daily Standup-Meetings

Daily Standup-Meetings (siehe auch II/6) sind äußerst effiziente Meetings, die täglich im Stehen abgehalten werden. Bei Scrum heißen sie Daily Scrum Meeting oder Daily Scrum.
Tägliche Kurzbesprechungen des Projektteams sind Grundbestandteile agiler Arbeitsmethoden.

Detaildiskussionen sind zu vermeiden. Das Daily Standup-Meeting ist keine Statusbesprechung, sondern eine Einsatzplanung für den aktuellen Tag. Und: Es reden in erster Linie die Teammitglieder.

Der Auftraggeber nimmt nach Möglichkeit auch teil – um auf dem neuesten Stand zu bleiben und bei Bedarf Fragen zu beantworten. Mehr nicht.

Nutzerwunsch

User Stories sind Nutzergeschichten oder eben Nutzerwünsche.

Als (Rolle) …	Als Führungskraft …
möchte ich …,	… möchte ich lernen, mehr auf meine Mitarbeiter zu achten,
um …	um deren Interaktionen besser zu verstehen.

Abb. IV/8a: Beispiel eines Nutzerwunsches

Sie kennen Sie bereits aus Abschnitt IV5. Nutzergeschichten stehen für konkrete Anforderungen von Nutzern an ein zu entwickelndes Produkt oder dergleichen. Wichtig ist dabei:

- Sie ist in Alltagssprache formuliert.
- Sie ist kurz gehalten, umfasst also in der Regel nicht mehr als zwei Sätze.

Wunschkarte (Story Card)

Nutzerwünsche werden jeweils auf Wunschkarten (bei Scrum: Story Cards) geschrieben. Die Idee dahinter: Ganz am Anfang notiert man sich kurz und knapp, was die Kundinnen wünschen.

Und am besten folgen alle diese Wünsche einem einheitlichen Duktus:

„Als [Rolle] möchte ich [Ziel/Wunsch], um [Nutzen].“

Zum Beispiel: „Als Teamleiter möchte ich Dienstbesprechungen nutzen, um mich auf dem Laufenden zu halten.“

! *Diese Kundenwünsche sind Leitpunkte, an denen sich die ganze Projektarbeit orientiert. Was im Umkehrschluss heißt: Wünsche der Führungskraft stehen nicht im Vordergrund!“*

Personas

Wer hat Nutzerwünsche? Und wie findet man sie? Der Schlüssel hierzu sind Personas.

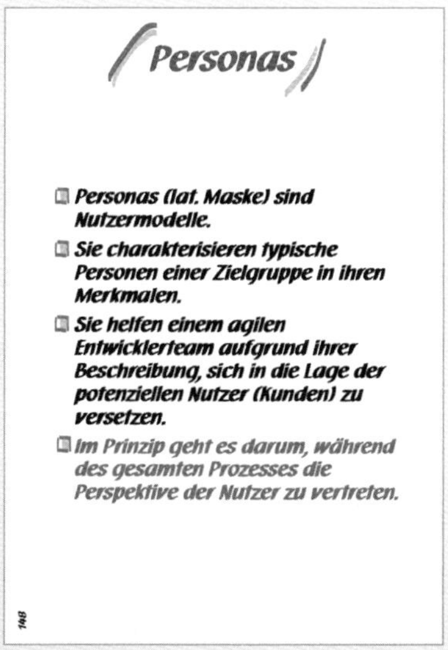

Personas (lat. Maske) sind Nutzermodelle. Sie charakterisieren typische Personen einer Zielgruppe in ihren Merkmalen. Sie helfen einem agilen Entwicklerteam aufgrund ihrer Beschreibung, sich in die Lage der potenziellen Nutzer (Kunden) zu versetzen. Im Prinzip geht es darum, während des gesamten Prozesses die Perspektive der Nutzer zu vertreten.

Dazu werden sie mit einem Namen, einem Gesicht, einer Funktion, einem Werdegang und einem Privatleben versehen. Und: Personas haben Ziele und Verhaltensweisen, Vorlieben und Erwartungen.

Flipchart 148

Eine Persona steht repräsentativ für eine reale Benutzergruppe, die ein System, eine Lösung, einen Prozess, ein Produkt oder dergleichen nutzt.

Die gefundenen Personas begleiten Ihr gesamtes Projekt: von der Ermittlung der Anforderungen bis hin zur Umsetzung und Evaluierung.

Personas helfen allen Projektbeteiligten dabei, die gesamte Entwicklung auf die Bedürfnisse der Nutzer und Zielgruppen auszurichten.

Mithilfe von Personas können „echte“ Nutzerwünsche von Anforderungen anderer Beteiligter leichter unterschieden werden. So haben Vorgesetzte oder andere Stakeholder (Anspruchsgruppen) oft andere Anforderungen an das Projekt. Anforderungen, die aus Sicht der Nutzer aber keinen Mehrwert bringen!

Die Entwicklerinnen haben mit den Personas folglich konkrete „Bezugspersonen“, die ihrer Arbeit einen Sinn geben und mit denen sie sich identifizieren können.

Personas können auch dabei helfen, Anforderungen zu priorisieren: Zunächst werden die Anforderungen berücksichtigt, welche sich auf Personas beziehen, die wichtiger sind als andere. Das ist eine der wichtigsten Arbeiten der Projektleitung aus Prozessbegleiter und Auftraggeberin: Die für sie wichtigsten Nutzerwünsche der Personas werden im Projekt zuerst bearbeitet.

Fokus: Personas erstellen

Zunächst werden die augenfälligsten Eigenschaften ermittelt, die die einzelnen Benutzergruppen voneinander unterscheiden. Das geht gut über die Ziele, die die jeweiligen Personen verfolgen, sowie über deren Arbeitsaufgaben.

Dabei helfen diese Fragen:

- Warum nutzt die „Kundin“ das Angebot? (Motive, Ziele, Intention)
- Wie nutzt sie das Angebot und welche Ziele verfolgt sie damit?
- Welche Inhalte, Funktionen und Möglichkeiten wünscht sich ein Nutzer?
- Was macht er damit? (Aufgaben, Aktivitäten)
- Wie häufig macht er dies? (Frequenz)
- Wie lange nutzt er das Angebot? (Intensität)
- Unter welchen Rahmenbedingungen, greift er in der Regel auf das Angebot zu? (Kontext)
- Welche technischen Fähigkeiten und Vorlieben hat der Kunde?
- Wie gut kennt die Kundin das bisherige Angebot und Angebote von anderen „Anbietern“?

- Welche sozialen, lokalen oder persönlichen Beziehungen haben die verschiedenen Kunden untereinander?
- Gibt es einen Workflow zwischen verschiedenen Benutzergruppen?
- Auf welche Probleme stößt die Kundin eventuell?
- Wie behilft sie sich dann?

Die Ergebnisse der Befragungen werden gesammelt, sortiert, gruppiert und ausgewertet. Anschließend wird die Anzahl der Personas bestimmt, die benötigt werden, um das Spektrum der Benutzergruppen widerzuspiegeln.

Und das gehört zu einer Beschreibung von Personas:

- Persönliche Angaben, darunter Name, Geschlecht und Alter
- Ein Foto der Persona
- Angaben zu Beruf, Funktion, Verantwortlichkeiten
- Angaben zu Aufgaben und Zielen (etwa in Form von Szenario-Beschreibungen)
- Ausbildung, Wissen und Fähigkeiten, sofern sie für das Angebot von Interesse sind
- Typische Verhaltensmuster und Vorgehensweisen

Nützlich sind auch diese Aspekte aus dem Design Thinking:

- Pains (Schwierigkeiten):
  - Was fehlt der Persona, bezogen auf das Angebot?
  - Welche Hindernisse muss sie überwinden?
- Gains (Nutzen):
  - Was will die Persona mit dem Angebot erreichen?
- Jobs to be done (konkrete Aufgaben):
  - Was braucht die Persona, um Schwierigkeiten zu überwinden und den größtmöglichen Nutzen daraus zu ziehen?
- Use Cases (Anwendungsfälle):
  - Was wünscht die Persona sich aus ihrer persönlichen Perspektive?

Anschließend werden die Personas sichtbar gemacht, zum Beispiel in Form von Postern, die bei allen Projektbeteiligten in den Büros hängen oder dadurch, dass sie in Dokumentationen auftauchen.

Das Arbeiten mit Personas ist zu Beginn oft ungewohnt – und kostet etwas Zeit. Diese Zeit lohnt sich aber!

Falls Sie nicht für abstrakte Personas, sondern für konkrete Personen, etwa aus einer benachbarten Abteilung, arbeiten, sollten Sie darauf achten, dass die Personenbeschreibungen wertschätzend formuliert sind. Nur so ist eine offene und konstruktive Arbeit möglich.

Definition of Done

Und schließlich die „Definition of Done". Sie ist ein wichtiges agiles Werkzeug. Es hilft Teams dabei, die Arbeit zu planen und durchzuführen. Die Definition of Done ist eine Liste von Kriterien zur Fertigstellung, die das Team zu beachten hat.

Das ist besonders für Perfektionisten eine Herausforderung: Denn hier geht es keinesfalls um 100 Prozent aller möglichen Detailaspekte, sondern eben um das, was der Kunde wünscht, was ihm reicht.

Themenspeicher (Backlog)

Der Themenspeicher listet alle Anforderungen an das Produkt auf. Ganz im Sinne des agilen Arbeitens ist er dynamisch und wird ständig weiterentwickelt. Alle Arbeit, die das Entwicklungsteam erledigt, hat ihren Ursprung im Themenspeicher.

Die Auftraggeberin ist für die Pflege des Themenspeicher verantwortlich. Sie priorisiert die Reihenfolge der Einträge.

Sprint

Ein Sprint ist laut Wikipedia „ein Arbeitsabschnitt, in dem ein Inkrement einer Produktfunktionalität implementiert wird". Das heißt: Die von Auftraggeber und Prozessbegleiterin priorisierten Nutzerwünsche werden vom Team als Nächstes fokussiert und gelöst.

Ein Sprint beginnt mit einer Planung mit den Fragen:

- Was kann im kommenden Sprint entwickelt werden?
- Wie wird die Arbeit im kommenden Sprint erledigt?

Er endet mit Sprint Review und Retrospektive. Sprints folgen unmittelbar aufeinander.

Während eines Sprints sind keine Änderungen erlaubt, die das Sprintziel beeinflussen könnten.

Review und Retrospektive

Das Review steht am Ende des Sprints. Das agile Team überprüft das Ergebnis, um den Themenspeicher bei Bedarf anzupassen. Es präsentiert seine Ergebnisse. Team und Projektleitung überprüfen, ob das gesteckte Ziel erreicht wurde, und besprechen, was als Nächstes zu tun ist. Hierbei überprüft das Team am Ende eines Sprints seine bisherige Arbeitsweise. Ziel ist es, kontinuierlich effizienter und effektiver zu werden. Der Prozessbegleiter unterstützt das Team dabei, gute Praktiken und Verbesserungen zu finden, die im nächsten Sprint umgesetzt werden.

Fokus: der agile Prozess im Stenogramm

Wie gesagt: Agil zu führen und arbeiten ist im Prinzip systemisch führen und arbeiten. Es geht immer darum, ressourcen- und lösungsorientiert die nächsten Schritte anzugehen, und zwar in Form von systemischen Schleifen.

Dabei geht es darum, immer den Kunden oder die Nutzerin im Auge zu haben und Hypothesen (siehe I/12) darüber zu bilden, was sie haben möchten, was sie brauchen. Aufbauend auf den Personas und deren Nutzerwünschen werden in systemischen Schleifen oder eben Sprints erste Lösungen und Prototypen entwickelt. Diese werden in neuen Sprints verbessert.

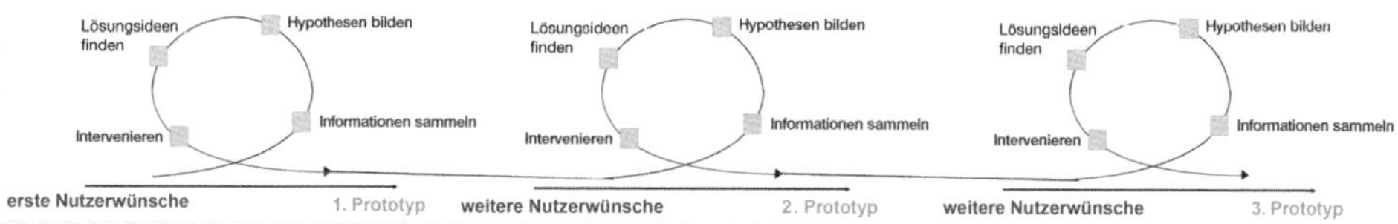

Abb. IV/8c: Der agile Prozess und seine „Sprint-Schleifen"

ZUM WEITERDENKEN

Agile Methoden und Werkzeuge einzusetzen, lohnt sich. Noch mehr lohnt es sich, zu Beginn dabei auf Unterstützung eines Beraters oder Coachs zu setzen. Denn durch den Impuls von außen kommt nicht nur Wissen und Kompetenz ins Team, sondern auch der Blick auf die Interaktionen im Team.

16.00 bis
16.45 Uhr

Übung: Personas

Nach dem längeren Input schließt sich eine Übungseinheit an.

Bei dieser Übung wird das Agile für die Teilnehmer „persönlich“. Sie bekommen die Aufgabe, Personas zu entwickeln. Wir arbeiten hier mit einem Brainstorming im Plenum, da wir Trainerinnen so beim gesamten Prozess mit dabei sind und helfen können, auf dem noch etwas unsicheren Gebiet sicherer zu werden.

Wichtig ist noch der Hinweis, dass wir mit den Personas am nächsten Tag weiterarbeiten werden.

Alternative Themenstellungen könnten sein:

- Neue Abonnenten für regionale Tageszeitung gewinnen
- Dienstbesprechung mit der Nachbarabteilung
- Rollenklärung „Interne Fachberatung“
- Oder auch ein – passendes – Anliegen eines Teilnehmers

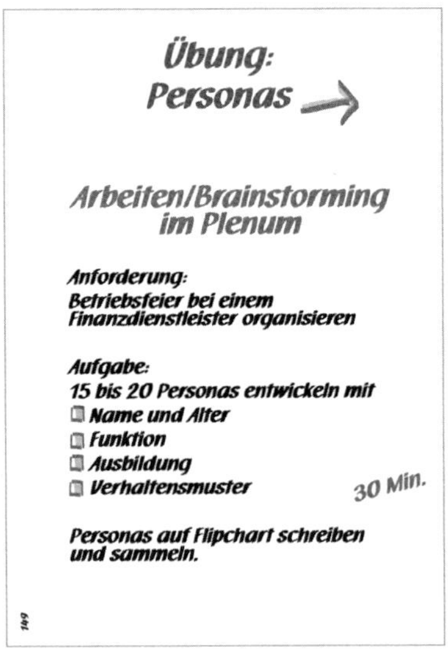

Flipchart 149

Agiler Abschluss

16.45 bis
17.00 Uhr

Wir schauen uns abschließend nochmals die Agenda an und schließen den Tag im Sinne eines „Daily“ ganz kurz mit einer Frage ab, die mit nur einem Satz beantwortet werden soll: Was hat mich heute am meisten von den agilen Werten und Techniken beeindruckt?

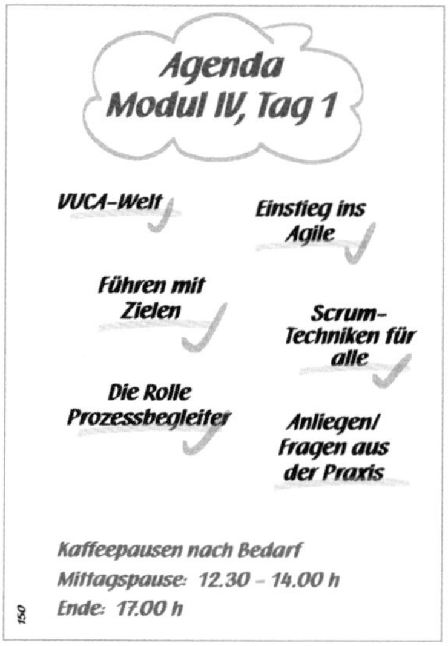

Flipchart 150

Modul IV/Tag 2

Seite	Thema/Übung	Dauer	Uhrzeit
277	Vorbereitung	20 Min.	8.30 – 8.50 Uhr
278	Begrüßen	10 Min.	8.50 – 9.00 Uhr
278	Einstiegsrunde	30 Min.	9.00 – 9.30 Uhr
278	Agenda von Modul IV/Tag 2	5 Min.	9.30 – 9.35 Uhr
279	Thema: Vertiefung Personas	40 Min.	9.35 – 10.15 Uhr
	Pause	15 Min.	10.15 – 10.30 Uhr
280	Übung: Personas (Forts.)	60 Min.	10.30 – 11.30 Uhr
280	Thema: Nutzerwunsch und Wunschkarte	15 Min.	11.30 – 11.45 Uhr
281	Übung: Wunschkarte	45 Min.	11.45 – 12.30 Uhr
	Mittagspause	90 Min.	12.30 – 14.00 Uhr
282	Übung: Prototypen	90 Min.	14.00 – 15.30 Uhr
	Pause	15 Min.	15.30 – 15.45 Uhr
283	Übung: Voting – Wie agil bin ich schon?	40 Min.	15.45 – 16.25 Uhr
287	Hausaufgabe	5 Min.	16.25 – 16.30 Uhr
287	Abschluss	30 Min.	16.30 – 17.00 Uhr
	Ende des Tages		

Orientierung

Fokus

Agile Techniken ausprobieren: Personas, Nutzerwunsch, Wunschkarte und Prototypen, Selbstbild: „Wie agil bin ich schon?"

Zeit

9.00 bis 17.00 Uhr, Mittagspause von 12.30 bis 14.00 Uhr, vormittags und nachmittags Kaffeepausen nach Vereinbarung

Vorbereitung

Flipcharts 148, 149, 151, 153-162 (optional Flipchart 4, 5), Blumen, Lautsprecher-Box

Raum

Stuhlkreis, zweiter Raum für Gruppenarbeit

Material

2 Flipcharts, 3-4 Pinnwände, Moderationskarten, Moderationskoffer (gut gefüllt)

Skript

IV/6, IV/8 (Vertiefung)

Vorbereitung

8.30 bis 8.50 Uhr

Kleine Checkliste:

- Materialien
- Flipcharts
- Namensschilder
- Karten, Stifte in der Mitte
- Anliegen auf Flipchart
- Frage eines Teilnehmers vom Vortag berücksichtigen, etwa Wunsch nach Buchempfehlung etc.
- Übriggebliebenes
- Aktuelle Infos, etwa vom Auftraggeber oder vom Veranstalter auf Flipchart notieren

8.50 bis
9.00 Uhr

Begrüßen

Da wir beide kein besonders gutes Namengedächtnis haben, freuen wir uns darüber, dass wir nun alle Namen kennen und die Teilnehmer auch ohne Namensschilder mit ihrem Namen begrüßen können.

9.00 bis
9.30 Uhr

Einstiegsrunde

1. Runde: „Was ist ihr Lieblingsgeräusch?"
2. Runde: „Wie geht es Ihnen heute? Gibt es Reste/Nachklang (Fragen, Unklarheiten, Besonderheiten) von gestern?"

Bei der ersten Einstiegsrunde wählen wir wieder bewusst ein Thema, das nichts mit den Themen aus dem Modul zu tun hat. Hierbei geht es darum, die eigene Perspektive zu wechseln und einen Zugang zu dem zu bekommen, was den Teilnehmerinnen ein Lächeln in das Gesicht zaubert oder sie schmunzeln lässt (siehe Positiv starten, Seite 346).

Der Zugang zu den persönlichen Ressourcen und das Wissen darum, was jedem guttut, ist ein wichtiger Aspekt, der dazu beiträgt, gesund zu bleiben – auch als Führungskraft.

9.30 bis
9.35 Uhr

Agenda Modul IV/Tag 2

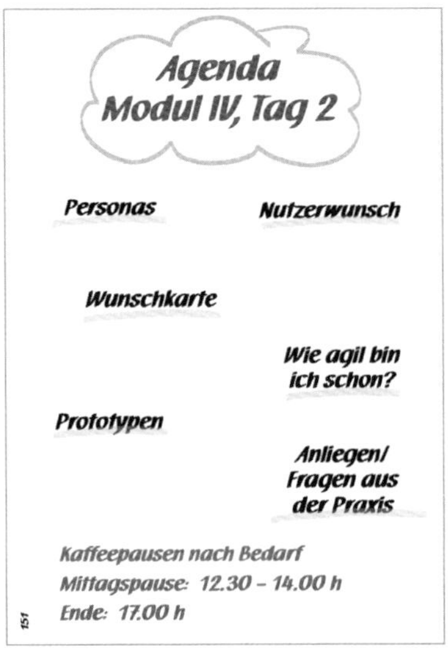

Das Flipchart repräsentiert den roten Faden des Tages.

Flipchart 151

Thema: Vertiefung Personas

9.35 bis 10.15 Uhr

IV/8

152 bis 154

Nun geht es darum, konkrete Personas zu entwickeln.

Dazu helfen die Aspekte auf den gezeigten Flipcharts „Personas verstehen", Personas beschreiben" sowie „Persona: Aspekte aus dem Design Thinking" (Flipcharts 152 bis 154).

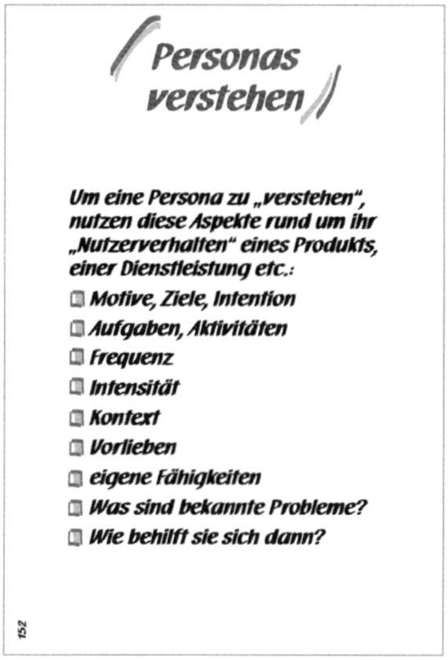

Flipchart 152

Das Design Thinking ist ein Ansatz, der zum Lösen von Problemen und zur Entwicklung neuer Ideen führen soll. Erklärtes Ziel ist dabei, Lösungen zu finden, die aus Anwendersicht (Nutzersicht) überzeugend sind.

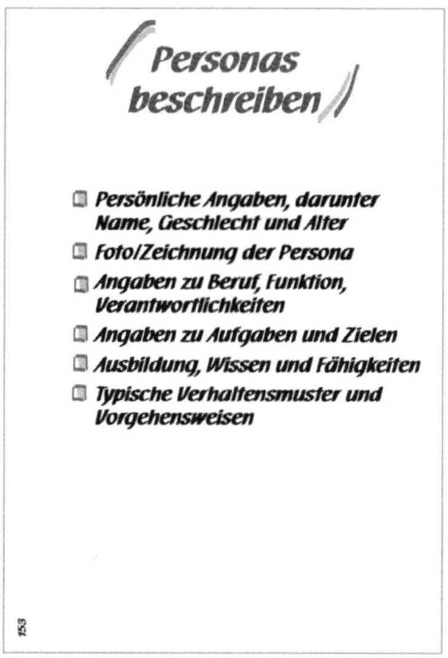

Flipchart 153

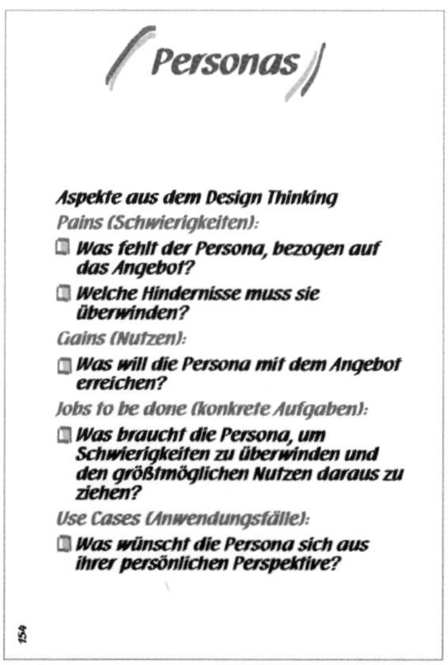

Flipchart 154

10.15 bis 10.30 Uhr

Pause

10.30 bis 11.30 Uhr

Übung: Personas (Forts.)

Nun geht es darum, mit einer Übung in Zweiergruppen an dem Thema konkret zu arbeiten.

Wir bitten die Teilnehmerinnen, sich einen Partner zu suchen.

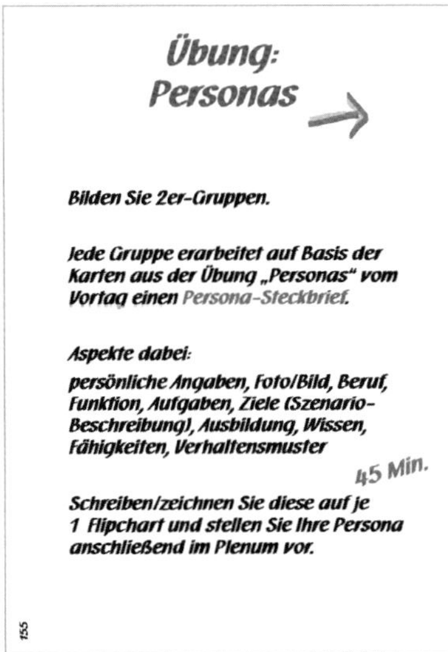

Flipchart 155

Im Vorfeld haben wir alle Personas aus dem Brainstorming (siehe Flipcharts 152-154) jeweils auf eine Moderationskarte geschrieben. Wir bitten die Gruppen, sich daraus eine Persona auszusuchen.

Falls zwei Gruppen dieselbe Persona auswählen, ist dies auch möglich. Spannend ist es dann, die Unterschiede zu sehen.

Bei der Erarbeitung gehen wir Trainerinnen von Gruppe zu Gruppe und helfen.

11.30 bis 11.45 Uhr

IV/8

156 und 157

Thema: Nutzerwunsch und Wunschkarte

Zur Vertiefung stellen wir die User Story (Nutzerwunsch) und die Story Card (Wunschkarte) vor. In diesem Buch ist der entsprechende Inhaltsauszug aus dem Skript (IV/8) auf der Seite 266 f. zu finden.

Über die Persona und die Wunschkarte wird der agile Prozess gesteuert. Dabei geht es um Priorisierung. Der Auftraggeber und die Prozessbegleiterin entscheiden darüber, was priorisiert werden soll.

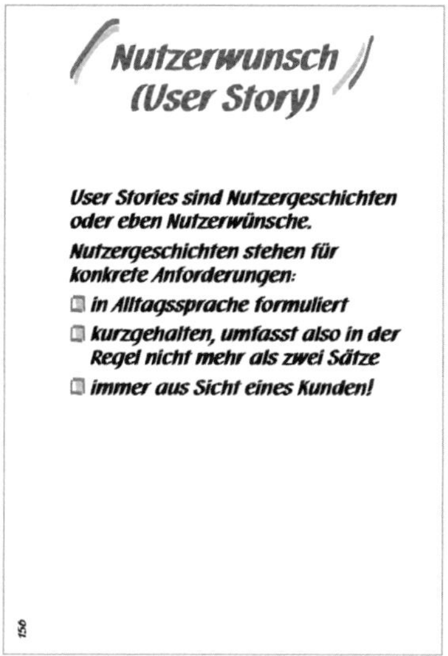

Flipchart 156

Flipchart 157

Übung: Wunschkarten

11.45 bis 12.30 Uhr

Hier üben sich die Teilnehmer im Formulieren von Nutzerwünschen, aus denen sie Wunschkarten entwickeln.

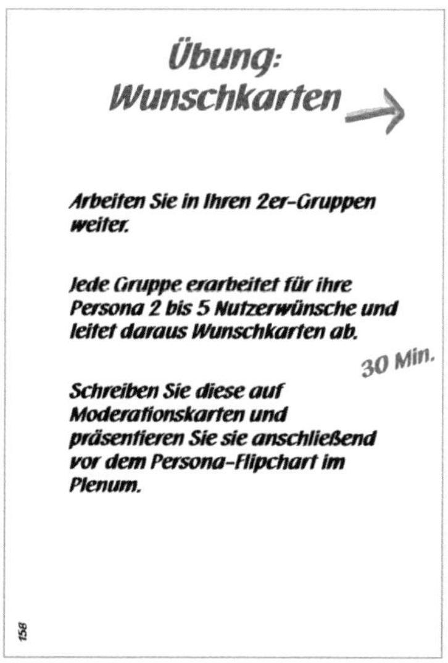

Flipchart 158

Jede Gruppe – dieselben wie bei vorheriger Übung – erarbeitet für ihre Persona zwei bis fünf Nutzerwünsche und leitet daraus Wunschkarten ab.

Bei der Präsentation bekommen die Teilnehmer ein Gefühl für die möglichen Nutzerwünsche und die daraus abgeleiteten Wunschkarten.

12.30 bis 14.00 Uhr

Mittagspause

14.00 bis 15.30 Uhr

Übung: Prototypen

Nach der Mittagspause steigen wir mit einer Übung ein.

Wir Trainer wählen – in den Rollen von Auftraggeberin und Prozessbegleiter – die Top-5-Wünsche und priorisieren eventuell Personas.

Jetzt wird es konkret: Auf dieser Auswahl aufbauend, entwickeln die Vierergruppen einen „Prototypen", also eine Ideenskizze. In unserem Beispiel für eine „Betriebsfeier bei einem Finanzdienstleister".

Die Gruppen finden selbst zusammen.

Wichtig: Nur die Wünsche der Nutzer zählen!

Die Prototypen werden anschließend im Plenum vorgestellt.

Diese Übung schließt mit dem Entwickeln eines Prototyps das konkrete Arbeiten mit agilen Werkzeugen ab.

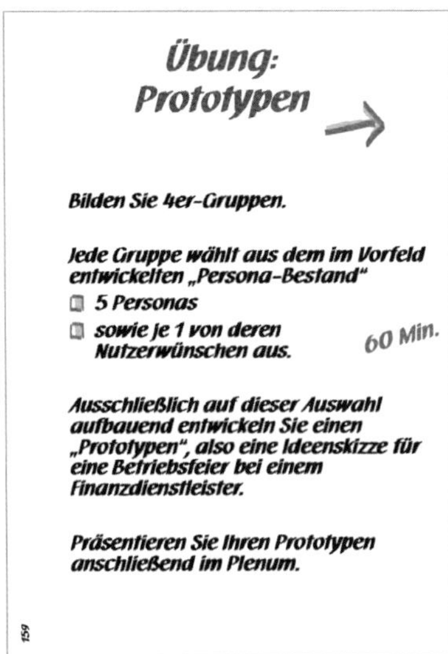

Bei der Präsentation ist es wieder erfreulich zu beobachten, wie die Terilnehmerinnen ihre Präsentationsfähigkeiten erweitert haben.

Flipchart 159

Pause

15.30 bis 15.45 Uhr

Übung: Voting „Wie agil bin ich schon?“

15.45 bis 16.25 Uhr

IV/6

160

Die Teilnehmerinnen haben erlebt, wie sich agiles Arbeiten „anfühlt“. Nun ist es Zeit für eine Bestandsaufnahme. Dafür nutzen wir unseren Fragebogen.

Und so steigen wir in das Thema ein:

Für ein Voting haben wir den Fragebogen auf Flipchart übertragen.

Jeder Teilnehmer bekommt einen grünen und einen roten Punkt,

Die Teilnehmerinnen werden gebeten,

- einen roten Punkt an die Stelle zu kleben, wo sie für sich noch Entwicklungsbedarf sehen
- und einen grünen Punkt, der für „das kann ich schon ganz gut“ steht.

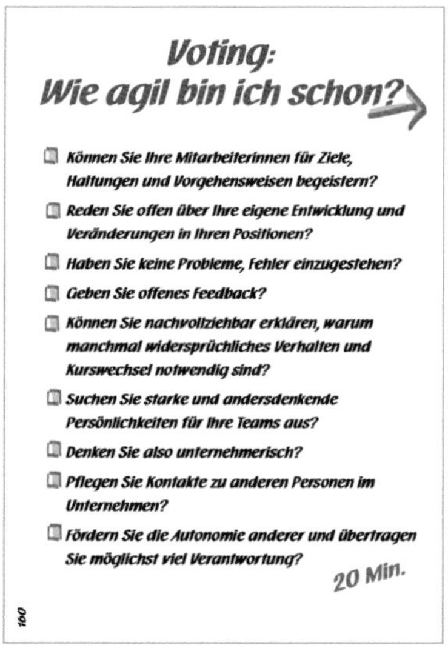

Flipchart 160

In der Regel entsteht ein spannender Austausch im Anschluss. Allen wird nochmals deutlich, wie belebend und wie anspruchsvoll agiles Arbeiten sein kann.

Skript-Auszug IV/6:

Sind Sie – und Ihr Team – fit fürs Agile?

DARUM GEHT ES

Was braucht ein Team, was brauchen Sie als Führungskraft, um agil zu arbeiten und agil zu führen?

Svenja Hofert hat in ihrem Buch „Das agile Mindset" (2019) einen kleinen Fragebogen für Führungskräfte entwickelt, um deren Agilität auf die Spur zu kommen. Sie beschreibt aufschlussreich, was Führungskräfte, Teams und Mitarbeiter brauchen, um agil zu agieren. Ein Blick in das Buch lohnt sich.

Zuerst ein Blick auf das Team

Lassen Sie uns aber vorher einen kurzen Blick auf die Anforderungen an ein agiles Team werfen. Wieder inspiriert von Scrum.

- Es besteht in etwa aus sieben Mitarbeiterinnen, plus/minus zwei.
- Es ist interdisziplinär besetzt.
- Jedes Mitglied ist erfahren und kompetent in seinem Feld.
- Alle Mitglieder denken unternehmerisch.
- Alle Kenntnisse und Fähigkeiten rund um das fertige Produkt – was auch immer das sein mag – sind vertreten.
- Das Team muss die Vision des Auftraggebers verstehen.
- Das Team organisiert und verwaltet sich selbst.
- Das Team verpflichtet sich, vereinbarte Ziele zu erreichen.
- Jeder im Team trägt mit seinem gesamten Wissen zum Erfolg bei.
- Jeder gibt immer sein Bestes – anders gesagt: Es herrscht eine Vertrauenskultur.
- Konflikte werden offen angesprochen.

Eine Checkliste für agile Führungskräfte

Wir haben die Reifegrad-Ermittlungs-Methodik von Svenja Hofert für unsere Zwecke heruntergebrochen.

Beantworten Sie als Führungskraft die folgenden Fragen auf einer Skala von 1 bis 5. 1 entspricht: „Trifft nicht zu", 5 steht für: „Trifft voll und ganz zu".

1	Können Sie Ihre Mitarbeiterinnen für Ziele, Haltungen und Vorgehensweisen begeistern und mitnehmen?	1 2 3 4 5
2	Reden Sie offen über Ihre eigene Entwicklung und Veränderungen in Ihren Positionen und Überzeugungen?	1 2 3 4 5
3	Haben Sie keine Probleme, Fehler einzugestehen?	1 2 3 4 5
4	Geben Sie offenes und entwicklungsorientiertes Feedback, um Ihre Mitarbeiter weiterzuentwickeln?	1 2 3 4 5
5	Können Sie nachvollziehbar erklären, warum manchmal widersprüchliches Verhalten und Kurswechsel notwendig sind?	1 2 3 4 5
6	Suchen Sie starke und andersdenkende Persönlichkeiten für Ihre Teams aus, frei von Angst vor Machtverlust?	1 2 3 4 5
7	Geht es Ihnen bei allen Entscheidungen fühlbar um das Unternehmen und nicht um Sie selbst?	1 2 3 4 5
8	Denken Sie also unternehmerisch?	1 2 3 4 5
9	Pflegen Sie Kontakte zu anderen Personen im Unternehmen?	1 2 3 4 5
10	Fördern Sie die Autonomie anderer und übertragen Sie möglichst viel Verantwortung?	1 2 3 4 5

Bei diesem Fragebogen sollten Sie unbedingt ehrlich sein:
Wenn Sie in einem der Punkte sich oder Ihr Team besser bewerten, als Sie eigentlich sind, kann das zu Problemen führen. Nur ein Beispiel: Wenn Sie denken, alle haben kein Problem, Fehler einzugestehen, setzen Sie auf eine gut ausgebildete Fehlerkultur. Doch gibt es die wirklich in Ihrer Organisation?

Rollen in agilen Teams

Beim agilen Arbeiten ist oft die Rede von Scrum Master oder Product Owner etc. Wir haben diese für „normale" Organisationen übersetzt. Die folgende Grafik zeigt sie im Überblick:

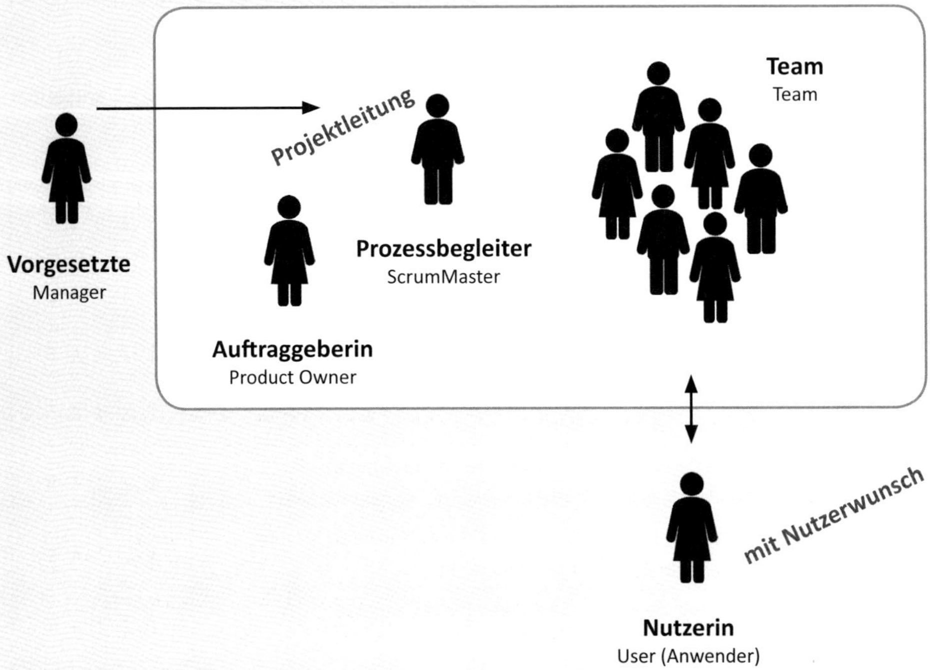

Abb. IV/6: Rollen in agilen Teams

Wichtig dabei: Die Projektleitung liegt im Duo Prozessbegleiter und Auftraggeberin. Das Team ist für die „eigentliche" Arbeit weitgehend verantwortlich.

Dabei gilt: Das Team entwickelt für seine Arbeit Personas, also Beispielnutzer, und formuliert für diese Nutzerwünsche. Darüber wird das gesamte Projekt dann gesteuert. Mehr dazu unter IV/8, Grundlegende agile Methoden und Werkzeuge.

ZUM WEITERDENKEN

Sie sind als Führungskraft Prozessbegleiter und damit auch verantwortlich für den Entwicklungs- und Lernprozess hin zu einer agileren Organisation. Ihre Aufgabe ist es, die richtige Mischung von klassisch und agil zu finden, also auszuprobieren, wie dieser „Hybrid" bei Ihnen am besten aussehen soll.

Hausaufgabe

16.25 bis
16.30 Uhr

Die Hausaufgabe für das nächste Modul blickt auf die erlernten agilen Werkezuge.

Flipchart 161

Abschluss

16.30 bis
17.00 Uhr

Die Abschlussrunde gestaltet sich wie bisher.

Die Fragen an die Führungskraft, die als Gast da ist, könnten folgendermaßen lauten:

- „Wie halten Sie es mit der Agilität?"
- „Was ist bei uns im Hause in Zukunft gewünscht?"

Flipchart 162

Quellenangaben für Modul IV

- Graßler, Alexandra (2008): https://kulturmanagement.blog/2008/10/20/was-unterscheidet-komplizierte-und-komplexe-aufgaben (recherchiert am 23.06.2019).
- Haufe: „Agile Methoden und Techniken im Überblick": https://www.haufe.de/personal/hr-management/agile-methoden-definition-und-ueberblick_80_428832.html (recherchiert am 02.08.2019).
- Hofert, Svenja (2016): Agiler führen. Wiesbaden.
- Hofert, Svenja (2018): Das agile Mindset: Mitarbeiter entwickeln, Zukunft der Arbeit gestalten. Wiesbaden.
- Pfläging, Niels & Hermann, Silke (2016): Komplexithoden. Clevere Wege zur (Wieder)Belebung von Unternehmen und Arbeit in Komplexität. München.
- Sarasvathy, Saras (2008): Effectuation. Elements of Entrepreneurial Expertise.
- Schmidt, Gunther: Vom Burnout zur Phoenix-Kompetenz. Hypnosystemische Konzepte für optimale Kraftentfaltung in herausfordernden Kontexten. Vortrag im Kongress Mentale Stärken, Heidelberg am 30.10.2014.
- Schwarz, Manfred & Schwarz, Iris (2019): Video-Training „Agiler führen – eine Einführung" (https://www.linkedin.com/learning/agiler-fuehren-eine-einfuehrung).

Modul V: Projekte und Veränderungsprozesse leiten	
Tag 1	**Tag 2**
▶ Phasen der Veränderung ▶ Widerstand ▶ Kommunikation in Veränderungsprozessen ▶ Projektleitung im Change-Management ▶ Delegieren	▶ Was können Sie als Führungskraft bei Veränderungsprozessen tun? ▶ Sieben Schritte zur Veränderung ▶ Kommunikation in Veränderungsprozessen (Forts.) ▶ Wie Projekte und Veränderungsprozesse gelingen ▶ Vorbereitung Kolloquium ▶ Auswertung aller Module

Kolloquium
▶ Information über die Agenda ▶ Vorbereitung der Präsentationen ▶ Durchführung der Präsentationen ▶ Würdigung

Modul V

Projekte und Veränderungsprozesse leiten

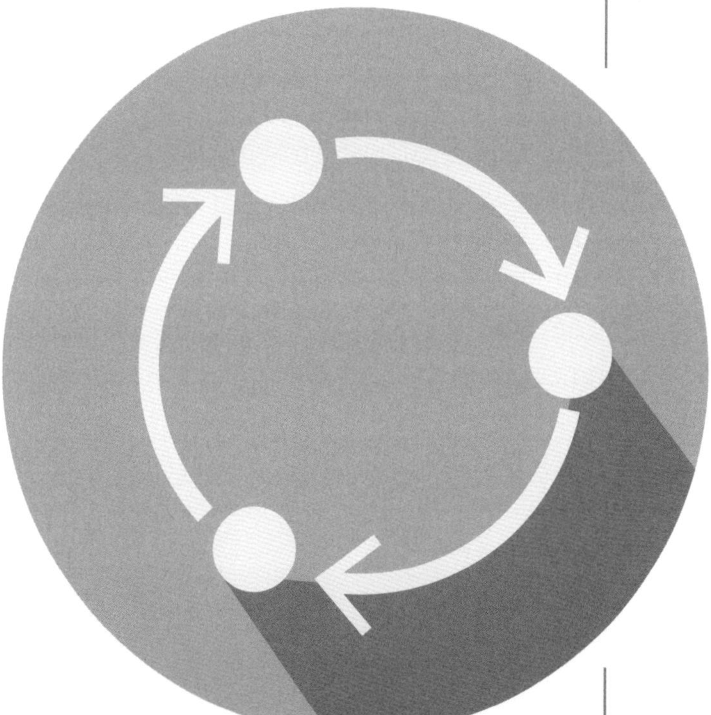

Modul V/Tag 1

Seite	Thema/Übung	Dauer	Uhrzeit
293	Vorbereitung	20 Min.	8.30 – 8.50 Uhr
294	Begrüßen	10 Min.	8.50 – 9.00 Uhr
294	Einstiegsrunde	30 Min.	9.00 – 9.30 Uhr
295	Agenda von Modul V/Tag 1	5 Min.	9.30 – 9.35 Uhr
295	Abfrage der Anliegen	5 Min.	9.35 – 9.40 Uhr
295	Thema: Phasen bei Veränderungen	10 Min.	9.40 – 9.50 Uhr
298	Übung: Widerstand – Erfahrungen und Verhalten	70 Min.	9.50 – 11.00 Uhr
	Pause	15 Min.	11.00 – 11.15 Uhr
299	Thema: Vierfaktoren-Modell (Vertiefung)	15 Min.	11.15 – 11.30 Uhr
302	Thema: Kommunikation in Veränderungsprozessen	60 Min.	11.30 – 12.30 Uhr
	Mittagspause	90 Min.	12.30 – 14.00 Uhr
304	Übung: Projektleitung im Change-Management	90 Min.	14.00 – 15.30 Uhr
	Pause	15 Min.	15.30 – 15.45 Uhr
305	Thema: Exkurs „Delegieren"	15 Min.	15.45 – 16.00 Uhr
307	Übung: Delegieren	30 Min.	16.00 – 16.30 Uhr
308	Abschluss	30 Min.	16.30 – 17.00 Uhr
	Ende des Tages		

Orientierung

Fokus

Anspruchsvolles, komplexes Thema angehen, viele Facetten und Aufgaben

Zeit

9.00 bis 17.00 Uhr, Mittagspause von 12.30 bis 14.00 Uhr, vormittags und nachmittags Kaffeepausen nach Vereinbarung

Vorbereitung

Flipcharts 111, 163-176 (optional Flipchart 4, 5), Blumen, Lautsprecher-Box

Raum

Stuhlkreis, zweiter Raum für Gruppenarbeit

Material

2 Flipcharts, 3-4 Pinnwände, Moderationskarten, Moderationskoffer (gut gefüllt)

Skript

I/4, V/4, V/6, V/10

Vorbereitung

8.30 bis 8.50 Uhr

Kleine Checkliste:

- Materialien
- Flipcharts
- Namensschilder
- Karten, Stifte in der Mitte
- Anliegen auf Flipchart
- Frage eines Teilnehmers vom Vortag berücksichtigen, etwa Wunsch nach Buchempfehlung etc.
- Übriggebliebenes
- Aktuelle Infos, etwa vom Auftraggeber oder vom Veranstalter auf Flipchart notieren

Flipchart 163

8.50 bis 9.00 Uhr

Begrüßen

In diesem Modul gibt es bei der Begrüßung eine Änderung. Diesmal gehen wir, wenn die Teilnehmer den Raum betreten, nicht auf sie zu und begrüßen sie auch nicht mit Handschlag. Hier arbeiten wir mit der Methode Irritation (Seite 342).

Die Auflösung lesen Sie im Anschluss an die Übung Widerstand – Erfahrungen und Verhalten, 9.50 bis 11.00 Uhr.

9.00 bis 9.30 Uhr

Einstiegsrunde

Erste Runde: Da bei den meisten Teilnehmerinnen zwischen den Modulen nach unserer Erfahrung immer viel passiert, stellen wir diesmal diesen Satz an den Anfang: „Was bisher geschah …“

Zweite Runde: „Wie geht es Ihnen heute?“

Eventuell sammeln Sie die Ergebnisse auf Flipchart.

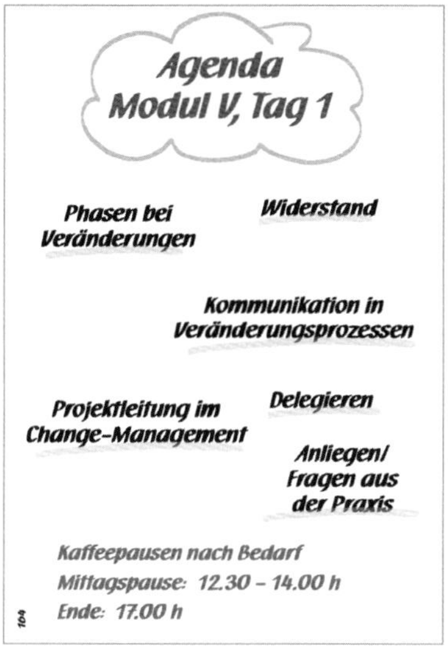

Agenda Modul V/Tag 1

9.30 bis 9.35 Uhr

Der rote Faden für den Tag wird präsentiert.

Flipchart 164

Abfrage der Anliegen

9.35 bis 9.40 Uhr

Hier fragen wir explizit nach einem Anliegen rund um das Thema Veränderung. Dieses Anliegen kann dann ganz konkret in den folgenden Übungen genutzt werden.

Thema: Phasen bei Veränderungen

9.40 bis 9.50 Uhr

V/6

165

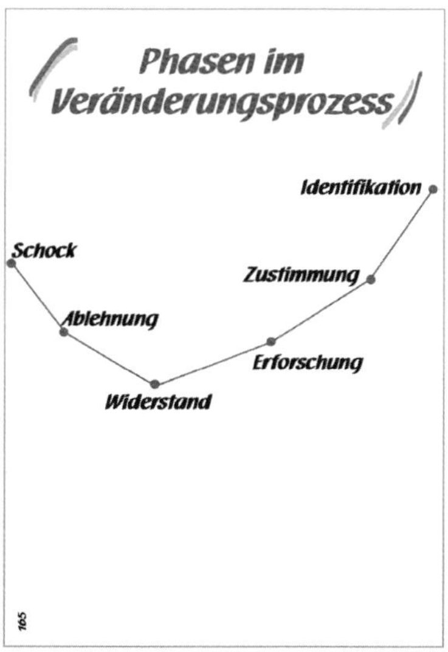

Das Modell der Veränderungsphasen unterstützt das Verständnis dafür, dass das Einlassen auf Veränderungen immer ein Prozess ist, der in unterschiedlicher Zeit und Intensität durchlebt wird.

Flipchart 165

Für die Teilnehmer ist dabei ein Aspekt von besonderer Bedeutung:

Wenn sie sich selbst als Führungskraft bei Beginn eines Change-Prozesses mindestens bereits in der Zustimmungsphase befinden, muss ein Mitarbeiter gerade erst den Schock verdauen und andere Mitarbeiterinnen sind noch im Widerstand.

Das erfordert von der Führungskraft viel Zeit zum Zuhören und für das Verständlichmachen des Prozesses sowie viel Geduld.

Skript-Auszug V/6:

Veränderungsprozesse und ihre Phasen

DARUM GEHT ES

Ob Wirtschaftskrise, Wettbewerbsdruck oder Restrukturierung – Unternehmen und Organisationen sind kontinuierlich Veränderungen ausgesetzt und stehen mit der Kommunikation dieser Veränderungen vor einer besonderen Herausforderung. Dies macht das Thema „Change Communication" zu einer zentralen Aufgabe für Sie als Führungskraft.

Die eigenen Mitarbeiter sind dabei besonders relevant. Um Negativeffekte auf das Firmenimage zu vermeiden, müssen Maßnahmen entwickelt werden, die den Ängsten, Unsicherheiten und Widerständen der Mitarbeiter gegenüber Veränderungsprozessen entgegenwirken.

Die sechs Phasen in Veränderungsprozessen

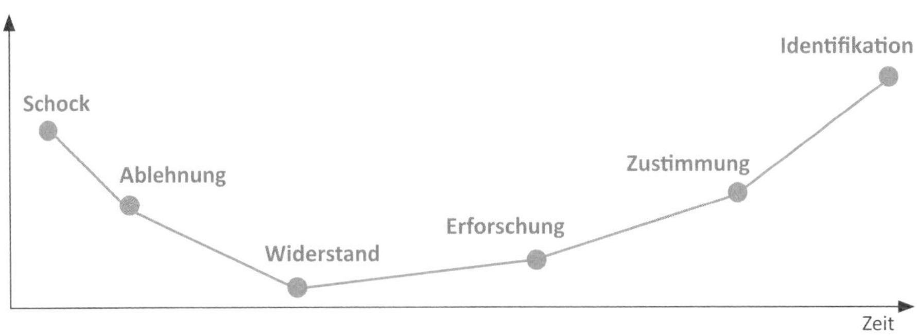

Abb. V/6: Phasen in Veränderungsprozessen

Sehr viele Veränderungen stehen im Widerspruch zu den Bedürfnissen der Mitarbeiter und treffen auf Widerstände. Denn die meisten Menschen bevorzugen das Bekannte und Vertraute. Deshalb bereiten ihnen Veränderungen, etwa beim Personal, bei den Räumlichkeiten, bei der Organisation oder bei strategischen Zielen erst einmal Unbehagen. Sie stehen Veränderungen unsicher, ablehnend oder sogar ängstlich gegenüber.

Jeder Veränderungsprozess durchläuft bei den Mitarbeiterinnen sechs Phasen (aufbauend auf der Arbeit von Elisabeth Kübler-Ross) 2012. Zunächst kommt der Schock, kurz danach Ablehnung und Widerstand. Dann stellt sich langsam die Neugierde ein und das Erforschen beginnt. Erst am Ende stehen Zustimmung und im besten Fall die Identifikation. Wer zu Beginn eines Veränderungsprozesses nicht ausreichend auf Schock, Ablehnung und Widerstand der Mitarbeiter eingeht, wird es zukünftig schwer haben.

Verabschieden des Alten

Es geht darum, die Mitarbeiterinnen darin zu unterstützen, sich vom guten Alten zu verabschieden. Das gelingt am besten, indem man das Alte noch einmal würdigt und erst im nächsten Schritt das Neue hervorhebt. Verantwortliche neigen allzu oft dazu, das Alte pauschal abzuwerten und das Neue in den Himmel zu loben. Vielmehr sollten Sie:

Gefühle zulassen

Chaos unterschiedlicher Gefühle wie Wut, Neid, Ärger, Enttäuschung, Ohnmacht, Eingeständnis von (auch vermeintlicher) Schuld etc. zulassen, aushalten, ausdrücken und (mit)teilen.

Bilanzieren und Sortieren

- Was bleibt?
- Was hat blockiert?
- Was hat gefehlt?
- Was ist vollendet?
- Was ist unvollendet?
- Würdigen, was war

Was tot ist, muss beerdigt werden!

ZUM WEITERDENKEN

Eine der häufigsten Ursachen für das Scheitern von Veränderungen ist mangelnde Konsequenz: Veränderungen werden initiiert, aber nicht richtig verfolgt. Und ein Veränderungsprozess wird von einem neuen überrollt. Wenn Sie als Führungskraft hier keine klare, nachvollziehbare Linie hineinbringen und kommunizieren, ist eine Veränderung meist schon zum Scheitern verurteilt, bevor sie richtig gestartet wurde.

9.50 bis
11.00 Uhr

Übung: Widerstand – Erfahrungen und Verhalten

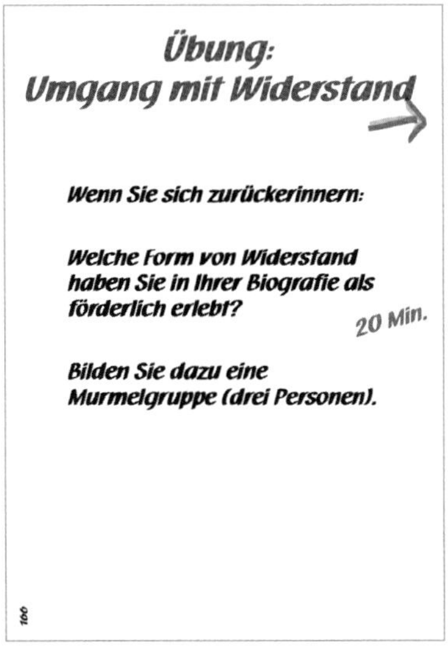

Beim systemischen Denken wird Widerstand als eine sinnvolle und nützliche Handlung angesehen.

Mit der nächsten Übung werden die Teilnehmer dafür sensibilisiert.

Flipchart 166

Im Plenum haben die Teilnehmer anschließend die Möglichkeit, von ihren Erlebnissen zu berichten.

Danach sprechen wir die veränderte Begrüßungssituation an. Den meisten ist es bewusst oder unbewusst aufgefallen: „Irgendwie war etwas anders.“ Oder: „Ich habe mich schon gefragt, was heute los ist.“

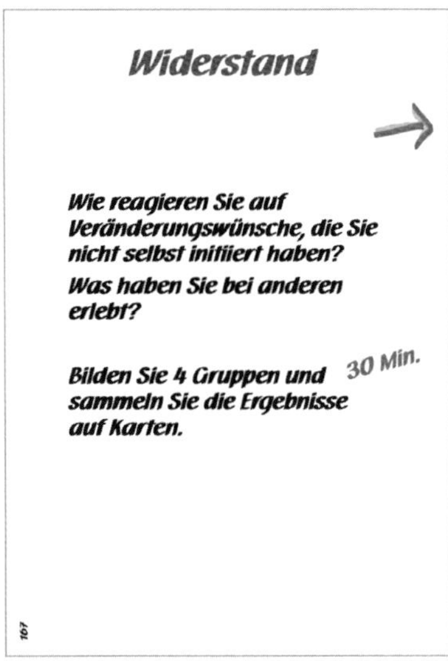

Bei vielen Teilnehmerinnen hat es eine Irritation hervorgerufen und unterschiedliche Reaktionen ausgelöst.

Flipchart 167

Diese Erkenntnisse bieten eine gute Grundlage für die nächste Übung zum Thema „Formen von Widerstand".

Dabei sprechen die Teilnehmerinnen über Formen von Widerstand, die sie bei sich selbst sowie bei anderen beobachtet haben.

Für die Gruppenbildung haben wir farbige Moderationskarten (vier Farben) parat, die sich in einem Beutel befinden. Die Teilnehmer ziehen jeweils eine Farbe. Jede Gruppe hat wieder eine Gruppenleitung.

Die Auswertung findet mit einer 360-Grad-Rückmeldung (Seite 330) statt.

Pause

11.00 bis 11.15Uhr

Thema: Vierfaktoren-Modell (Vertiefung)

11.15 bis 11.30 Uhr

V/4

168

Dieses Modell stammt von Ruth Cohn aus der Themenzentrierten Interaktion (TZI), einem Konzept zur Arbeit in Gruppen. Ziel ist soziales Lernen und persönliche Entwicklung. Ich, Wir, Es (und Globe) sind auch als TZI-Dreieck bekannt.

Meist leuchtet das Konzept den Teilnehmern schnell ein.

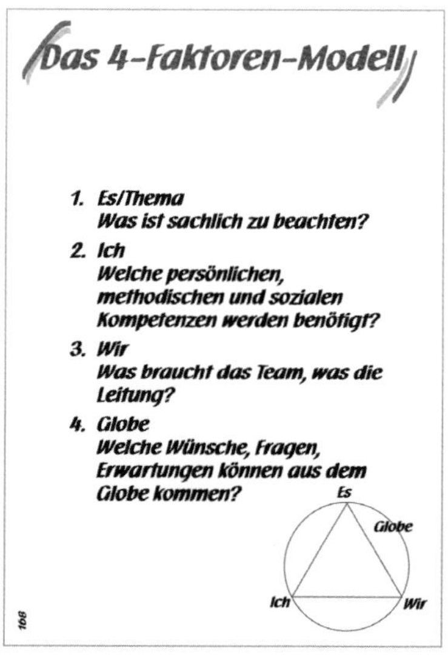

Flipchart 168

Skript-Auszug V/4:

Immer im Blick: zwei Dreiecke aus Projektmanagement und TZI

DARUM GEHT ES

Wer ein Projekt leitet, hat es schnell mit sehr, sehr vielen Aufgaben und Herausforderungen zu tun. Unsere Erfahrung zeigt aber: Sie werden die Themen, die die Aufgabenebene betreffen, nur konstruktiv bearbeiten können, wenn Sie die Beziehungsebene berücksichtigen (siehe auch Modul II/3).

Um Ihnen dabei zu helfen und Orientierung zu geben, haben wir zwei Konzepte miteinander verknüpft – genauer: zwei Dreiecke, eines aus dem Projektmanagement und eines aus der Themenzentrierten Interaktion (TZI).

Das magische Dreieck des Projektmanagements

Bei allen Projekten gibt es drei grundlegende Ziele, für die Sie verantwortlich sind:

- Kosten: Sie müssen das Budget einhalten.
- Termin: Sie müssen einen bestimmten Zeitraum einhalten.
- Qualität: Sie müssen die geforderte Qualität liefern.

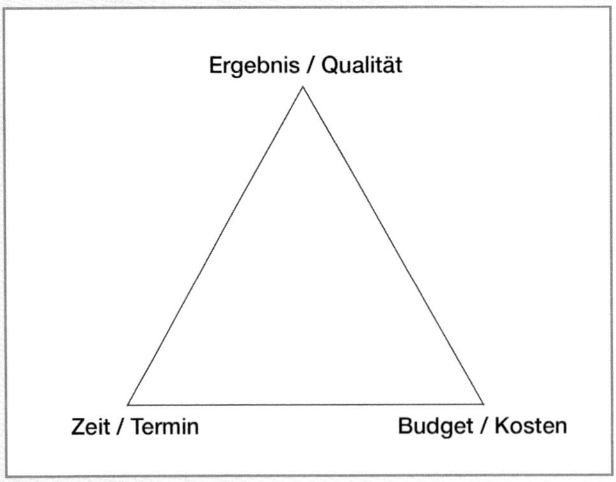

Abb. V/4a: Das magische Dreieck des Projektmanagements

Das Vierfaktoren-Modell von Ruth Cohn

Dieses Modell stammt aus der Themenzentrierten Interaktion (TZI), einem Konzept zur Arbeit in Gruppen. Ziel ist soziales Lernen und persönliche Entwicklung. Ich, Wir, Es und Globe sind auch als TZI-Dreieck bekannt (Stollberg 2014).

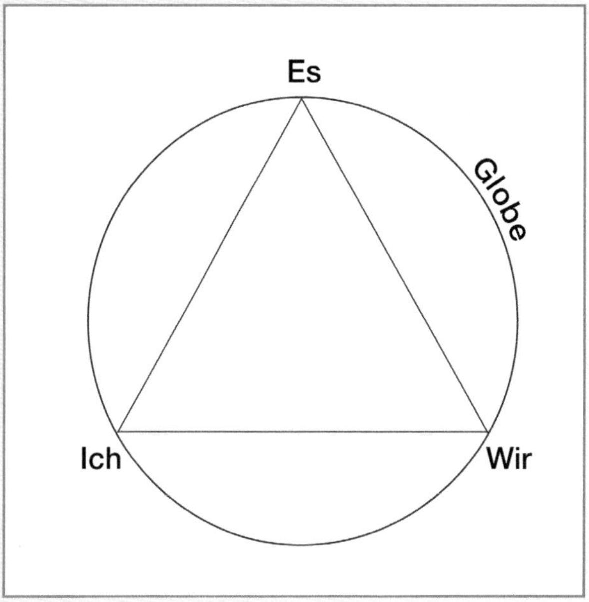

Abb. V/4b: Das Vierfaktoren-Modell von Ruth Cohn

- Ich: die einzelnen Personen mit ihrer Biografie und ihrer Tagesform
- Wir: das sich entwickelnde Beziehungsgefüge der Gruppe (Interaktion)
- Es: der Inhalt, um den es geht oder die Aufgabe, zu deren Erledigung die Gruppe zusammenkommt
- Globe: das organisatorische, strukturelle, soziale, politische, wirtschaftliche, ökologische, kulturelle engere und weitere Umfeld, das die Zusammenarbeit der Gruppe bedingt und beeinflusst und das umgekehrt von der Arbeit der Gruppe beeinflusst wird.

Beide Dreiecke zusammengeführt (nach Schwarz & Schwarz 2016)

Wenn man beide Dreiecke zusammenführt, liegt das magische Dreieck des Projektmanagements im TZI-Dreieck oben im Bereich „Es". Und man sieht sofort: die Sachebene, das „Es" ist nur ein Aspekt bei Projekten und Veränderungen.

Wir sind immer gut beraten, die anderen Aspekte – Ich, Wir und Globe – nicht aus den Augen zu verlieren. Denn was nützt es, wenn Sie als Projektleiterin zwar die Anforderungen im Auge haben, die die Aufgabe erfordert, aber Ihr Team nicht mitnehmen können oder gar „verlieren"?

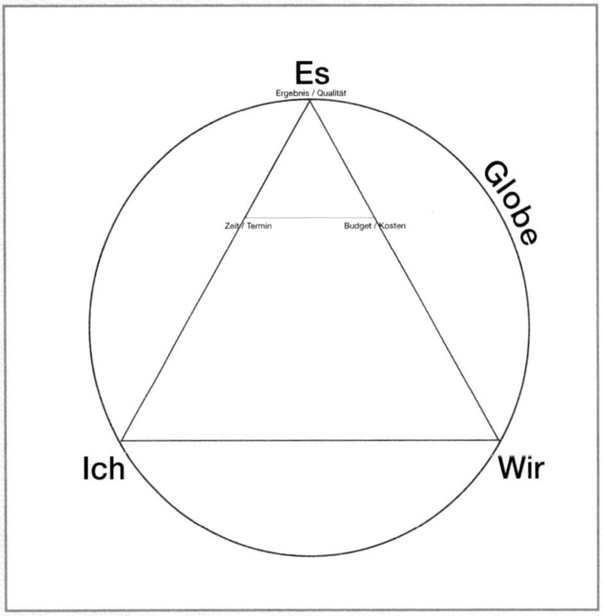

Abb. V/4c: Das Vierfaktoren-Modell von Ruth Cohn, zusammen mit dem magischen Dreieck des Projektmanagements

ZUM WEITERDENKEN

Die Erfahrung zeigt, dass wir in der Regel dazu neigen, eher nur eine Dreiecksseite im Blick zu behalten – also entweder Ich-Es, Ich-Wir oder Es-Wir. Das ist normal, wir fokussieren nun mal. Wichtig ist es dann, sich dieser Tatsache stets bewusst zu sein und ganz bewusst den für eine Weile vernachlässigten Aspekt stärker zu beachten – inklusive des Globe. Genauso wie es förderlich ist, die inneren Landkarten möglichst aller Beteiligten zu berücksichtigen (siehe I/8).

11.30 bis 12.30 Uhr

V/10

169 und 170

Thema: Kommunikation in Veränderungsprozessen

Kommunikation ist eine der Königsdisziplinen einer jeden Führungskraft.

Gerade in Veränderungsprozessen ist man hier gefordert, sehr gezielt – zielgruppenbezogen – vorzugehen. Immer geht es um die Frage: Wer sagt was zu wem mit welchen Mitteln und welchem Ziel?

Zwei Beispiele werden aufgeführt: Vorstand und Führungskräfte. Ergänzt wird das Thema durch eine Auflistung der wichtigsten Aspekte (Erwartungen, Kommunikationsaufgaben, Informationsaufbereitung) samt Detailangaben.

Flipchart 169

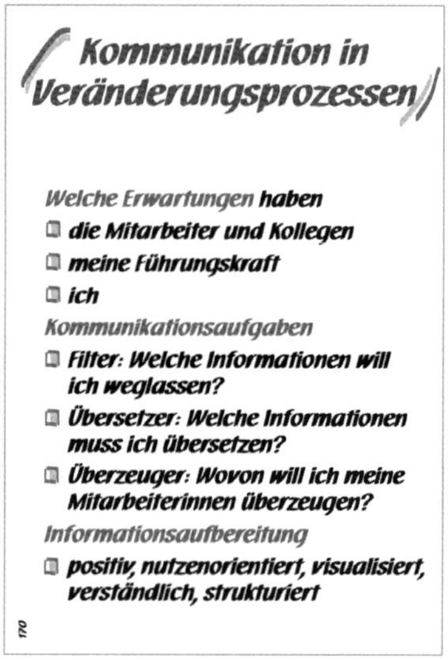

Flipchart 170

Skript-Auszug V/10:

Checkliste: Kommunikation im Veränderungsprozess

DARUM GEHT ES

Kommunikation ist die Königsdisziplin einer Führungskraft. Das gilt entsprechend auch für das Arbeiten in Projekten oder Prozessen. Dabei gilt es, sich klarzumachen, wer was zu wem mit welchen Mitteln und Methoden sagt.

Ziel der Kommunikation

- Was will ich erreichen?
- Welche Erwartungen haben
  - die Mitarbeiter
  - die Kolleginnen
  - meine Führungskraft
  - ich selbst

Kommunikationsaufgaben

- Filter: Welche Informationen will ich weglassen?
- Übersetzer: Welche Informationen muss ich übersetzen? (siehe auch III/4)
- Überzeuger: Wovon will ich meine Mitarbeiterinnen überzeugen?

Informationsaufbereitung und Präsentation

- positiv
- verständlich
- nutzenorientiert
- visualisiert
- strukturiert

ZUM WEITERDENKEN

Lassen Sie möglichst nie diesen Aspekt bei den Kommunikationsaufgaben außer Acht: Nicht jeder muss alles wissen. Aber jeder sollte alles, was Sie sagen, verstehen können.

12.30 bis 14.00 Uhr

Mittagspause

14.00 bis 15.30 Uhr

Übung: Projektleitung im Change-Management

Nach der Mittagspause starten wir mit einer Übung zum Thema Change-Management.

Bei dieser Übung haben die Peergroups wieder Gelegenheit, gemeinsam das Präsentieren einzuüben.

Im Raum hängen zur Unterstützung die Flipcharts mit den Kriterien für eine erfolgreiche Präsentation. Eventuell zeigen wir dazu auch noch einmal das zugehörige Flipchart 111.

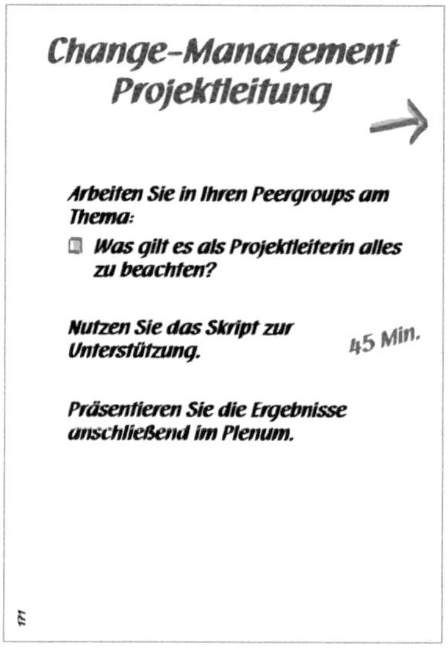

Flipchart 171

Das Feedback zur Präsentation fällt an dieser Stelle von uns etwas strenger aus. Wir machen das transparent, indem wir darauf aufmerksam machen, das gute Führung (hier sind wir in der Rolle der Führungskräfte) sich immer zwischen fördern und fordern bewegt. Und wir fragen anschließend nach, wie die Teilnehmer es empfunden haben.

Pause

15.30 bis 15.45 Uhr

Thema: Exkurs „Delegieren"

15.45 bis 16.00 Uhr

I/4

172 und 173

Anschließend bieten wir einen Exkurs zum Thema Delegieren an. Das Thema Delegieren wird von vielen Teilnehmerinnen häufig gewünscht, außerdem gibt hier an dieser Stelle einen zeitlichen Spielraum, der erlaubt, das Thema einzubringen.

Den Fokus legen wir dabei immer zuerst auf die Checkliste rund ums Delegieren sowie den Aspekt „Erfolgreich delegieren" also: „Was gibt es zu bedenken?"

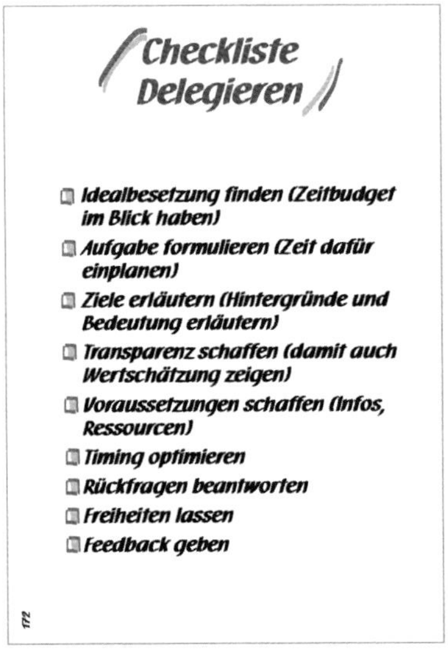

Flipchart 172

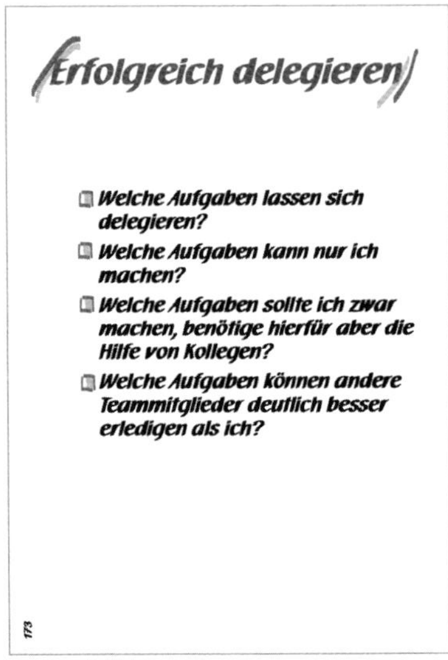

Flipchart 173

Skript-Auszug I/4:

Fokus: Delegieren

...

Delegieren bedeutet, Aufgaben, Kompetenzen und Verantwortlichkeiten auf andere zu übertragen. Als Führungskraft sind Sie dafür da, dass die Aufgaben gelöst werden, aber nicht dazu, dass Sie sie alle alleine lösen. Eine gute „Delegationskultur" ist nicht nur für den Erfolg entscheidend, sondern auch für die Motivation Ihrer Mitarbeiterinnen.

Delegieren bedeutet aber auch, loslassen können – um sich selbst auf die Führungsaufgaben zu konzentrieren und nicht etwa in Sachaufgaben zu flüchten oder sich darin zu verheddern. Anders gesagt: Gekonnt delegieren bedeutet, Ihre Wirksamkeit zu vervielfachen!

Delegieren Sie die Aufgaben am Anfang, sodass der Mitarbeiter genügend Zeit hat, diese gut zu lösen.

Je nach Reifegrad der Mitarbeiterin gilt es, in der Ausführungsphase Haltepunkte zu vereinbaren. Wichtige Voraussetzungen sind außerdem:

Vertrauen und Zutrauen

Mit dem Zutrauen in dessen Fähigkeiten unterstützen Sie den Mitarbeiter, seine Kompetenzen auszubauen.

Transparenz

Sorgen Sie dafür, dass jeder die delegierte Aufgabe im unternehmerischen Zusammenhang versteht. Machen Sie die Gründe transparent, warum gerade diese Mitarbeiterin diese Aufgabe macht.

Kommunikation

Sprechen Sie Ihre Erwartung bezüglich Vorgehen, Ressourcen, Termin und Ergebnis klar aus. Fragen Sie auch, welche Art von Controlling sinnvoll ist.

Feedback

Halten Sie die vereinbarten Haltepunkte unbedingt ein. Benennen Sie für einen kritischen Punkt mindestens zwei positive Aspekte.

Nützliche Fragen, bezogen auf Ihre Mitarbeiter:

- Worauf soll ich besonders achten, wenn ich etwas an meine Mitarbeiter delegiere?
- Bei welchen von meinen Aufgaben wäre es sinnvoll, diese zu delegieren?
- Wer wäre dazu am besten geeignet?

Übung: Delegieren

16.00 bis 16.30 Uhr

Anschließend lassen wir die Teilnehmer das Gehörte in einer Übung in die Praxis umsetzen.

Dabei fällt es manchen Teilnehmern anfänglich schwer, eine konkrete Aufgabe zu finden und zu beschreiben.

Flipchart 174

Die Präsentation der verschiedenen Beispiele hilft besonders den Teilnehmenden, die sich mit dem Thema etwas schwergetan haben.

16.30 bis 17.00 Uhr

Abschluss

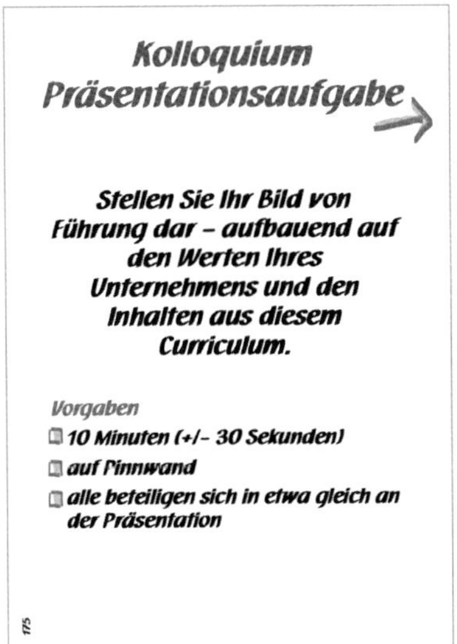

Hier stellen wir erstmalig das Thema für die Präsentation beim Kolloquium vor.

Flipchart 175

Die Frage für die Abschlussrunde lautet: „Ihr Resümee für diesen Tag in einem Satz?"

Flipchart 176

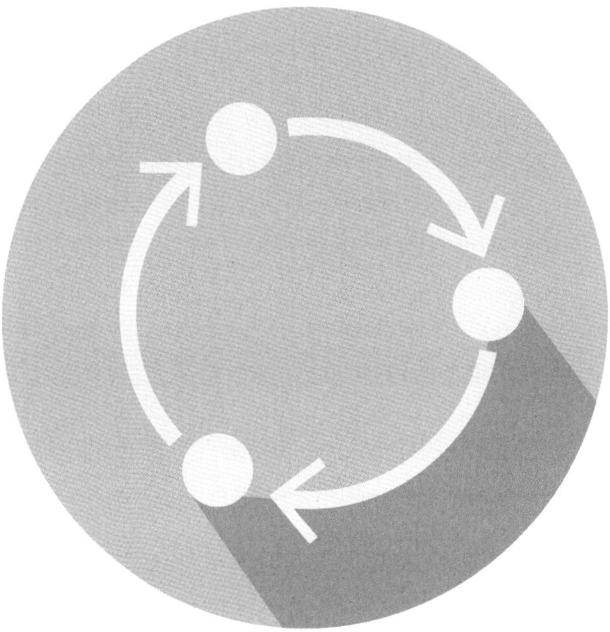

Modul V/Tag 2

Seite	Thema/Übung	Dauer	Uhrzeit
311	Vorbereitung	20 Min.	8.30 – 8.50 Uhr
312	Begrüßen	10 Min.	8.50 – 9.00 Uhr
312	Einstiegsrunde	30 Min.	9.00 – 9.30 Uhr
312	Agenda von Modul V/Tag 2	5 Min.	9.30 – 9.35 Uhr
313	Thema: Was können Sie als Führungskraft bei Veränderungsprozessen tun?	40 Min.	9.35 – 10.15 Uhr
316	Übung: Kommunikation in Veränderungsprozessen	60 Min.	10.15 – 11.15 Uhr
	Pause	15 Min.	11.15 – 11.30 Uhr
316	Übung: Aufarbeitung der Hausaufgabe	15 Min.	11.30 – 11.45 Uhr
317	Übung: Geh-Spräch	45 Min.	11.45 – 12.30 Uhr
	Mittagspause	90 Min.	12.30 – 14.00 Uhr
317	Übung: Vorbereitung Kolloquium	90 Min.	14.00 – 15.30 Uhr
	Pause	15 Min.	15.30 – 15.45 Uhr
318	Übung: Vorbereitung Kolloquium (Forts.)	15 Min.	15.45 – 16.00 Uhr
318	Abschluss und Auswertung aller Module	60 Min.	16.00 – 17.00 Uhr
	Ende des Tages		

Orientierung

Fokus

Viele Facetten und Aufgaben, Vorbereitung Kolloquium, Auswertung aller Module

Zeit

9.00 bis 17.00 Uhr, Mittagspause von 12.30 bis 14.00 Uhr, vormittags und nachmittags Kaffeepausen nach Vereinbarung

Vorbereitung

Flipcharts 161, 175, 177-183 (optional Flipchart 4, 5), Blumen, Lautsprecher-Box

Raum

Stuhlkreis, weitere Räume für Gruppenarbeit

Material

2 Flipcharts, 3-4 Pinnwände, Moderationskarten, Moderationskoffer (gut gefüllt)

Skript

V/9

Vorbereitung

8.30 bis 8.50 Uhr

Kleine Checkliste:

- Materialien
- Flipcharts
- Namensschilder
- Karten, Stifte in der Mitte
- Anliegen auf Flipchart
- Frage eines Teilnehmers vom Vortag berücksichtigen, etwa Wunsch nach Buchempfehlung etc.
- Übriggebliebenes
- Aktuelle Infos, etwa vom Auftraggeber oder vom Veranstalter auf Flipchart notieren

8.50 bis
9.00 Uhr

Begrüßen

Heute begrüßen wir die Teilnehmer wieder wie immer ;)

9.00 bis
9.30 Uhr

Einstiegsrunde

Für die erste Einstiegsrunde haben wir folgende Aufgabe gewählt:

Erste Runde: „Erzählen Sie von einem erfreulichen Erlebnis aus Ihrem Arbeitsalltag, das Sie in den letzten zwei Wochen erlebt haben."

Zweite Runde: „Wie geht es Ihnen heute? Gibt es Reste/Nachklang von gestern, zum Beispiel Fragen, Unklarheiten oder Besonderheiten?"

9.30 bis
9.35 Uhr

Agenda Modul V/Tag 2

Der rote Faden wird besprochen und auf dem Flipchart präsentiert.

Flipchart 177

Thema: Was können Sie als Führungskraft bei Veränderungsprozessen tun?

9.35 bis 10.15 Uhr

V/9

178 bis 180

Veränderungsprozesse scheitern immer wieder an denselben Faktoren. Wir stellen den Teilnehmern die „Misserfolgsfaktoren" vor. Das Gegenteil zu machen, ist also schon einmal ein guter Rat.

Als Systemikerinnen sind wir lösungs- und ressourcenorientiert: Deshalb folgen anschließend konkrete Tipps, um aus einem Projekt ein Erfolgsprojekt zu machen.

Zur Abrundung haben wir eine kleine Checkliste mit dabei.

Wir nutzen für den Einstieg folgende Flipcharts: 178 bis 180.

Skript-Auszug V/9:

Was können Sie als Führungskraft tun?

DARUM GEHT ES

Veränderungsprozesse scheitern immer wieder an denselben Faktoren. Deshalb stellen wir Ihnen diese kurz vor – gewissermaßen als „Misserfolgsfaktoren". Das Gegenteil zu machen, ist also schon einmal ein guter Rat. Als Systemiker sind wir lösungs- und ressourcenorientiert: Deshalb finden Sie im zweiten Abschnitt konkrete Tipps, um aus einem Projekt ein Erfolgsprojekt zu machen.

Woran Projekte und Veränderungsprozesse scheitern

Konsequenz

- Veränderungen werden initiiert, aber nicht konsequent verfolgt.
- Ein Veränderungsprozess überrollt den noch laufenden.

Umgang mit Widerständen

- Widerstände werden nicht beachtet.
- Kritisches wird nicht kommuniziert, um Widerstände zu vermeiden.
- Widerständen wird vorschnell nachgegeben und das Veränderungsziel wird somit aufgegeben.
- Die Mitarbeiter lernen: Durch Widerstand verhindere ich Veränderungen.

Sinn und Nutzen von Veränderungen

- Ziel und Sinn der Veränderung sind unverständlich.
- Der Nutzen der Veränderung ist allen Betroffenen nicht klar oder klargemacht worden.

Beteiligung

- Ideen zur erfolgreichen Umsetzung der Veränderung werden nicht aufgenommen, sondern sogar blockiert.

Komplexität

- Es wird zu viel auf einmal begonnen.

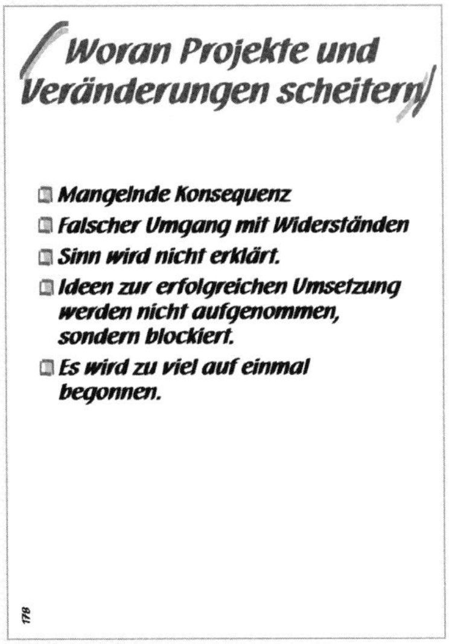

Flipchart 178

Wie Projekte und Veränderungsprozesse gelingen

- Denken Sie bereits bei der Planung einer Veränderung an Ihre Mitarbeiterinnen und deren Führung.
- Kündigen Sie Veränderungen früh an, um keine unangebrachten Erwartungen aufkommen zu lassen.
- Übernehmen Sie Verantwortung.
- Kommunizieren Sie ausreichend und geben Sie alle wesentlichen Informationen an die Mitarbeiterinnen weiter.
- Hören Sie Ihren Mitarbeitern – aktiv – zu.
- Ziehen Sie Ihre Mitarbeiterinnen zu Rate bezüglich Veränderungsvorschlägen.
- Beteiligen Sie die Mitarbeiter am Veränderungsprozess.
- Klären Sie mit Ihren Kommunikationsverantwortlichen: Wer sagt wann was zu wem mit welchen Mitteln und welchem Ziel?

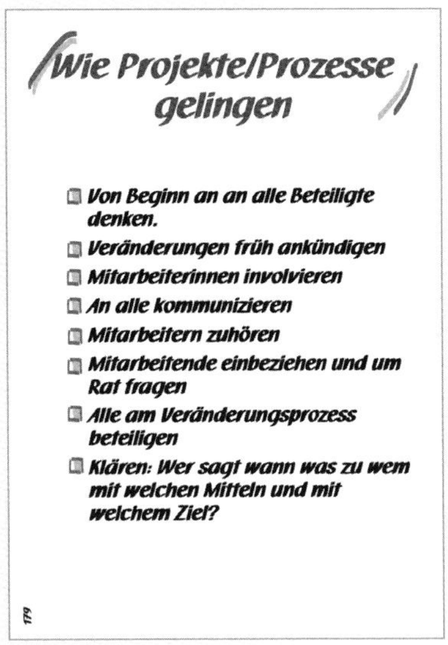

Flipchart 179

Sieben Schritte zur Veränderung: eine Checkliste

1. Beschreiben Sie möglichst genau die Ausgangssituation.
2. Werden Sie sich über Ihre eigene Rolle und Ihre persönliche Einstellung bei der Veränderungsaufgabe klar: Was sind Ihre Kompetenzen/Stärken, was mögliche Schwächen?
3. Analysieren Sie die Einstellungen der anderen relevanten Akteure zur Veränderungsaufgabe: Bei wem ist noch Überzeugungsarbeit zu leisten? Wie gehen Sie mit möglichen Widerständen um?
4. Klären Sie, in welcher Entwicklungsphase sich jeder betroffene Verantwortungsbereich befindet. Definieren Sie darauf aufbauend sinnvolle Veränderungs-Ansatzpunkte.
5. Formulieren Sie klare Ziele und Indikatoren zur Erfolgsmessung.
6. Kommunizieren Sie regelmäßig Zwischenergebnisse
   und reflektieren Sie immer wieder den Projektfortschritt.
7. Überprüfen Sie nach Abschluss des Projekts den Zielerreichungsgrad anhand der Indikatoren. Und: Feiern Sie die Erfolge!

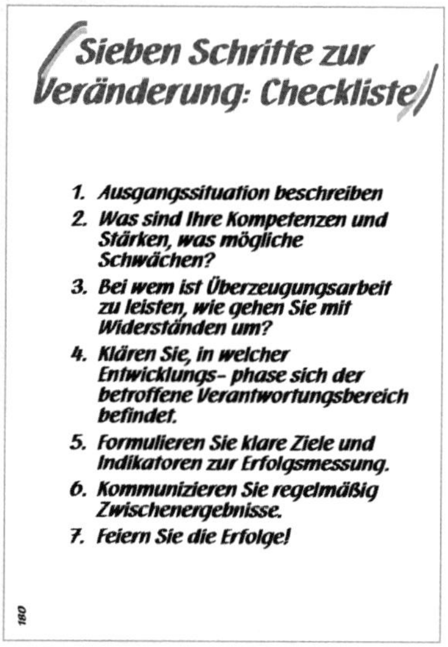

Flipchart 180

ZUM WEITERDENKEN

Am besten ist es, wenn Sie die kleine Checkliste immer vor Augen haben. Noch besser ist es, wenn Sie sich regelmäßig mit Ihrem Team darüber austauschen. Zudem kann es hilfreich sein, zusätzlich mit einer außenstehenden Person, etwa einer externen Beraterin oder einem Coach, darüber zu sprechen. So entgeht Ihnen kein Punkt, der Ihr Projekt, Ihren Prozess gefährden könnte.

10.15 bis
11.15 Uhr

Übung: Kommunikation in Veränderungsprozessen

Zeit, konkret zu werden und das Erworbene auszuprobieren.
Die Teilnehmerinnen können bei dieser Übung ihre Gruppenpartner selbst auswählen.

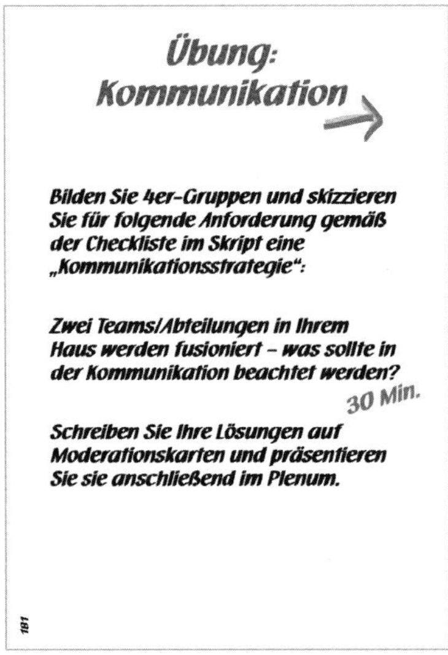

Wir stellen den Teilnehmenden eine komplexe Kommunikationsaufgabe (siehe Flipchart 181).

Diese Aufgabe ist etwas anspruchsvoller und es zeigt sich bei der anschließenden Präsentation, wer schon wie weit als Führungskraft denkt.

Flipchart 181

11.15 bis
11.30 Uhr

Pause

11.30 bis
11.45 Uhr

Übung: Aufarbeitung Hausaufgabe

Im Plenum tauschen wir uns zur Hausaufgabe von Modul IV aus: „Welche Erfahrungen haben Sie mit agilen Tools gemacht?“

Interessant ist es, nachzufühlen, ob und inwieweit es bei den Teilnehmenden in Sachen Agilität „gefunkt“ hat.

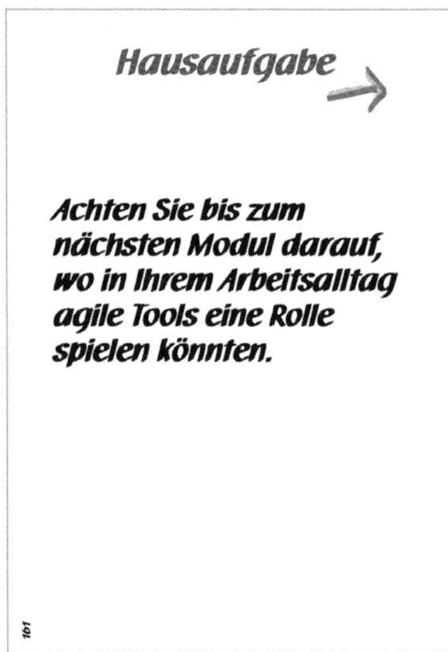

Flipchart 161

Übung: Geh-Spräch

11.45 bis
12.30 Uhr

Veränderung kann ja auch bedeuten, mal ein neues Gesprächsformat auszuprobieren: Wir laden die Teilnehmerinnen ein, sich einen Partner auszusuchen und miteinander bei einem Spaziergang ein Gespräch rund um Sinn, Wirkung und Nachhaltigkeit des Lernprozesses zu führen (Seite 340).

Ein Verweis aufs aktive Zuhören und die systemischen Fragen dürfen hier nicht fehlen.

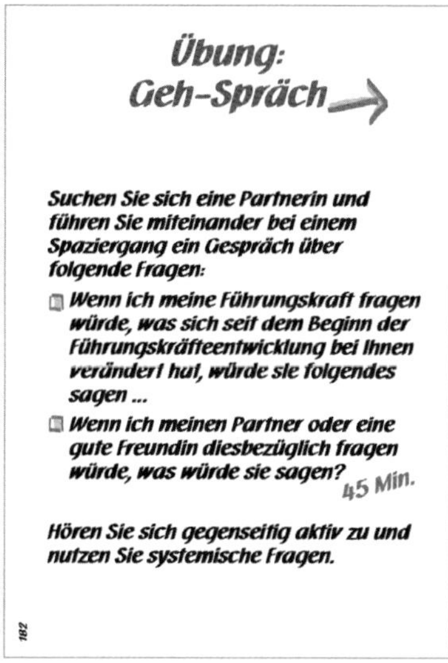

Flipchart 182

Mittagspause

12.30 bis
14.00 Uhr

Übung: Vorbereitung Kolloquium

14.00 bis
15.30 Uhr

Nach der Mittagspause geben wir den Peergruppen Zeit, sich auf das Kolloquium vorzubereiten. Der Einstieg für die Präsentation fällt manchen Gruppen schwer, da es nicht leicht ist, einen Ansatz zu finden, das gestellte Thema anzugehen und sich dann auch noch über das Wie zu einigen.

Hier benötigen die Gruppen unsere Unterstützung. In einem Fall war sogar eine moderierte Konfliktklärung notwendig. Erst danach konnte konstruktiv weitergearbeitet werden.

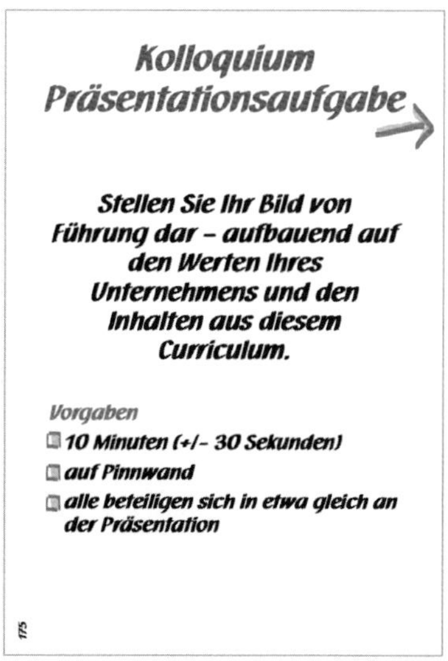

Flipchart 175

15.30 bis
15.45 Uhr

Pause

15.45 bis
16.00 Uhr

Übung: Vorbereitung Kolloquium (Forts.)

Nun geht es zum Beispiel darum, zu klären, ob es Bedarf an zuätzlichen Utensilien gibt, die die Peergroup-Mitglieder dann zum Kolloquium selbst mitbringen. Etwa besonderes Papier, Requisiten, Give-aways etc.

Auch an dieser Stelle ist in der Regel unsere Beratung und Unterstützung gefragt.

16.00 bis
17.00 Uhr

Abschluss und Auswertung aller Module

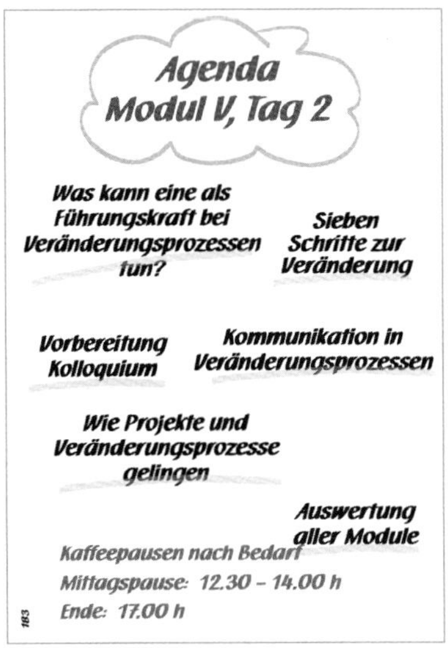

Flipchart 183

Zum Ende von Modul V fragen wir wie gewohnt nach, ob es noch offene Fragen zu den Themen gibt.

Danach folgt die Auswertung aller Module.

Dafür bereiten wir vier Pinnwände vor, auf denen jeweils eine der folgende Fragen steht:

- Was hat mir besonders gefallen?
- Was nehme ich aus der Führungskräfteentwicklung für mich mit?
- Was wird mir besonders in Erinnerung bleiben?
- Was hätte ich gerne anders gehabt?

Wir bitten die Teilnehmer, mit einem Write, Walk & Talk (Seite 356) sich von Pinnwand zu Pinnwand zu begeben.

Wir machen anschließend nur eine kurze Abschlussrunde im Plenum und bedanken uns für das gegebene Feedback.

Quellenangaben für Modul V

- Kellner, Hedwig (2003): Projekt-Mitarbeiter finden und führen. München, Wien.
- Kübler-Ross, Elisabeth (2012): Interviews mit Sterbenden. Freiburg, 4. Auflage.
- Litke, Hans-D. & Kunow, Ilonka (2002): Projektmanagement. Planegg.
- Stollberg, Dietrich: Theoretische Grundlagen der TZI – Was man kennen und können muss – und was nicht. In: Themenzentrierte Interaktion/TZI, 28. Jahrgang, 2014, Heft 1, S. 89-94.

Das Kolloquium

Seite	Thema/Übung	Dauer	Uhrzeit
321	Vorbereitung	20 Min.	8.30 – 8.50 Uhr
322	Begrüßen	10 Min.	8.50 – 9.00 Uhr
322	Einstiegsrunde	30 Min.	9.00 – 9.30 Uhr
322	Agenda Kolloquium	15 Min.	9.30 – 9.45 Uhr
323	Vorbereitung der Präsentationen	135 Min.	9.45 – 12.00 Uhr
	Mittagspause	60 Min.	12.00 – 13.00 Uhr
324	Präsentationen	90 Min.	13.00 – 14.30 Uhr
325	Übergabe der Zertifikate und Abschluss	xx Min.	14.30 – ... Uhr
	Ende der Führungskräfteentwicklung		

Orientierung

Fokus

Würdigen, feiern

Zeit

9.00 bis 16.00 Uhr, Mittagspause von 12.00 bis 13.00 Uhr

Vorbereitung

Flipchart 175, 184

Raum

Pro Peergroup ein Raum zur Vorbereitung, Raum für Präsentation, auf Bestuhlung achten

Material

1 Flipchart, Pinnwände für alle Peergroups, Moderationskoffer (gut gefüllt)

Vorbereitung

8.30 bis 8.50 Uhr

Alle Details haben wir im Vorfeld mit Auftraggeber/Veranstalter geklärt.

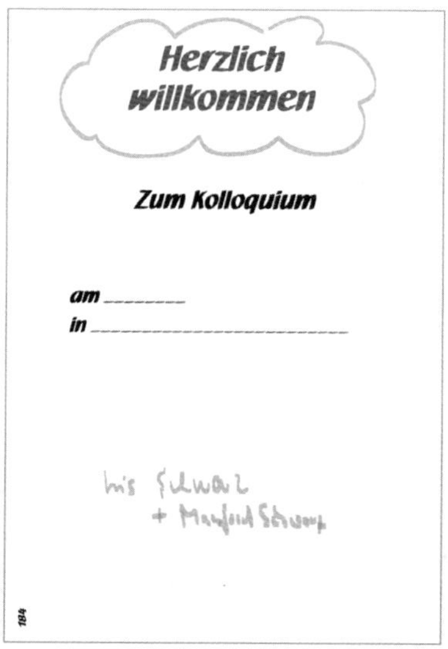

Flipchart 184

8.50 bis 9.00 Uhr

Begrüßen

Diese letzte Begrüßung nutzen einige Teilnehmer, um nach einem persönlichen Feedback durch die Trainerinnen zu fragen. Wir versuchen, Zeit dafür im weiteren Verlauf des Tages zu finden und einzuplanen.

Vor allem sind die Teilnehmerinnen an diesem Morgen allesamt ein wenig aufgeregt: Lampenfieber.

9.00 bis 9.30 Uhr

Einstiegsrunde

Wir halten die Einstiegsrunde in der Regel eher kurz. Die Teilnehmer sind auf ihre Präsentationen fokussiert. Am eingeübten Ritual möchten wir aber festhalten – genauso wie die Teilnehmer.

9.30 bis 9.45 Uhr

Agenda Kolloquium

Die Agenda wird vorab mit der Auftraggeberin abgesprochen – vor allem, wann was passieren soll und wann zum Beispiel HR-Verantwortliche und möglichst viele Führungskräfte Zeit haben, daran teilzunehmen. Je mehr „externes" Publikum, desto mehr Wertschätzung!

! Den Termin für das Kolloquium stimmen wir mit unseren Auftraggebern möglichst früh – also zum Beginn des ersten Moduls – ab. So kann er Einzug in den Kalendern aller „VIPs" (HR, Leitung) finden.

Ein Beispiel:

Beginn:	9.00 Uhr
Vorbereitung der Präsentation:	bis 12.00 Uhr
Mittagspause:	12.00 bis 13.00 Uhr
Countdown:	bis 13.00 Uhr
(Leitung, HR-Verantwortliche und andere kommen hinzu)	
Präsentationen mit Feedback:	13.00 bis 14.30 Uhr
Überreichung Zertifikate:	14.30 Uhr

Danach:

- Zeit für Ansprachen: Auftraggeber, Trainerinnen, Teilnehmer, Leitung
- Umtrunk

Wenn Sie bzw. die Teilnehmenden am Vormittag zwischendurch noch etwas Zeit übrig haben, können Sie sie bitten, den Führungskompetenz-Stern auszufüllen (siehe Skript I/16) und darüber ins Gespräch zu kommen.

Vorbereitung der Präsentationen

9.45 bis 12.00 Uhr

Jetzt gilt es, die die Räume für die Peergroups zu verteilen und die Reihenfolge für das Präsentieren auszulosen.

Bevor sich die Peergroups in ihre Vorbereitungsräume zurückziehen, erklären wir ihnen, wie sie uns „aufspüren" können.

Bis zum Mittag gibt es schließlich die letzte Möglichkeit, Feedback und Rat von den Trainerinnen einzuholen.

Bei dieser letzten Feedback-Möglichkeit sollten Sie jedoch möglichst keine grundlegenden Fragen zur Dramaturgie mehr beantworten. Diese in diesem Stadium noch „umzuwerfen", würde wahrscheinlich alle noch mehr verunsichern.

Wir geben ihnen dazu unsere Handynummern und erklären, dass wir ohnehin ständig von Gruppe zu Gruppe die Runde machen werden.

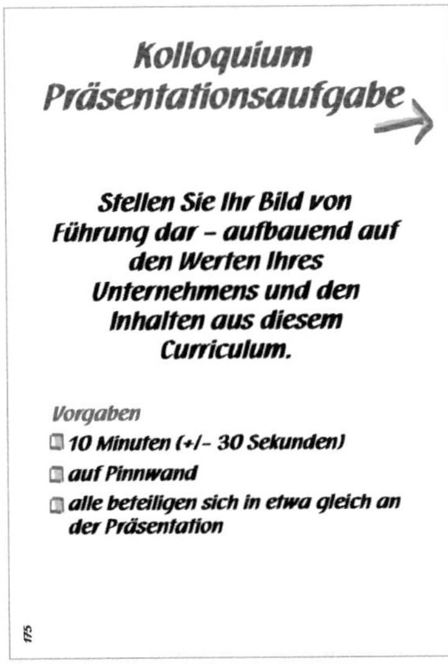

Flipchart 175

12.00 bis 13.00 Uhr

Mittagspause

13.00 bis 14.30 Uhr

Präsentationen

Wir sind in der Regel mindestens eine Viertelstunde vorher da – auch um HR-Verantwortliche, Geschäftsführung, Führungskräfte und andere Gäste zu begrüßen.

Was uns jetzt noch bleibt:

- Allen Teilnehmerinnen toi, toi, toi wünschen.
- In Absprache mit dem „Veranstalter“ moderieren wir ggf. an und erklären den Ablauf.
- Und wir bitten das Publikum nach den Präsentationen um Feedback.

Eventuell geben wir selbst Feedback, wenn andere nichts oder – noch – zu wenig sagen oder zu kritisch sind.

Übergabe der Zertifikate und Abschluss

14.30 Uhr bis ...

Zeit zu gratulieren, miteinander zu sprechen – und Abschied zu nehmen.

Am Ziel … und darüber hinaus

Wir treten nun, um das Theaterbild nochmals aufzugreifen, von der „Bühne“ als Trainer und Trainerin ab. Der Vorhang schließt sich.

Das ist immer ein besonderer Moment für uns. Wir sind immer wieder sehr beeindruckt von den Entwicklungsschritten einzelner Teilnehmer. Im Laufe der Zeit sind vertraute Arbeitsbeziehungen zwischen uns und den Teilnehmerinnen entstanden, natürlich auch zwischen Teilnehmern untereinander. Das macht uns stets auch ein bisschen stolz, da es uns zeigt, dass es gelungen ist, einen offenen und wertschätzenden Prozess zu initiieren. Natürlich ist beim Abschiednehmen von der Gruppe auch immer Wehmut dabei.

Der Kontakt zu einigen von ihnen bleibt allerdings auch noch länger erhalten. Sei es, dass wir Rückmeldungen von Teilnehmern bekommen, wenn sie zum Beispiel eine neue Führungsposition übernommen haben oder sie ein Coaching oder eine Supervision bei uns nehmen.

Noch ein Wort zur Evaluation:

Wir fragen in der Abschlussrunde der Führungskräfteentwicklung die Teilnehmenden nach dem, was ihnen besonders gefallen oder was ihnen gefehlt hat. Anschließend kommen wir auch mit unseren Auftraggeberinnen ins Gespräch darüber, welche Einschätzungen sie haben oder auch welche Rückmeldungen sie von den Teilnehmern erhalten haben. Das sind für uns immer sehr wertvolle Hinweise.

Und schließlich folgen wir unserem eigenen Tipp, Erfolge zu feiern und gönnen uns zum Abschluss ein leckeres Essen, bei dem ein Glas Sekt zum Anstoßen nicht fehlen darf :).

Die Werkzeuge

Der Werkzeugkoffer

Im Folgenden haben wir für Sie eine Auswahl von 46 erprobten – und von uns sehr geschätzten – Methoden und Werkzeugen zusammengestellt, die wir immer wieder in Workshops nutzen. Damit sind Sie bestens gerüstet, auch mehrere Tage und Module einer Schulung zielführend und abwechslungsreich zu gestalten.

Wir stellen die Werkzeuge jeweils nur im Stenogrammstil vor, da wir davon ausgehen, dass Sie die meisten ohnehin kennen. Im Zweifelsfall gibt es Verweise auf das Skript. Und immer gilt die Empfehlung, im Internet oder der eigenen Bibliothek nach Informationen und weiteren Ideen zu suchen.

Aus unserer Erfahrung wissen wir, dass beim Einsatz von Werkzeugen – gerade, wenn es um ein ganzes Curriculum geht – vor allem zwei Aspekte zählen. Es gilt,

- zu jeder Fragestellung, in jeder Situation das passende Werkzeug zu wählen
- und den Teilnehmenden immer wieder auch unterschiedliche Werkzeuge und Methoden vorzustellen, auch wenn es um vergleichbare Fragestellungen geht.

Den Werkzeugkoffer können Sie sich als PDF-Datei laden.

Experimentieren Sie mit Formaten und Werkzeugen. Und bleiben Sie stets auf der Suche nach neuen Ideen hierfür!

Im zweiten Abschnitt des Kapitels finden Sie eine Tabelle, die in der linken Spalte alle vorgestellten Werkzeuge auflistet und Ihnen ermöglicht, selbst aufzulisten, wann Sie welches Werkzeug, welche Methode in welchem Modul an welchem Tag genutzt haben. Diese Tabelle, Ihre Werkzeug-Einsatzplanung, finden Sie auch zum Download.

Die Zeitangaben sind immer nur grobe Orientierungen. Meist hängt die Dauer von der Themen- oder Fragestellung sowie von der Gruppengröße ab.

360-Grad-Präsentation

Geeignet für

- Kommunikationskompetenz stärken und Auftreten in der Öffentlichkeit einüben. Üben, umfassendes Feedback zu erhalten und zu geben
- Lernen, sich im Zusammenspiel mit anderen zu präsentieren und Feedback zu erhalten und zu geben.

Dauert so lang

- 45 bis 60 Minuten für Vorbereitung
- jeweils 5 bis 15 Minuten für Präsentation
- jeweils 5 Minuten für Feedback

Das braucht es

- Materialien, um Präsentation zu erstellen und zu präsentieren
- Publikum (neben Trainerinnen)

So geht's

- Der gesamte Teilnehmerkreis wird in Teams von etwa 3-5 Mitgliedern aufgeteilt.
- Jedes Team erarbeitet eine Präsentation zu einem vorgegebenen Thema und präsentiert dies anschließend im Plenum.
- Trainerinnen und Plenum geben jedem einzelnen Teammitglied und dem gesamten Team Feedback zu Aspekten wie Dramaturgie, Visualisierung, Zusammenspiel, Auftritt und Wirkung etc.

Tipp Siehe Skript III sowie Werkzeuge „Präsentieren“ und „Pitch“

Aktiv zuhören

Geeignet für Kommunikation schulen, Anliegen der Teilnehmenden bearbeiten

Dauert so lang Je nach Gespräch

Das braucht es Konzentration auf das Gegenüber und keinerlei Ablenkung

So geht's Siehe Skript I/7

Tipp Elemente, die das aktive Zuhören nutzen und schulen, sollten immer wieder mal eingebaut werden.

Aktuelle Themen nutzen

Geeignet für
Einstiegsrunde, Aktivierung

Dauert so lang
Ein paar Minuten

Das braucht es
Eine kurze pointierte Einleitung ins Thema

So geht's
Nehmen Sie einen aktuellen Bezug wie Ferienende, Halloween, Fußball-WM etc. als Fragestellung in eine Begrüßungsrunde mit auf. Fragen Sie, was jeder Teilnehmer damit verbindet.

Tipp
Die Themen sollten für die Teilnehmenden möglichst positiv belegt sein.

Ampelkarten

Geeignet für
Schnelles Abholen eines Stimmungsbildes in der Gruppe, Entscheidungen herbeiführen, Aktivierung, Interaktion

Dauert so lang
5 bis 10 Minuten, je nach Umfang der Fragen

Das braucht es
Ausreichend farbige Moderationskarten vorsortieren und bereitlegen

So geht's
- Jeder Teilnehmer bekommt ein Set mit einer roten, gelben und grünen Moderationskarte.
- Die Teilnehmer bleiben sitzen.
- Sie als Trainerin stellen eine Aussage in den Raum, zu der Sie um die Bewertung bitten, z.B.: „Seit der ersten MAB 2012 hat sich etwas getan, das ist deutlich spürbar."
- Bitten Sie jeden Teilnehmer um seine Bewertung:
  - Rot: „Nein, finde ich gar nicht."
  - Gelb: „Finde ich teilweise."
  - Grün: „Ja, genau!"

Tipp
Fragen Sie kurz nach, wie die Einschätzungen zustande kamen.

Anliegenbearbeitung

Geeignet für Hoher Praxisbezug, da Teilnehmer persönliche und individuelle Fragen einbringen können, Aktivierung, Interaktion

Dauert so lang 15 bis 90 Minuten

Das braucht es Ein klar formulierts Anliegen, ein „Publikum", das damit einverstanden ist, dass für eine gewisse Zeit der Fokus auf einem Teilnehmer, einer Teilnehmerin liegt.

So geht's Nutzen Sie Techniken wie Reframing, Timeline, Kollegiale Beratung, Fishbowl, Systembrett oder Reflecting Team.

Tipp Am besten ist es, wenn das Anliegen konkret zum Thema des Moduls passt, also etwa „Ich weiß nicht, wie ich es gut angehen kann, die Büros meiner Mitarbeiterinnen neu aufzuteilen" im Modul Change-Management.

Arbeit mit Gegenständen (Tiere, Holz, Stoff etc.)

Geeignet für Visualisieren, Anliegenbearbeitung, Aktivierung, Interaktion

Dauert so lang Je nach Kontext

Das braucht es Eine genügend große Auswahl an Gegenständen, z.B. Holztieren. Genügend groß meint:

- bei der Arbeit mit ein oder zwei Personen etwa 20 Tiere
- bei der Arbeit mit bis zu 20 Personen mindestens 40 Tiere

So geht's Der Zugang zu Themen wird erleichtert, da es oft einfacher ist, ein Symbol (Tier) auszuwählen, um etwas auszudrücken. Mit solch einem „Anker" in der Hand ist es einfacher, Worte zu finden.

- Tiere auf einem Tisch oder auf dem Boden verteilen.
- Das Thema vorgeben und die Teilnehmer bitten, sich ein oder mehrere Tiere zu nehmen, die jeweils für einen – von Ihnen vorgegebenen – Aspekt des Themas stehen.
- Die Teilnehmerinnen erklären der Reihe nach ihre Wahl – und sie kommen darüber miteinander ins Gespräch.

Tipp Je schöner und wertiger die Materialien sind, desto lieber nimmt man sie in die Hand.

Arbeit mit Skript

Geeignet für

Vertiefung, Eigenverantwortung der Teilnehmer stärken, Aktivierung

Dauert so lang

Je nach Thema

Das braucht es

Das Skript

So geht's

Wir regen immer wieder dazu an, sich aus eigenem Antrieb nicht nur mit den Themen aus den Modulen zu beschäftigen, sondern auch mit verwandten und darüber hinausgehenden Themen – viele davon finden sich im Skript.

Tipp

Bücher und das Internet sind weitere Quellen!

Aufstellung

Geeignet für

Perspektivwechsel und „Bewegung ins Spiel bringen“, Anliegenbearbeitung, Interaktion

Dauert so lang

30 bis 60 Minuten

Das braucht es

Einen Raum, der es allen Teilnehmern erlaubt, sich frei zu bewegen, am besten pro Teilnehmer 3 bis 4 Quadratmeter

So geht's

Eine gute Einführung gibt es im Buch von Renate Daimler (siehe Literaturverzeichnis).

Tipp

Nur zu empfehlen, wenn man in einer Ausbildung oder Weiterbildung die Möglichkeit hatte, sich darin auszuprobieren.

Auftragsklärung

Geeignet für Basis für weiteres Vorgehen schaffen, Anliegenbearbeitung

Dauert so lang 1 bis 30 Minuten

Das braucht es Systemische Fragen, aktives Zuhören

So geht's Jede Führungskraft – und nicht nur die – muss wissen, was man von ihr will. Wenn es hierfür kein ausreichendes Briefing gibt, hilft Nachfragen, worum es genau geht und was erreicht werden soll. Als Trainerin kann man hier durch Vormachen – etwa anhand eines Anliegens – anschaulich aufzeigen, wie wichtig und zielführend eine gute Auftragsklärung ist.

Tipp Siehe Skript I/7, I/13 und V/1

Bilder

Geeignet für Durch Visualisierung neue Zugänge zu einem Thema öffnen, Aktivierung, Interaktion

Dauert so lang Ein paar Minuten

Das braucht es Etwa drei- oder viermal so viele Bilder wie Teilnehmende

So geht's

- Legen Sie – zum Beispiel vor Beginn der Einführungsrunde – Bilder auf dem Boden aus.
- Wenn alle sitzen und bereits auf die Bilder schauen können, fordern Sie die Teilnehmenden auf, sich jeweils ein Bild auszuwählen, verbunden mit einer Frage wie zum Beispiel: „Welches Bild steht für Sie für Change?" Oder: „Was symbolisiert für Sie gute Kommunikation?"
- Anschließend zeigen und erläutern alle Teilnehmenden ihre Wahl. Dies bietet immer gute Ansatzpunkte, um über das Thema ins Gespräch zu kommen.

Tipp Wir nutzen gerne die Bilder des Zürcher Ressourcen Modells (ZRM) von Frank Krause und Maja Storch (siehe Literaturverzeichnis).

Blitzlicht

Geeignet für

Stimmungsbild abfragen, Aktivierung, Interaktion. Eignet sich besonders, wenn unklar ist, was die Teilnehmenden für ihren Lernprozess in der aktuellen Situation brauchen.

Dauert so lang

Pro Teilnehmer etwa 1 bis 2 Minuten

Das braucht es

- Eine klar formulierte Fragestellung
- Am besten sitzen alle im Stuhlkreis.

So geht's

- Der Trainer stellt eine Frage wie: „Was brauchen Sie, um weiter dem Thema aufmerksam folgen zu können?"
- Jede Teilnehmerin äußert sich reihum kurz in Form von ein bis zwei Sätzen zu der gestellten Frage.
- Dabei sollten Ich-Botschaft verwendet werden.

Tipp

Ein Blitzlicht kann zu Beginn, während oder am Ende eines Tages oder Moduls eingesetzt werden.

Checkliste

Geeignet für

Schnelle Orientierung bei komplizierten und komplexen Themen, zusammenfassen und resümieren, Aktivierung

Dauert so lang

Je nach Checkliste

Das braucht es

Ausdrucke der Checkliste

So geht's

Die Teilnehmenden beantworten anhand der Checkliste die Fragen zum betreffenden Thema, dies bietet eine gute Abrundung eines Themas.

Tipp

Im Anschluss sollten Sie die Möglichkeit zur Reflexion geben – in Murmelgruppen oder im Plenum.

Dreiecke im Raum

Geeignet für Systemisches Denken fühlbar machen, Aktivierung, Interaktion

Dauert so lang 15 Minuten

Das braucht es Genügend Raum, damit sich alle Teilnehmenden frei bewegen können

So geht's

- Verteilen Sie alle Teilnehmer frei im Raum.
- Fordern Sie nun alle Personen auf, sich jeweils zwei andere beliebige, aber nicht in derselben Blickrichtung stehende Personen auszusuchen – ohne dies kundzutun. Mit diesen beiden soll sich die erste Person gleichsam verknüpfen: Eine Person A sucht sich also zwei Personen B und C aus, mit denen sie ein gedankliches gleichschenkliges Dreieck bildet.
- Und dies machen alle im Raum Anwesenden. Jeder ist also für sich Person A. Wer für wen Person B oder C ist, wissen nur die As. Es kann also zum Beispiel auch sein, dass jemand für alle B ist oder auch für niemanden C.
- Fordern Sie nun alle Personen im Raum auf, sich ein wenig zu bewegen. Dabei müssen alle darauf achten, dass ihre Gedanken-Dreiecke im Raum als Dreiecke mit denselben Kantenlängen und Winkeln erhalten bleiben.
- Diskutieren Sie: Was passiert? Funktioniert dieses System wie ein Uhrwerk? Kann das überhaupt funktionieren? Was ist hier Ursache, was Wirkung?

Tipp Ideal, um Unterschiede zwischen Uhrwerk und System zu veranschaulichen.

Fahrstuhlrede

Geeignet für Fokus auf die Kernbotschaft legen (auch für große Gruppen geeignet)

Dauert so lang

- 15 Minuten für Vorbereitung
- 60 Sekunden für Präsentation

Das braucht es Moderationskarten, auf die jeweils nur ein Schlagwort notiert wird, helfen, sich zu fokussieren und die Rede zu strukturieren

So geht's

- Eine Fahrstuhlrede – oder auch ein Elevator Pitch – ist eine kurze Rede, in der man jemand anderem eine Idee oder ein Angebot schmackhaft macht. Wo auch immer. Sie ist die Antwort auf eine Frage wie: „Was machen Sie eigentlich?" Oder: „Ich habe da mal eine Frage zu Ihrer These aus dem letzten Meeting."
- Der Begriff kommt daher, dass man in einem Fahrstuhl nur eine kurze Zeitspanne zur Verfügung hat, jemanden anzusprechen und ihn neugierig auf die eigene Idee oder das Angebot zu machen.
- Wenn man nur 30 oder 60 Sekunden zur Verfügung hat, muss man vor allem eines immer im Blick haben: das Wesentliche – und dies kurz, knapp und verständlich.

Tipp

Dabei hilft das Arbeiten mit einer Kernbotschaft (siehe Skript III/3).

Filme und TV-Serien nutzen

Geeignet für

- Perspektiven erweitern und Teilnehmer bei ihren Vorlieben „abholen"
- Um für die VUCA-Welt fit zu sein, empfehlen wie immer wieder, offen zu sein für die Lebens-, Sicht- und Arbeitsweisen anderer.
- Von TV-Serien gibt es seit einigen Jahren mehr und mehr richtig gute, sogar wegweisende. Zumal, wenn es um Themen wie Diversity, Generation Y oder Team-Building geht.

Dauert so lang

- Zu Hause: Zeit, sich die Werke anzuschauen
- Im Workshop: Pro Teilnehmer jeweils ein paar Minuten

Das braucht es

Um über einen Film oder eine Serie sprechen zu können, muss man sie gesehen haben.

So geht's

- Fragen Sie Ihre Teilnehmer, wenn es beispielsweise um das Thema Generationen Y geht: „Kennen Sie Filme oder TV-Serien, die Leben und Denken dieser Generation anschaulich zeigen?" Vielleicht werden beispielsweise Serien wie „Girls" oder „Master of None" genannt. Oder die US-Serie „The Newsroom", die zeigt, wie die Generation Y und andere Genrationen gut zusammenarbeiten können.
- Es geht vor allem darum: Die Teilnehmer können ihre Erfahrungen einbringen, um ein Thema aus dem Workshop von einer ganz anderen Perspektive aus zu betrachten. Genauso kann das der Einstieg sein, um Filme und Serien in Zukunft unter dem Aspekt Führung näher zu betrachten.

Tipp

Besonders für Fragestellungen in der Triadenarbeit oder bei Hausaufgaben.

Fishbowl

Geeignet für	Diskutieren in größeren und großen Gruppen, Anliegenbearbeitung, Aktivierung, Interaktion
Dauert so lang	20 bis 40 Minuten
Das braucht es	Zwei Stuhlkreise: einen inneren, einen äußeren
So geht's	Eine schöne knappe Beschreibung finden Sie unter dem Stichwort Fishbowl bei Wikipedia.
Tipp	Achten Sie darauf, dass es keine Seitengespräche im äußeren Kreis gibt.

Fragebogen

Geeignet für	Intensive Beschäftigung mit einem Thema, Aktivierung
Dauert so lang	Je nach Fragebogen
Das braucht es	Ausdrucke des Fragebogens
So geht's	▶ Die Teilnehmenden einen Fragebogen ausfüllen zu lassen, bietet zum Beispiel eine kleine Abwechslung von intensivem Input bzw. intensiver Gruppenarbeit. ▶ Außerdem können die Teilnehmenden so ganz nebenbei Inhalte und Aspekte eines Themas kennenlernen.
Tipp	Im Anschluss sollten Sie die Möglichkeit zur Reflexion geben – in Murmelgruppen oder im Plenum.

Führungskompetenz-Stern

Geeignet für	Selbstbild erarbeiten und mit Fremdbild abklären, Aktivierung, Interaktion
Dauert so lang	10 Minuten zum Ausfüllen plus Zeit für Austausch
Das braucht es	Kopie des Führungskompetenz-Stern samt Anleitung (siehe Download)

Selbstbild formulieren und dieses mit dem Fremdbild anderer abgleichen

So geht's

- „Stern" ausfüllen
- Entweder – bei großen Gruppen – in Zweier- oder Dreiergruppen austauschen oder im Plenum mit allen Teilnehmern
- Eine gute Gelegenheit für die Trainerinnen, Feedback zu geben

Tipp

Siehe Skript I/16

Gallery Walk

Geeignet für

Themenfülle dramaturgisch aufbereiten und visualisieren, Anliegenbearbeitung, Aktivierung, Interaktion

Dauert so lang

Pro Station etwa fünf bis zehn Minuten

Das braucht es

- Genügend Pinnwände oder Flipcharts
- Die Idee dabei: Ihr Publikum hört sich nicht Ihren Vortrag frontal an, sondern erarbeitet sich gewissermaßen die Inhalte selbst.

So geht's

- Der Teilnehmerkreis/das Publikum teilt sich zum Beispiel in Teilgruppen auf, die vor den einzelnen Pinnwänden oder Flipcharts Station beziehen.
- Jeder hat dann Gelegenheit, sich die Themen und Thesen anzuschauen. Und kann sie auch gleich kommentieren. Dazu können Sie Moderationskarten oder Post-its auf Tischen neben den einzelnen Pinnwänden und Flipcharts bereitlegen.
- Nach ein paar Minuten fordern Sie die Teilgruppen auf, zur nächsten Pinnwand, zum nächsten Flipchart zu wandern. Auch hier haben wieder alle die Möglichkeit, sich zu orientieren, Fragen zu stellen oder Kommentare zu hinterlegen.
- Und so weiter, bis jeder alle Stationen besucht hat.

Tipps

- Der Gallery Walk ist eine Moderationsmethode, bei der unter Einsatz von vergleichsweise wenig Zeit viel Aufmerksamkeit für Themen und Aspekte erzielt werden kann.
- Alternativ können Sie auch an jeder Station einen Moderator oder „Erklärer" für das jeweilige Themenfeld positionieren, um direkt in den Austausch zu kommen.

Geh-Spräch

Geeignet für Perspektivenwechsel, Aktivierung, Interaktion

Dauert so lang Zwischen 30 Minuten und 60 Minuten

Das braucht es Ein „Revier", in dem man sich ungestört bewegen und unterhalten kann

So geht's

- Schon die Kartäuser-Mönche wussten: Im Gehen denkt es sich besser.
- Allein dadurch, dass wir gehen, können wir uns besser auf ein Thema konzentrieren. Dieses Format eignet sich besonders auch dann, wenn es darum geht, über abstrakte Themen zu sprechen – also Themen, für die man keine Zahlen, Zitate, Fakten usw. benötigt.
- Wichtig: Das Smartphone bleibt in der Tasche!

Tipp Auch für die Arbeit in der Triade (siehe dort) eignet sich ein Gehspräch.

Hausaufgaben

Geeignet für

- Vertiefung und Nachhaltigkeit
- Themen können so vertieft und Erlerntes gezielt ausprobiert werden.

Dauert so lang

- 5 Minuten für Aufgabenstellung
- 15 bis 30 Minuten für Nachbereitung

Das braucht es Flipchart oder Handout mit Aufgabenstellung darauf

So geht's Aufgabe möglichst klar strukturieren und im Themenumfang begrenzen: Die Teilnehmer sollen Spaß haben, sich im überschaubaren Rahmen damit auseinanderzusetzen.

Tipp Faustformel: Zwischen den Modulen sollte die Hausaufgabe nicht viel Zeit in Anspruch nehmen.

Hypothesen bilden

Geeignet für

Lösungssuche und Perspektivenerweiterung, Anliegenbearbeitung. Lernen, dass es bei der Ideenentwicklung nicht darum geht, eine Lösung zu finden, sondern möglichst viele. Denn: Hypothesen sind Vermutungen mit Sinn und Verstand. Vermutungen, die einen spielerischen Umgang zulassen.

Dauert so lang

10 Minuten, um Hypothesen zu bilden und weitere 10 bis 20 Minuten, um diese kurz vorzustellen

Das braucht es

Eventuell Flipchart oder Moderationskarten

So geht's

- Eine Teilnehmerin schildert, zum Beispiel bei der Vorstellung ihres Anliegens, eine Frage. Der Trainer interviewt sie dazu und fragt nach dem konkreten Anliegen.
- Die anderen Teilnehmer werden aufgefordert, in wenigen Minuten möglichst viele Hypothesen zu dem Anliegen – ganz ohne Denkblockade – aufzustellen.
- Diese werden, ohne sie zu kommentieren, vorgestellt.
- Im Austausch und Dialog über Hypothesen entstehen Bilder, die für die Ratsuchenden Alternativen zu ihrer bisherigen Sichtweise darstellen.
- Es hat sich als hilfreich erwiesen, die Hypothesen schriftlich festzuhalten.

Tipps

- Es geht im systemischen Denken nicht darum, die eine richtige Hypothese zu finden. Es geht um eine Vielfalt von Hypothesen, die den Blick frei machen für unterschiedliche und neue Perspektiven und Möglichkeiten.
- Siehe Skript I/12.

Irritationen

Geeignet für Impulse geben, Aktivierung, Interaktion

Dauert so lang Ein paar Sekunden für den Impuls, ein paar Minuten, um die entstandene Irritation zu besprechen

Das braucht es Eine passende Eingebung, was als Irritation eingesetzt werden konnte

So geht's Systemiker lieben paradoxe Interventionen. Dazu gehören auch Irritationen. So „irritieren" wir zum Beispiel oft im Modul zum Thema Veränderungen, indem wir ausnahmsweise nicht per Handschlag begrüßen. In der Begrüßungsrunde ist es dann spannend und interessant zu hören, wem es aufgefallen ist und wie es ankam.

Tipp Siehe auch „Verschiedene Meiers".

Klagemauer/Wunschmauer

Geeignet für Raum für persönliche Anliegen und Wünsche bieten, Aktivierung, Interaktion

Dauert so lang

- Vorbereitung 15 Minuten
- Durchführung je nach Gruppengröße 15 bis 30 Minuten

Das braucht es Vorbereitung: Skizzieren von Mauersteinen, zum Beispiel auf einer Pinnwand, kleine Zettel bereitlegen

So geht's

- Falls Sie zum Beispiel das Gefühl haben, es schwebt ein Problem im Raum, können Sie dieses Werkzeug gut nutzen.
- Erläutern Sie dazu kurz: Jeder Teilnehmende hat die Möglichkeit, auf ein oder auch mehreren kleinen Zetteln eine Kritik, ein Feedback, einen Wunsch zu notieren – möglichst in Schlagworten.
- Diese Zettel werden für alle sichtbar an die Klagemauer geheftet. Die Schlagworte werden kurz erläutert und es gibt die Möglichkeit, Rückfragen zu stellen.
- Wenn alle durch sind, haben die Teilnehmenden die Möglichkeit, per Klebepunkte zu voten, welche „Klage" vordringlich bearbeitet werden sollte.
- Die mit den meisten Punkten wird als Erstes besprochen.

Tipp

Um wieder den Blick auf die Lösungen und Ressourcen zurückzugewinnen, empfiehlt es sich nach der Klagemauer auch die Wunschmauer einzusetzen: Jeder hat hier die Möglichkeit, einen Wunsch an sich selbst oder andere zu richten, der möglichst bald umgesetzt werden kann.

Kollegiale Beratung

Geeignet für

Themen kollegial besprechen, Anliegenbearbeitung, Interaktion

Dauert so lang

Je nach Thema: 15 bis 60 Minuten

Das braucht es

Wissen um die Phasen der Kollegialen Beratung sowie das Moderieren im Rahmen der Kollegialen Beratung.

So geht's

Siehe Skript II/10

Tipp

Ideal für die Bearbeitung von Anliegen. Siehe auch Reflecting Team

Kolloquium

Geeignet für

Nachhaltigkeit durch umfassenden Zugriff auf alles Erlernte, Wertschätzung, Interaktion

Dauert so lang

1 Tag

Das braucht es

- Themenstellung und Bearbeitung im Vorfeld
- Genügend Räume, in denen sich die Teams ungestört vorbereiten können
- Großen Raum für die Präsentation mit Platz für Publikum
- Publikum: HR-Verantwortliche, Führungskräfte etc.
- Catering
- Ausreichend Moderationsmaterial

So geht's

- Die Teilnehmenden haben sich – bei uns in ihren Peergroups – bereits vorbereitet. Am Vormittag haben sie Zeit und Gelegenheit für Generalprobe und Finetuning. Während dieser Zeit stehen ihnen die Trainerinnen zur Seite.

- Zum Mittag hin oder etwas später präsentieren dann alle der Reihe nach vor möglichst „prominentem" Publikum (Reihenfolge wird ausgelost).
- Dann kann die Übergabe von Zertifikaten o.Ä. und ein kleiner Umtrunk folgen.

Tipp Die Agenda rechtzeitig mit den HR-Verantwortlichen abstimmen: Wer ist wann wofür zuständig?

Lerntagebuch

Geeignet für Nachhaltigkeit, Aktivierung

Dauert so lang Je nach Fragestellung mindesten etwa 5 Minuten

Das braucht es Heft, Papier oder am besten einen Ordner, in dem neben dem Skript auch Platz für eigene Notizen ist

So geht's

- Die Teilnehmerinnen dokumentieren ihren Lernprozess längerfristig nebenher. Das Lerntagebuch trägt durch die regelmäßige Beschäftigung mit dem Lernstoff zur Vertiefung und zum besseren Verständnis bei.
- Ein Lerntagebuch kann jeder natürlich auch freiwillig und ohne konkrete Aufgaben führen. Es empfiehlt sich aber, ab und an eine konkrete Frage zur Bearbeitung im Lerntagebuch im Plenum aufzugeben. Etwa: Was nehme ich vom systemischen Fragen für meine tägliche Arbeit mit? Was will ich noch besser lernen? Etc.

Tipps

- Lassen Sie die Teilnehmenden zu Beginn des Curriculums einen Brief an sich selbst schreiben (zum Beispiel unter dem Motto: „Was will ich hier für mich erreichen?"). Den lassen Sie dann am Ende von den Teilnehmenden öffnen und lesen.
- Ein Austausch im Plenum darüber kann sehr spannend sein.

Murmelgruppe

Geeignet für Schneller Austausch, Interaktion herstellen, schnelles Abfragen von Erfahrungen, Aktivierung

Dauert so lang 5 bis 20 Minuten

Das braucht es

Nichts Zusätzliches notwendig

So geht's

- Eine Murmelgruppe ist eine Mini-Gruppenarbeit im Seminarraum. Sie ist auch für größere Gruppen geeignet.
- Im Unterschied zu einer „echten" Gruppenarbeit werden im Seminarraum Paare gebildet, etwa von denjenigen, die nebeneinander oder hintereinander sitzen.
- Die Paare tauschen sich zu einer vom Thema vorgegebenen Fragestellung aus, etwa: „Welche Erfahrungen haben Sie mit Veränderungen in Ihrem Leben gesammelt?"
- Die Frage sollte angeschrieben werden.
- Danach berichten Paare über ihren Austausch. Dieser Erfahrungsaustausch ist freiwillig und muss nicht stattfinden.

Tipp

Achten Sie darauf, dass auch einmal Paare zueinander finden, die bisher noch nie oder wenig miteinander in der Gruppe gearbeitet haben.

Pecha Kucha

Geeignet für

- Alternative zu „Death by PowerPoint"
- Lernen, Dinge auf den Punkt zu bringen
- Alle, die gerne mit PowerPoint arbeiten

Dauert so lang

- Vorbereitung: je nach Vorgabe
- Präsentation: 6 Minuten und 40 Sekunden

Das braucht es

PC oder Notebook mit Präsentationssoftware und Beamer

So geht's

- Entwickelt wurde Pecha Kucha 2003 von den Architekten Astrid Klein und Mark Dytham in Tokio.
- Bei dieser Art des mündlichen Vortrags werden wie bei einer gewöhnlichen Präsentation Bilder oder Folien an eine Wand projiziert.
- Das Besondere bei Pecha Kucha ist das Tempo: Die exakt 20 Folien müssen in 6 Minuten 40 Sekunden vorgetragen werden. Das entspricht 20 Sekunden pro Bild oder Folie.
- Anders gesagt: Der Inhalt einer Folie muss extrem knapp und auf den Punkt sein.

Tipp

Dabei hilft das Arbeiten mit einer Kernbotschaft (siehe Skript III/3).

Pitch

Geeignet für Lernen, sich zu positionieren und unternehmerisch zu denken, Aktivierung, Interaktion

Dauert so lang Wie eine „normale" Präsentation

Das braucht es „Sportsgeist"

So geht's

- Der Pitch-Begriff stammt aus der Werbebranche. Agenturen treten dort im Rahmen eines Pitchs vor einem potenziellen Kunden gegeneinander an, um den Kunden zu überzeugen und Aufträge zu gewinnen.
- Zwei oder mehrere „Parteien" präsentieren vor Publikum (im Zweifelsfall den Trainerinnen oder auch hinzugezogenen HR-Verantwortlichen) und versuchen, mit ihrer These, ihrem Ansatz zu überzeugen.
- Ein Pitch bringt Leben und „Pfeffer" in eine Präsentation: Der Vortrag muss nicht nur richtig, sondern auch spannend, belebend, unterhaltend, überzeugend und gewinnend sein.

Tipp Siehe Skript III sowie Werkzeuge „Präsentieren" und „Pitch"

Positiv starten: Mein Lieblings...

Geeignet für Guter Start und gute Atmosphäre, Aktivierung, Interaktion

Dauert so lang Eine halbe bis 1 Minute pro Teilnehmer

Das braucht es Eine positive Einstiegsfrage

So geht's

- Heute wissen wir, nicht zuletzt aus der Hirnforschung, dass wir, vereinfacht gesagt, unseres Glückes Schmied sind, und zwar indem wir uns gewissermaßen selbst positiv ausrichten.
- Anders gesagt: Sobald wir an etwas Positives denken, schaltet unser Gehirn gleichsam in einen Positiv-Modus um. Wir sind also für alles Weitere gut gestimmt.
- Bevor Sie mit der Agenda beginnen, richten Sie den Fokus jedes Einzelnen auf eine angenehme Situation, indem Sie jedes Teammitglied zum Beispiel bitten, kurz eine positive Erfahrung aus der vergangenen Woche zu erzählen.

- Was ist für Sie das schönste Geräusch?
- Was riechen Sie gerne?
- Worauf waren Sie in der letzten Zeit stolz?
- Worüber haben Sie kürzlich herzlich gelacht?
- Was ist Ihr Lieblingswort?

Tipp

Dieses Werkzeug können Sie auch gut zum Beispiel nach einer Mittagspause einsetzen, wenn Sie das Gefühl haben, dass die Teilnehmer einen kleinen positiven Impuls gut vertragen können.

Präsentieren

Geeignet für

Kommunikationskompetenz und souverän auftreten stärken, Aktivierung, Interaktion

Dauert so lang

Vorbereitung zwischen 20 und 60 Minuten

Das braucht es

Moderationsmaterial, Pinnwand, Flipchart (Bei uns liegt der Fokus eindeutig auf dem Präsentieren ohne elektronische Hilfsmittel. Wer es trotzdem digital mag: siehe auch Pecha Kucha.)

So geht's

- Kommunikation ist eine Königsdisziplin einer jeden Führungskraft.
- Immer geht es darum, diese Frage zu beantworten:
  - Was will ich wem wie und womit sagen?
- Und ganz nebenbei lernen die Teilnehmenden, tiefer in Themen einzusteigen und sich ihr eigenes Bild davon zu machen – Stichwort: Nachhaltigkeit.

Tipp

Siehe Skript III sowie Werkzeuge „360-Grad-Präsentation" und „Pitch"

Raum nutzen

Geeignet für Bewegung und Abwechslung ermöglichen, neue Perspektiven, Interaktion

Dauert so lang Keine Zeitangabe

Das braucht es Einen oder mehrere Räume, dazu auch das Umfeld wie Park, Cafeteria, Lobby etc.

So geht's

- Bleiben Sie nicht im Raum auf Ihren Stühlen sitzen!
- Machen Sie
  - Stehungen (siehe dort), etwa an Bistrotischen,
  - Geh-spräche (siehe dort), etwa im benachbarten Park
  - einen Gallery Walk (siehe dort)
  - oder, oder, oder.

Tipp Achten Sie auf einen guten Wechsel der eingesetzten Räume.

Reflecting Team

Geeignet für Themen bearbeiten und dabei unterschiedliche Perspektiven einholen, Anliegenbearbeitung, Aktivierung, Interaktion

Dauert so lang 20 bis 60 Minuten

Das braucht es Ruhe und Konzentration des Reflecting Teams während des Beratungsgesprächs

So geht's

- Ziel ist es, einen Raum für die Entwicklung vielfältiger Perspektiven sowie neuer Ideen und Lösungsmöglichkeiten zu schaffen. Ein Raum, der vor allem Freiraum ist: Um Hypothesen und Ideen anderer leichter anzunehmen.
- Ausgangspunkt ist das „Duo" aus Ratsuchendem und Berater. Etwa, wenn ein Mitarbeiter bei einer Führungskraft Rat sucht.
- Das Reflecting Team verfolgt das „Beratungsgespräch". Es beteiligt sich nicht aktiv am Gespräch, hört jedoch aufmerksam zu.
- Nach einer gewissen Zeit werden die Positionen gewechselt. Die Mitglieder des Reflecting Teams denken jetzt laut über den von ihnen beobachteten Gesprächsprozess nach und geben Feedback über das, was sie beobachtet und gehört haben.

- Sie führen einen „Metalog", also ein Gespräch über das Gespräch. Das vorher beobachtete System hört nun seinerseits zu.
- Mit Reflecting Teams kann das Feedback und die Qualität des Zusammenarbeitens spürbar verbessert werden.

Tipp

Siehe auch „Aktiv zuhören" im Skript unter I/7 und „Systemische Fragen" unter I/13.

Reframing

Geeignet für

Neue oder alternative Sicht- und Handlungsweisen erschließen

Dauert so lang

15 bis 20 Minuten

Das braucht es

- Moderationskarten, Stifte
- Nutzen: Dem Gesagten oder Erlebten eine neue Bedeutung zuweisen. Lernen, ressourcenorientiert zu denken.

So geht's

- Einzelarbeit: Jeder schreibt auf drei Karten drei Eigenschaften, die er an sich selbst kritisch sieht.
- Zweier-Gruppenarbeit: Das Gegenüber sucht für jede Eigenschaft des anderen eine positive Umdeutung und schreibt sie jeweils auf die Rückseite der Karten.
- Wechsel

Tipp

Eignet sich besonders, um positive Impulse zu setzen und um eine entspannte Atmosphäre zu schaffen.

Stehung

Geeignet für Abwechslung und erlernen, Besprechung effizienter zu gestalten, Aktivierung, Interaktion

Dauert so lang Maximal 15 Minuten

Das braucht es

- Eventuell einen Bistrotisch oder Klemmbretter, falls es etwas zu notieren gibt
- Nutzen: Besprechungen sind in der Regel viel kürzer, wenn man steht

So geht's

- Von Scrum lernen: Daily Standup-Meetings sind äußerst effiziente Meetings, die täglich im Stehen abgehalten werden.
- Jedes Mitglied spricht zum Beispiel nur zu drei Aspekten, etwa:
  - Das ist mir beim Thema ... besonders wichtig
  - Darauf kann ich verzichten
  - Das hindert mich, weiter voranzukommen

Tipp Siehe Skript II/6.

Stuhlkreis

Geeignet für Einbindung, Offenheit, Beteiligung, Aktivierung, Interaktion

Dauert so lang Je nach Thema

Das braucht es

- Pro Teilnehmerin einen Stuhl
- Einen Raum, in dem man die Stühle so im Stuhlkreis stellen kann, dass jeder ausreichend Platz hat, man aber doch nahe genug nebeneinandersitzt
- Keine Tische!

So geht's

- Auch wenn es den einen Teilnehmer oder die andere Teilnehmerin zu Beginn verunsichern mag: Im Stuhlkreis kann sich niemand hinter dem Tisch oder sogar einem Laptop verschanzen.
- Am besten vor Beginn des Seminars den Stuhlkreis aufstellen

Tipp Namensschilder können die Teilnehmer entweder vor sich auf den Boden stellen oder sich als selbstklebendes Namensschild auf die Kleidung heften.

Systembrett

Geeignet für

Visualisieren von Systemen und Situationen – und Hypothesen, Anliegenbearbeitung, Aktivierung, Interaktion

Dauert so lang

Bis zu 30 Minuten

Das braucht es

Systembrett, andere Teilnehmer, die den Personen, die mit dem Systembrett arbeiten, Zeit, Raum und Ruhe gönnen

So geht's

Siehe Skript I/14 und Literaturtipp dort

Tipp

Ein mächtiges Werkzeug, das bei allen Anwesenden Augen öffnen kann – aber mit Bedacht eingesetzt werden sollte.

tagediebesgut

Geeignet für

Perspektiven erweitern, Querdenken und Gefühl für Sprache sensibilisieren, Aktivierung, Interaktion

Dauert so lang

15 Minuten

Das braucht es

„tagediebesgut" ist eine Kartensammlung von Andrea Maria Keller

So geht's

- Auf jeder der 99 Karten steht eine verschmitzte und facettenreiche Wortverkuppelung wie „fegefeuerwehr", „donnerwetterkundig" oder „ordnungsliebeskummer".
- Die Karten werden im Raum auf dem Boden oder auf einem großen Tisch verteilt.
- Bitten Sie jeden Teilnehmer, sich eine Karte auszuwählen.
- Nachdem alle Teilnehmerinnen sitzen, bitten Sie alle, ihre Karte vorzustellen und kurz zu erläutern, warum sie diese Karte gewählt haben.

Tipp

Am besten die Karten vor dem Seminarbeginn auslegen: So kann sich jeder schon vorab ein wenig auf das Thema einstimmen.

Timeline

Geeignet für Visualisieren von zeitlichen Abläufen, Anliegenbearbeitung, Darstellung von vergangenen, gegenwärtigen und zukünftigen Ereignissen und Erlebnissen bzw. Vorhaben und Plänen, Interaktion

Dauert so lang Maximal 60 Minuten

Das braucht es

- 4 bis 10 Meter langes Seil und genügend Platz, um dieses im Raum auszulegen. Falls kein Seil zur Hand ist, funktioniert auch das Legen der Timeline mit Klebeband.
- Moderationskarten
- Eventuell Figuren wie Tiere oder Spielsachen wie Autos, Bauernhof, Playmobil-Figuren, Legobausteine etc.

So geht's

- Entlang des Seiles, der Timeline, werden wichtige Daten auf Karteikarten geschrieben. Daneben werden dann mit wichtigen Ereignissen, Erlebnissen etc. beschriebene Karten gelegt. So entsteht nach und nach ein Bild der ganzen Entwicklung.
- Durch das Sehen, Begreifen, Umhergehen im Raum entlang der erstellten Timeline/des Zeitstrahls (mit Kärtchen und/oder Seil) und drum herum, werden Erkenntnisse, wie bei allen Visualisierungs- oder Abbildungsarbeiten, transparenter, nachhaltiger verankert und vor allem mit wesentlich mehr Sinnesebenen bearbeitet als mit rein verbalen Techniken.

Tipp Siehe Skript I/14.

Triade

Geeignet für Vertiefung, Austausch, Aktivierung, Interaktion

Dauert so lang Bis zu 30 Minuten

Das braucht es Gruppen von jeweils drei Personen

So geht's

- Eine Triade bezeichnet in der Familientherapie das Beziehungssystem zwischen drei Personen.
- In unserem Kontext meinen wir damit eine Gruppe aus drei Personen, die sich zu einem bestimmten – von uns vorgegebenen Thema – austauscht.

- Wir überlegen uns die Themen in der Regel sehr aktuell, etwa um einem Thema noch einmal Raum zu geben,
  - das im Tagesverlauf unterging
  - oder das sehr kontrovers diskutiert wurde und bei den Teilnehmenden wahrscheinlich noch nachklingt.

Tipp

Fordern Sie immer wieder mal auf, sich in völlig neuen Zusammensetzungen zur Triade zu finden.

Verschiedene Meiers

Geeignet für

Auflockerung und Zusammenstellen von Teams, ohne dass gewählt werden muss, Aktivierung, Interaktion

Dauert so lang

5 bis 10 Minuten

Das braucht es

- Entsprechend der Teilnehmerzahl schreiben Sie auf kleine (identische) Zettel zum Beispiel
  - 4-mal „Meier“
  - 4-mal „Meyer“
  - 4-mal „Mair“
  - 4-mal „Mayer“
  - 4-mal „Mayr“
- Anschließend stecken Sie alle Zettel in ein Gefäß und mischen die Zettel gut.

So geht's

- Jeder der Teilnehmer zieht einen Zettel.
- Wenn alle gezogen haben, erklären Sie: „Auf den Zetteln finden Sie Namen wie etwa Schmidt oder Schulz. Finden Sie sich als Teams mit dem jeweils selben Namen zusammen.“
- Anfangs denkt jeder alles sei ganz einfach, nach der kurzen Irritation, dass ja alle irgendwie Meier heißen, finden die Teams schnell zusammen.

Tipp

Alternativ können Sie auch Ansichtskarten oder Fotos zum Beispiel in vier etwa gleich große Teile zerschneiden. Dann besteht ein Team aus den Personen, die das „Puzzle“ zusammenlegen können.

Vierfaktoren-Modell

Geeignet für Komplexe Themen visualisieren und erschließen, Anliegenbearbeitung

Dauert so lang 1 Stunde

Das braucht es

- Platz, um Seile als Dreieck und Globe auf dem Boden auszulegen
- Alternativ: Dreieck und Globe auf Pinnwand malen

So geht's

- Legen Sie mit den Teilnehmern das Thema fest.
- Teilen Sie das Thema in vier Aspekte auf: Ich, Wir, Es, Globe (Ruth Cohn).
- Bilden Sie vier Gruppen.
- Jede Gruppe bearbeitet einen Aspekt und präsentiert die Ergebnisse, zum Beispiel mit Moderationskarten, die an die passende Stelle auf einem am Boden ausgelegten Dreieck und Globe positioniert werden.
- Anschließend Austausch im Plenum über die Ergebnisse.

Tipp Siehe Skript V/4

VIP-Karte

Geeignet für Netzwerkarbeit, Sinn fürs Netzwerken schärfen. Eventuelle „Bedarfe" kenntlich machen, Aktivierung, Interaktion

Dauert so lang 15 bis 30 Minuten

Das braucht es Ausdruck der VIP-Karte (siehe Anhang 4: Downloads)

So geht's Die Teilnehmenden füllen die VIP-Karte aus und kommen mit anderen Teilnehmerinnen darüber ins Gespräch.

Tipp (siehe Skript I/14)

Voten

Geeignet für
Stimmungsbild abfragen, Einbindung, Aktivierung, Interaktion

Dauert so lang
Pro Teilnehmer etwa 1 Minute, wobei auch mehrere oder alle gleichzeitig voten können

Das braucht es
Klebepunkte – gegebenenfalls in unterschiedlichen Farben

So geht's
- Der Trainer stellt eine Frage wie: „Welches dieser Themen ist Ihnen am wichtigsten?"
- Jeder erhält zum Beispiel einen Klebepunkt und klebt ihn zu seinem Wunschthema.
- Am Ende wird mit dem Thema begonnen, das die meisten Punkte erhalten hat.
- Optional kann jeder auch eine andere Anzahl an Punkten vergeben oder einen grünen Punkt für „Ja" und einen roten für „Nein".

Tipps
- Eignet sich zum Beispiel zu Beginn eines Moduls oder Tages, um Prioritäten und Reihenfolge gemeinsam festzulegen.
- Wichtig dabei: Weisen Sie darauf hin, dass dann das eine oder andere Thema eventuell nicht bearbeitet oder erst an einem anderen Tag besprochen werden kann.

Wertequadrat

Geeignet für
Thema mehrdimensional erfassen und betrachten, Anliegenbearbeitung

Dauert so lang
15 bis 30 Minuten

Das braucht es
Pinnwand oder Flipchart

So geht's
- Wenn Sie ein Thema oder ein Verhalten von mehreren Seiten aus beleuchten möchten, eignet sich dieses Format bestens.
- In der Regel sind zu einem Aspekt die beiden linken Werte bekannt. Um – zum Beispiel in der Bearbeitung von Anliegen – neue Perspektiven zu eröffnen, ist es hilfreich, die beiden fehlenden Aspekte zu finden.
- Mehr dazu finden Sie im Skript im Modul I/6.

Tipp
Diese Methode ist sehr nützlich in der Beratungsarbeit, erfordert aber Erfahrung und Übung.

Write, Walk & Talk

Geeignet für Themen mit mehreren Aspekten erschließen, Aktivierung, Interaktion

Dauert so lang Pro Aspekt 10 Minuten

Das braucht es Pro Aspekt eine Pinnwand

So geht's

- Teilen Sie zunächst Ihre Fragestellung in Teilfragen auf.
- Nehmen wir als Beispiel die Aufgabe: „Wir suchen eine neue Navigationsstruktur für unser Intranet."
- Wenn Sie zum Beispiel in einem Team von 12 bis 15 Personen arbeiten, könnten Sie diese Aufgabe in drei Teilfragen aufteilen, etwa:
  - Was braucht die Geschäftsleitung?
  - Was brauchen die Abteilungs- und Teamleiterinnen?
  - Was brauchen die Mitarbeiter?
- Wie beim Gallery Walk positionieren Sie entsprechend drei Pinnwände im Raum.
- Auf diese schreiben Sie jeweils eine der Teilfragen als Überschrift. Bilden Sie nun drei Gruppen, die sich vor den drei Pinnwänden positionieren.
- Geben Sie allen Teams 15 Minuten Zeit, Ideen zu erarbeiten und auf Karteikarten zu sammeln – also „Write" und darüber zu sprechen „Talk".
- Nach 10 Minuten ertönt ein Gong: Zeit für das „Walk" – alle Teams setzen sich in Bewegung zur nächsten Pinnwand.
- Nun können die Teams auf den bereits gesammelten Ideen aufbauen, lesen, was schon dasteht, weiter assoziieren, ergänzen, Kommentare dazuschreiben.
- Der nächste Gong leitet den Walk zum nächsten Wechsel ein.
- Mit dem letzten Gong nach wiederum 15 Minuten versammeln sich alle Teilnehmer vor der ersten Pinnwand.
- Nun ist Gelegenheit, kurz und knapp offene Fragen zu klären – nochmals „Talk". Es sollte aber nichts zerredet werden. Besser ist es, konkret nächste Schritte und Zuständigkeiten zu klären.

Tipp Mit diesem Format trauen sich auch eher zurückhaltende Teilnehmer, sich an der Diskussion zu beteiligen.

Werkzeug-Einsatzplanung

Um den Überblick zu behalten, wann Sie welche Methode, welches Werkzeug genutzt haben, können Sie die sich anschließende Tabelle nutzen.

So können Sie besser steuern, dass es möglichst wenig Wiederholungen beim Einsatz der Werkzeuge gibt.

Diese Tabelle, ihre Werkzeug-Einsatzplanung, finden Sie auch zum Download im Online-Bereich des Buchs.

Werkzeug	Modul I Tag 1	Modul I Tag 2	Modul I Tag 3	Modul II Tag 1	Modul II Tag 2
360-Grad-Präsentation					
Aktiv zuhören					
Aktuelle Themen					
Ampelkarten					
Anliegenbearbeitung					
Arbeit mit Gegenständen					
Arbeit mit Skript					
Aufstellung					
Auftragsklärung					
Bilder					
Blitzlicht					
Checkliste					
Dreiecke im Raum					
Fahrstuhlrede					
Filme und Serien nutzen					
Fishbowl					
Fragebogen					
Führungskompetenz-Stern					
Gallery Walk					
Geh-Spräch					
Hausaufgaben					
Hypothesen bilden					
Irritationen					
Klagemauer/Wunschmauer					

Modul III Tag 1	Modul III Tag 2	Modul IV Tag 1	Modul IV Tag 2	Modul V Tag 1	Modul V Tag 2

Werkzeug	Modul I Tag 1	Modul I Tag 2	Modul I Tag 3	Modul II Tag 1	Modul II Tag 2
Kollegiale Beratung					
Kolloquium					
Lerntagebuch					
Murmelgruppe					
Pecha Kucha					
Pitch					
Positiv starten: Mein Lieblings-…					
Präsentieren					
Raum nutzen					
Reflecting Team					
Reframing					
Stehung					
Stuhlkreis					
Systembrett					
tagediebesgut					
Timeline					
Triade					
Verschiedene Meiers					
Vierfaktoren-Modell					
VIP-Karte					
Voten					
Wertequadrat					
Write, Walk & Talk					

Modul III Tag 1	Modul III Tag 2	Modul IV Tag 1	Modul IV Tag 2	Modul V Tag 1	Modul V Tag 2

Anhang

Die Autoren

Manfred Schwarz

Der Autor, Trainer und Coach lebt in Bad Vilbel. Als Coach und Trainer liegt sein Fokus auf den Bereichen Organisations- und Führungskräfteentwicklung. Seit über 15 Jahren begleitet der systemische Berater (SG) Führungskräfte und Unternehmen bei Veränderungen und Entwicklungsprozessen. Zu seinen Auftraggebern zählen unter anderem die Deutsche Bahn, das Ministerium für Arbeit, Soziales, Familie und Gesundheit Rheinland-Pfalz und der Internationale Bund. Als Herausgeber und Autor hat er mehr als 65 Bücher entwickelt und realisiert. Zudem ist er LinkedIn Learning Trainer.

Iris Schwarz

Die Diplom-Sozialpädagogin, Supervisorin (DGSv), Autorin und ausgebildete systemische Organisations- und Personalentwicklerin lebt mit ihrem Mann, ihren zwei Kindern und dem Familien-Hund Henry in Frankfurt am Main. Die erfahrene Trainerin bildet seit über 25 Jahren Berater, Supervisoren und Führungskräfte aus, seit einigen Jahren auch als lehrende systemische Beraterin und Supervisorin (SG) beim Institut sys.team (www.institut-systeam.de). Sie moderiert Veränderungs- und Entwicklungsprozesse in Unternehmen und Organisationen und ist Trainerin bei LinkedIn Learning.

Homepage von Autor und Autorin: www.schwarz-und-schwarz.info

Stichwortverzeichnis